INTRODUÇÃO À CLIMATOLOGIA
PARA OS TRÓPICOS

CB135339

CÓPIA NÃO AUTORIZADA É CRIME
ABDR
ASSOCIAÇÃO BRASILEIRA DE DIREITOS REPROGRÁFICOS
RESPEITE O DIREITO AUTORAL

J. O. AYOADE
Professor de Geografia da Universidade de Ibadan, Nigéria

INTRODUÇÃO À CLIMATOLOGIA PARA OS TRÓPICOS

15ª Edição

Tradução de
Maria Juraci Zani dos Santos

Revisão de
Suely Bastos

Coordenação editorial de
Antonio Christofoletti

INSTITUTO FEDERAL DE EDUCAÇÃO, CIÊNCIA E TECNOLOGIA
CAMPUS CABEDELO
551.58
A973i
15. ed
ex. 02

BERTRAND BRASIL

Copyright © 1983, *by* John Wiley & Sons. Ltd.

Capa: Isabel

reg. 000799
07/02/2012.
C.

2011
Impresso no Brasil
Printed in Brazil

CIP-Brasil. Catalogação na fonte
Sindicato Nacional dos Editores de Livros, RJ.

A979i
15ª ed.

Ayoade, J. O.
Introdução à climatologia para os trópicos / J. O. Ayoade; tradução de Maria Juraci Zani dos Santos; revisão de Suely Bastos; coordenação editorial de Antonio Christofoletti. – 15ª ed. – Rio de Janeiro: Bertrand Brasil, 2011.
350p.

Tradução de: Introduction of climatology for the tropics
Inclui apêndices
ISBN 978-85-286-0427-6

1. Climatologia. 2. Trópicos – Clima. II. Título.

96-0060

CDD – 551.6913
CDU – 551.58(213)

Todos os direitos reservados a
EDITORA BERTRAND BRASIL LTDA.
Rua Argentina, 171 – 2° andar – São Cristóvão
20921-380 – Rio de Janeiro – RJ
Tel.: (0XX21) 2585-2070 – Fax: (0XX21) 2585-2087

Atendimento e venda direta ao leitor:
mdireto@record.com.br ou (21) 2585-2002

SUMÁRIO

ÍNDICE DAS FIGURAS E TABELAS

Figuras

Tabelas

PREFÁCIO

Este livro é destinado fundamentalmente aos estudantes e professores de Geografia e das ciências ambientais correlatas nas universidades e faculdades dos trópicos. O livro é um texto básico sobre os princípios fundamentais da climatologia, escrito tendo em vista as necessidades dos leitores dos trópicos. Essas necessidades têm sido geralmente bem atenuadas pelos textos ou manuais escritos por autores de latitudes médias, principalmente para os leitores dessas mesmas partes do mundo.

Neste livro, os processos atmosféricos e os sistemas climáticos são descritos e explicados de modo não-matemático, uma vez que muitos dos estudantes para os quais o livro é destinado têm somente um conhecimento limitado de matemática e de física. Em toda a obra dá-se ênfase tanto aos processos físicos da atmosfera quanto a seus significados para o homem e para as suas atividades. As interações entre os processos atmosféricos e o homem são examinados com detalhes nos capítulos 12 e 13. Estes capítulos oferecem um bom material básico para os estudantes que desejam se especializar na climatologia aplicada. Os agrônomos, os arquitetos e os planejadores que trabalham nos trópicos também encontrarão nesses e em outros capítulos do livro úteis e importantes informações para suas necessidades.

O livro é bem referenciado e ilustrado com um apêndice contendo questões de revisão, capítulo por capítulo, com a finalidade básica de orientar os estudantes em sua leitura.

Quero expressar minha gratidão aos diretores do Departamento de Geografia das Universidades de Ibadan e Birmingham, por propiciarem as necessidades técnicas e de secretarias durante a preparação deste livro. Agradecimentos também são devidos a dois leitores anônimos, pela revisão crítica do manuscrito e pelo oferecimento de sugestões. Naturalmente, quaisquer erros ou deficiências que restarem são de minha particular responsabilidade.

J. O. AYOADE

CAPÍTULO 1
INTRODUÇÃO

O estudo do tempo e do clima ocupa uma posição central e importante no amplo campo da ciência ambiental. Os processos atmosféricos influenciam os processos nas outras partes do ambiente, principalmente na biosfera, hidrosfera e litosfera. Do mesmo modo, os processos e as outras partes do ambiente não podem ser ignorados pelo estudante do tempo e do clima. Os quatro domínios globais – a atmosfera, a hidrosfera, a litosfera e a biosfera – não se superpõem uns aos outros, mas continuamente permutam matéria e energia entre si. Como se mostra na Fig. 1.1 o clima influencia diretamente as plantas, os

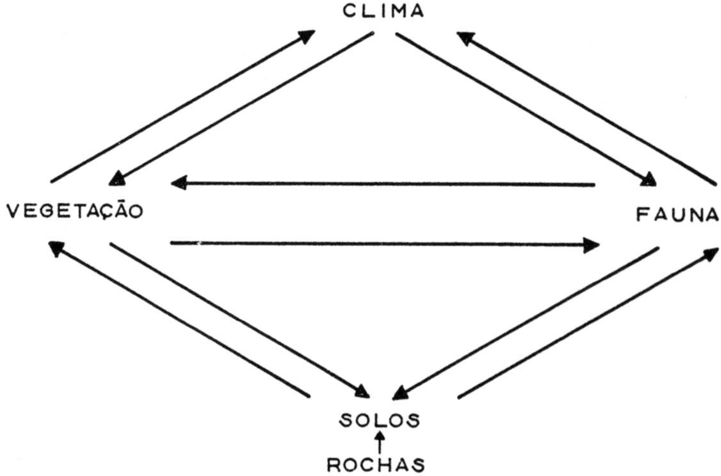

Figura 1.1 – O tempo e o clima no contexto das ciências ambientais.

animais (incluindo o homem) e o solo. Ele influencia as rochas através do intemperismo, enquanto as forças externas que modelam a superfície da Terra são basicamente controladas pelas condições climáticas. Por outro lado, o clima, particularmente perto da superfície, é influenciado pelos elementos da paisagem, da vegetação e do homem, através de suas várias atividades. Os processos geomorfológicos, pedológicos e ecológicos, e as formas que eles originam, só podem ser devidamente compreendidos com referência ao clima predominante na atualidade e no passado.

Tempo e clima

Na ciência da atmosfera, usualmente é feita uma distinção entre *tempo* e *clima*, e entre *meteorologia* e *climatologia*. Por tempo *(weather)* nós endendemos o estado médio da atmosfera numa dada porção de tempo e em determinado lugar. Por outro lado, clima é a síntese do tempo num dado lugar durante um período de aproximadamente 30-35 anos. O clima, portanto, refere-se às características da atmosfera, inferidas de observações contínuas durante um longo período. O clima abrange um maior número de dados do que as condições médias do tempo numa determinada área. Ele inclui considerações dos desvios em relação às médias (isto é, variabilidade), condições extremas, e as probabilidades de freqüência de ocorrência de determinadas condições de tempo. Desta forma, o clima apresenta uma generalização, enquanto o tempo lida com eventos específicos.

A meteorologia é geralmente definida como a ciência da atmosfera e está relacionada ao estado físico, dinâmico e químico da atmosfera e às interações entre eles e a superfície terrestre subjacente. A climatologia é o estudo científico do clima. Há uma considerável semelhança no conteúdo da climatologia e da meteorologia. O meteorologista e o climatólogo, contudo, diferem significativamente em sua metodologia. Enquanto o meteorologista emprega as leis da física clássica e as técnicas matemáticas em seu estudo de processos atmosféricos, o climatólogo utiliza principalmente técnicas estatísticas quando retira informações a respeito do clima a partir das informações disponíveis sobre o tempo. Pode-se dizer, portanto, que o meteorologista estuda o tempo, enquanto o climatólogo estuda o clima. Entretanto, a climatologia está baseada na meteorologia que, por sua vez, está baseada nos princípios da física e da matemática. Portanto, há uma relação estreita entre meteorologia e climatologia. A meteorologia engloba tanto tempo como clima, enquanto os elementos da meteorologia devem necessariamente estar incorporados na climatologia para torná-la significativa e científica. O tempo e o clima podem, juntos, ser considerados como uma conseqüência e uma demonstração da ação dos processos complexos na atmosfera, nos oceanos e na terra.

Natureza e campo da climatologia

Conforme mencionamos anteriormente, a climatologia trata dos padrões de comportamento da atmosfera, verificados durante um longo período de tempo. Ela está mais preocupada com os resultados dos processos atuantes na atmosfera do que com suas operações instantâneas. O campo da climatologia é bastante amplo e pode-se fazer subdivisões, com base nos tópicos enfatizados ou na escala dos fenômenos atmosféricos que são ressaltados. Como subdivisões tópicas da climatologia temos as seguintes, entre outras:

1. *Climatologia regional* – é a descrição dos climas em áreas selecionadas da Terra.
2. *Climatologia sinótica* – é o estudo do tempo e do clima em uma área com relação ao padrão de circulação atmosférica predominante. A climatologia sinótica é, assim, essencialmente uma nova abordagem para a climatologia regional.
3. *Climatologia física* – que envolve a investigação do comportamento dos elementos do tempo ou processos atmosféricos em termos de princípios físicos. Neste, dá-se ênfase à energia global e aos regimes de balanço hídrico da Terra e da atmosfera.
4. *Climatologia dinâmica* – enfatiza os movimentos atmosféricos em várias escalas, particularmente na circulação geral da atmosfera.
5. *Climatologia aplicada* – enfatiza a aplicação do conhecimento climatológico e dos princípios climatológicos nas soluções dos problemas práticos que afetam a humanidade.
6. *Climatologia histórica* – é o estudo do desenvolvimento dos climas através dos tempos.

Diversas outras subdivisões são reconhecidas na literatura. Estas incluem, por exemplo, a climatologia agrícola, a bioclimatologia, a climatologia das construções, a climatologia urbana, a climatologia estatística, etc. Estas subdivisões podem ser, contudo, enquadradas em uma ou mais das seis subdivisões reconhecidas. A climatologia agrícola, a bioclimatologia, a climatologia das construções são, por exemplo, aspectos da climatologia aplicada.

Uma abordagem alternativa à subdivisão da climatologia está baseada em escalas dos sistemas de circulação meteorológica (Tabela 1.1). Deve-se ressaltar, todavia, que os vários fenômenos atmosféricos, que vão desde as zonas planetárias até os sistemas de ventos locais, constituem um único espectro contínuo dos sistemas climáticos. Usando o sistema na Tabela 1.1, as seguintes subdivisões da climatologia podem ser reconhecidas:

1. *Macroclimatologia* – relacionada com os aspectos dos climas de amplas áreas da Terra e com os movimentos atmosféricos em larga escala que afetam o clima.
2. *Mesoclimatologia* – preocupada com o estudo do clima em áreas relativamente pequenas, entre 10 e 100 quilômetros de largura (por exemplo, o estudo do clima urbano e dos sistemas climáticos locais severos tais como os tornados e os temporais).
3. *Microclimatologia* – preocupada com o estudo do clima próximo à superfície ou de áreas muito pequenas, com menos de 100 metros de extensão.

Tabela 1.1 – Escalas dos sistemas de circulação meteorológica (segundo Barret, 1974)

Sistema de circulação	Escala horizontal (km)	Escala vertical (km)	Escala de tempo (horas)
Macroescala			
1. Ondulações planetárias	$5x10^3$	10	$2x10^2$ a $4x10^2$
2. Perturbações sinóticas	$5x10^2$ a $2x10^3$	10	10^{-2}
Fenômenos em mesoescala	$1 - 10^2$	1 – 10	1 – 10
Fenômenos em microescala	menor que 10^{-1}	menor que 10^{-2}	$10^{-2} - 10^{-1}$

O desenvolvimento da moderna climatologia

Há muito tempo o homem se interessa pelo tempo atmosférico, sendo que o estudo do tempo é tão antigo quanto a curiosidade do homem a respeito de seu meio ambiente. Isto é um fato não surpreendente e esperado, pois as condições atmosféricas influenciam o homem em suas diferentes e numerosas formas de atividades. O ar que o homem respira, o alimento e a água que ele ingere, todos estão relacionados com o tempo meteorológico. Até mesmo a maneira como ele vive – particularmente seu vestuário e sua forma de abrigo – é em grande parte determinada pelo tempo meteorológico. Inicialmente, a compreensão do homem sobre os fenômenos do tempo era muito pequena. Considerava-se que os fenômenos do tempo eram controlados pelos deuses até por volta do quinto século antes de Cristo, quando os gregos começaram a fazer observações meteorológicas. Este fato trouxe uma atitude nova e mais científica para o estudo do tempo, conforme exemplificado em *Ares, Águas e Lugares,* escrito por Hipócrates por volta do ano 400 a.C., e *Meteorologica,* escrita por Aristóteles, cinqüenta anos depois.

Entretanto, o rápido desenvolvimento da ciência da atmosfera teve de esperar pela revolução tecnológica do período do Renascimento. Em 1593, Galileu inventou o termômetro e em 1643 o princípio do barômetro de mercúrio era descoberto por Torricelli, um dos discípulos de Galileu. No ano de 1832 foi inventado o telégrafo e os dados do tempo puderam, desta maneira, ser reunidos a partir de um grande número de postos localizados espaçadamente, em questão de minutos após as observações serem feitas. Desde então, maiores desenvolvimentos técnicos na instrumentação das observações do tempo e na transmissão e análise dos dados meteorológicos têm desempenhado papéis vitais no desenvolvimento da meteorologia e climatologia modernas.

A maneira pela qual a atmosfera é estudada também tem mudado no decorrer dos tempos e particularmente durante os últimos trinta anos. A climatologia tradicional está fundamentalmente preocupada com as descrições dos padrões de distribuição temporal e espacial dos elementos do tempo, de áreas que vão da extensão de 1 a 2 quilômetros quadrados até a grandeza de toda a Terra. O método de descrição é cartográfico, consistindo principalmente de mapas de médias ou gráficos que mostram variações diurnas e sazonais e diferenças espaciais nos valores dos elementos climáticos, tais como a temperatura, a precipitação, a pressão, a umidade, a velocidade e a direção dos ventos, a quantidade de nuvens, etc. A classificação climática é também feita nos termos da distribuição dos elementos climáticos acima mencionados.

Essa abordagem essencialmente descritiva do estudo do tempo e do clima apresenta várias deficiências e tem propiciado o surgimento de concepções errôneas sobre a maneira pela qual funcionam os processos atmosféricos. Quatro dessas deficiências são bem identificadas e discutidas por Atkinson (1972). A primeira crítica da climatologia tradicional refere-se ao fato de que é descritiva e não explicativa. Os mapas de médias dos elementos são essencialmente descritivos e não dão idéia sobre os processos que originam sua distribuição. Segunda crítica, a abordagem tradicional no estudo do tempo e do clima tende a dar a impressão de uma atmosfera estática, enquanto a atmosfera é dinâmica e está em constante turbulência. As características atmosféricas em um dado lugar podem mudar nas escalas de tempo, variando desde os microssegundos até centenas de anos. A utilização de períodos de 30–35 anos para cálculos de valores médios dos elementos climáticos, sob a perspectiva da climatologia tradicional, não leva em conta as mudanças contínuas que ocorrem dentro da atmosfera. Terceira crítica, o método tradicional do estudo do tempo e do clima tende a negligenciar as interações, isto é, os mecanismos de *feedback* que operam na atmosfera. Os processos interagem e se afetam mutuamente e freqüentemente os efeitos retornam reagindo para provocar mudanças ou modificações em suas causas. Conforme assinalou Atkinson (1972), tais mecanismos de *feedback* são vitais na luta constante da atmosfera para amenizar a ação dos eventos extremos e para alcançar um estado esquivo de equilíbrio. A quarta crítica dos métodos da climatologia tradicional relaciona-se com a classificação climática. As linhas traçadas nos mapas climáticos dão a impressão errônea de mudanças abruptas do clima em tais linhas demarcatórias; naturalmente, isso não ocorre. O que existe é uma alteração gradativa das características a partir de um tipo climático para outro. Da mesma forma, os climas das áreas assim definidas são freqüentemente considerados como entidades climáticas separadas e explicadas como tais, usualmente com referência apenas aos fenômenos de superfície. Essa abordagem é errada na medida em que ela ignora o fato de que o clima tem uma terceira dimensão (na vertical), e que as características atmosféricas em determinado local somente podem ser explicadas de maneira significativa quando consideradas no contexto das atividades da atmosfera como um todo. Conforme enfatiza Atkinson (1972), procurando explicar as circulações atmosféricas locais, é como tentar dividir um todo indivisível.

A moderna climatologia procura eliminar as deficiências descritas para a climatologia tradicional. A ênfase atualmente incide na explicação dos fenômenos atmosféricos, além de descrevê-los. A atmosfera é dinâmica, não-estática, e fazem-se esforços para compreender os processos e interações que ocorrem na atmosfera e na interface atmosfera – superfície da Terra.

O aparecimento da moderna climatologia pode estar ligado a dois fatores, principalmente aos desafios colocados pelas necessidades da sociedade e pela melhoria na coleta e análise dos dados, conforme será discutido posteriormente. A climatologia tradicional, salientando a descrição, é de pouca utilidade prática para o homem. O homem moderno é afetado pelo tempo e pelo clima, da mesma forma que seus antepassados. Mas, ao contrário dos antigos, o homem moderno não quer viver à mercê do tempo meteorológico. Ele agora quer manejar ou até mesmo planejar o controle das condições meteorológicas. Para essa finalidade, o homem necessita capacitar-se a entender os fenômenos atmosféricos de modo que possa prevê-los, modificá-los ou controlá-los quando possível. Daí a necessidade de enfatizar a explicação dos processos atmosféricos, que é a base da moderna meteorologia. Para predizer ou prever o tempo temos que entender as ações da atmosfera. Os desafios colocados aos meteorologistas e climatólogos estão situados principalmente na agricultura e na aviação. Os desafios também surgem com a necessidade de proteger o homem e sua propriedade contra os efeitos dos eventos climáticos extremos. Atualmente também se reconhece o valor do conhecimento do tempo no comércio e na indústria.

O desenvolvimento das observações meteorológicas percorreu um longo caminho desde os primitivos cataventos e medidas da chuva, no quinto século antes de Cristo. Tais observações atualmente são coletadas por estações meteorológicas de várias ordens na superfície terrestre, por balões, helicópteros e aeronaves – até foguetes e satélites. Houve aperfeiçoamento muito expressivo no tipo e na precisão dos instrumentos meteorológicos criados para as estações meteorológicas convencionais. Atualmente, é crescente o uso da *radiossonda*, utilizada para obter dados das características da atmosfera superior. Similarmente, o *radar* está sendo amplamente usado para previsão rotineira do tempo e para pesquisas na física e na dinâmica das nuvens (ver Capítulo 9).

Um avanço espetacular para a observação do tempo foi o desenvolvimento dos satélites meteorológicos. Os satélites fornecem uma cobertura objetiva, abrangendo grandes áreas dos sistemas de tempo, e capacitam-nos a medir a radiação proveniente de uma posição situada fora da atmosfera terrestre. Conforme Barret (1974), os modernos satélites meteorológicos desempenham três importantes papéis:

1. observam os sistemas terrestres e sua atmosfera;
2. funcionam como plataformas para a coleta de dados;
3. servem de elos de comunicação entre as estações terrestres muito distanciadas, que necessitam permutar dados climáticos diariamente.

Os satélites meteorológicos atualmente constituem importante recurso de informações climatológicas para os cientistas da atmosfera. Os satélites meteorológicos aperfeiçoam grandemente a cobertura de dados da Terra, oferecendo informações sobre o tempo em áreas remotas, inóspitas ou desabitadas do mundo, particularmente dos oceanos e dos desertos, assim como dos trópicos e das áreas polares, que não são bem servidas por estações meteorológicas convencionais. Os satélites meteorológicos apresentam outras vantagens. Os dados derivados são mais homogêneos que os obtidos pelas estações meteorológicas convencionais e são também espacialmente contínuos sobre a superfície da Terra, fato que os tornam muito diferentes dos dados de estações meteorológicas convencionais, que são medidas locais da atmosfera. Além disso, os satélites podem fornecer freqüência maior de informações sobre a cobertura, pois usualmente as estações convencionais informam às 6, às 12 ou às 24 horas. Os dados derivados do satélite também são utilizados de imediato nos processamentos de computador.

Desta maneira, existem problemas associados com a operação do satélite e na análise e uso dos dados meteorológicos por ele obtidos. Precisa haver um entendimento de que as observações de satélites são realmente de natureza complementar às medidas convencionais e não podem substituí-las. Isso porque os satélites são plataformas de sensoriamento remoto que investigam a atmosfera através de instrumentos e não estão em contato direto com ela. Essas observações são diferentes em natureza daquelas feitas dentro da própria atmosfera por instrumentos em contato direto com o sistema.

Os dados derivados de satélites são atualmente muito volumosos e existem problemas na seleção e redução das informações, conforme o processamento, análise e interpretação dos mesmos. O problema é expresso pelo fato de que as resoluções dos dados podem não ser ótimas para fins climatológicos. Também a qualidade dos dados provenientes dos satélites tendem a se deteriorar com o passar do tempo, por causa da degradação dos seus sistemas sensores. Parcialmente por causa desse fato, os dados provenientes de dois ou mais satélites não são freqüentemente comparáveis.

Entretanto, esses problemas não são insuperáveis e esforços estão sendo feitos para removê-los. O computador tem sido de grande valia no processamento, armazenamento e análise dos dados de satélites. Separadamente ao uso dos dados derivados de satélites na previsão do tempo e na modelação da circulação atmosférica geral, entre os usos climatológicos para os quais os dados climáticos dos satélites estão sendo feitos podemos incluir os seguintes (segundo Barret, 1974, 1975):

1. completar mapas de elementos climáticos, tais como sobre nebulosidade, particularmente em áreas com esparsa cobertura de dados convencionais;
2. mapear as variações climáticas que anteriormente não poderiam ser medidas ou que não eram consideradas. Um bom exemplo é o modelo de balanço de radiação na parte mais alta da atmosfera da Terra ou as temperaturas de radiação do topo das nuvens voltadas para o espaço;
3. classificar os climas em novas bases, usando o saldo da radiação, as distribuições de verticidade e os regimes de umidade;
4. estimar a precipitação em áreas desprovidas de uma rede adequada de estações pluviométricas.

Desenvolvimentos recentes na climatologia tropical

Os trópicos foram definidos de vários modos como:

1. a área entre os Trópicos de Câncer e de Capricórnio, que indicam os limites exteriores das áreas onde o Sol pode sempre estar no zênite;
2. a área entre latitudes de 30°N e 30°S do Equador;
3. a área do mundo onde não há nenhuma estação fria, onde o inverno nunca ocorre;
4. a área do mundo onde a temperatura média anual é igual ou menor do que a amplitude média diária;
5. a área do mundo onde a temperatura média ao nível do mar para o mês mais frio do ano nunca fica abaixo de 18°C;

6. aquela parte do mundo onde as seqüências de tempo diferem distintamente das de latitudes médias, servindo de linha divisória entre as *easterlies* e *westerlies* na média troposfera, como um guia aproximativo na definição do limite (Riehl, 1954).

Como anteriormente já foi assinalado, a área dos trópicos no mundo é caracterizada por ausência de estação fria e por amplitude térmica diária considerável. Nos trópicos, as estações são definidas fundamentalmente com base na ocorrência de precipitação e na umidade relativa do ar. Com base nos totais de precipitação total anual recebidos, os trópicos podem ser divididos em trópicos úmidos, onde a precipitação anual média é maior que 600 mm, e em trópicos secos, onde ela é menor que 600 mm (Fig. 1.2). Os trópicos delimitados na Fig. 1.2 constituem 40% da área da superfície terrestre e são habitados por cerca de 1.400 milhões de pessoas, ou 40% da população mundial (Nieuwolt, 1977). A maior parte dos países tropicais são pobres, agrícolas, com baixa renda *per capita*. Os trópicos constituem, portanto, uma área com necessidade de desenvolvimento. O clima é um componente vital do ambiente tropical, que deve ser compreendido e levado em consideração em qualquer programa de desenvolvimento que tenha por objetivo elevar o padrão de vida e a qualidade de vida dessa população.

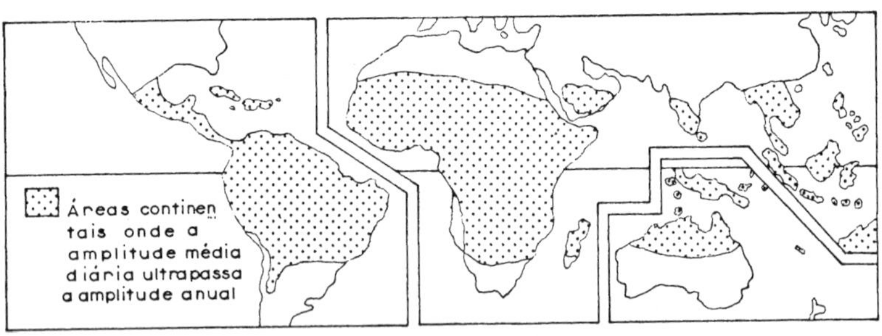

Figura 1.2 – O domínio climático tropical.

Comparadas com as áreas temperadas e com as zonas polares, as áreas tropicais ressentem-se da cobertura insuficiente de dados e do parco desenvolvimento de modelos locais e de técnicas analíticas para estudar e analisar o tempo e o clima predominantes. Embora a situação de disponibilidade de dados nos trópicos tenha melhorado grandemente com o surgimento dos satélites climáticos, os trópicos são ainda mal servidos por estações climatológicas convencionais. As estações de estudo das altas camadas da atmosfera ainda são bem inadequadas. Os trópicos são, na maior parte, habitados por populações que estão num baixo estágio de desenvolvimento econômico. Os governos dos países tropicais possuem poucos recursos para alocar no desenvolvimento da rede de observação, tendo em vista a existência de necessidades mais urgentes em outros setores da economia. Muitas áreas são também remotas e inóspitas e assim são inadequadas para o estabelecimento de estações meteorológicas eficientes e confiáveis. As condições climáticas tropicais também afetam a durabilidade e precisão de alguns instrumentos meteorológicos, particularmente os mais sofisticados e as unidades mais sensíveis.

Assim, a falta de informações tem influenciado o desenvolvimento da pesquisa meteorológica e climatológica nas latitudes baixas. O estudo intensivo do tempo e do clima nos trópicos surgiu somente a partir da Segunda Guerra Mundial, quando muitas estações meteorológicas foram estabelecidas nessas áreas para atender às necessidades da aviação. Pelo menos três modelos descritivos do clima tropical foram desenvolvidos. São os seguintes:

1. da escola climatológica;
2. da escola das massas de ar;
3. da escola de perturbação.

O modelo da escola climatológica considera o tempo nos trópicos em termos de controles diurnos e sazonais, mais os efeitos locais. De acordo com esse modelo, o tempo dia a dia nos trópicos difere muito pouco, a partir do que é revelado pelas médias mensais e anuais. Os conceitos como os alísios, as monções, os doldruns são usados para explicar os padrões das condições atmosféricas e dos climas tropicais.

O modelo de massa de ar frontal é uma tentativa para transferir os conceitos de massa de ar e de frentes desenvolvidos por Bjerkness e Bergeron nas latitudes médias, para os trópicos, com pouca ou nenhuma modificação. O modelo mostrou ser enganador e inútil nos trópicos, principalmente porque as massas de ar tropicais diferem muito pouco em suas características térmicas.

O modelo de perturbação do tempo e do clima tropicais está, até certo ponto, baseado nos conceitos do modelo climatológico como nos alísios, monções e doldruns. Todavia, a escola das perturbações acentua a importância das perturbações que afetam os padrões de circulação média, e essas perturbações são acompanhadas por padrões de tempo e pressão característicos e identificáveis em um mapa meteorológico diário.

Após discutir os méritos e deméritos dos três modelos acima, ou das escolas de pensamento relativas ao tempo e clima tropicais, Palmer (1951, p. 872) prediz que: "avanços futuros na meteorologia tropical virão através da aplicação dos conceitos e métodos da escola das perturbações desde que eles sejam liberados das generalizações enganadoras". Na verdade, Palmer provou estar com a razão. No geral, atualmente, concorda-se que podemos falar de tempo e não apenas de clima nos trópicos. Além disso, as mudanças de tempo nos trópicos são hoje conhecidas como freqüentes e complexas, com tipos de tempo bastante distintos. A nossa visão sobre os sistemas de condições meteorológicas tropicais tem sido radicalmente revista pelos dados derivados dos satélites, que começaram a atuar desde a década de 60. As várias categorias de sistemas meteorológicos nos trópicos, distinguidas de acordo com suas escalas espaciais e temporais, serão discutidas no Capítulo 6. Reconhece-se agora e de maneira geral que os modelos sinóticos das latitudes médias não são aplicáveis nos trópicos. Atualmente, graças aos satélites meteorológicos e à aprimorada rede de observação, estão sendo feitas tentativas para o desenvolvimento de modelos sinóticos tropicais e métodos apropriados de análise meteorológica. Os mais importantes desses novos desenvolvimentos nas observações e análises meteorológicas dos trópicos serão discutidos no Capítulo 9.

O papel da OMM*

A necessidade de aprimoramento na coleta de dados meteorológicos, particularmente nos trópicos, nunca pode ser excessivamente enfatizada. O progresso no desenvolvimento de novos conceitos e teorias na meteorologia depende em grande parte de uma boa rede de observação meteorológica e do livre e rápido intercâmbio de informações meteorológicas entre as nações do mundo. Tais desenvolvimentos tornaram-se possíveis através da fundação, em 1973, da Organização Meteorológica Internacional (OMI), que no dia 23 de março de 1950 tornou-se conhecida como Organização Meteorológica Mundial (OMM) Em dezembro de 1951, a OMM foi reconhecida como um órgão das Nações Unidas. Os propósitos explícitos da organização eram três:

1. facilitar a cooperação de âmbito mundial no estabelecimento de redes de estações meteorológicas;
2. promover o desenvolvimento de centros para serviços meteorológicos;
3. promover o rápido intercâmbio das informações meteorológicas e a padronização e publicação das observações meteorológicas.

Atualmente, o programa das atividades científicas e técnicas da OMM pode ser classificado em quatro categorias amplas:

1. a Observação do Tempo Mundial (OTM);
2. o Programa de Pesquisa da OMM;
3. o Programa da OMM a respeito da interação do homem em seu meio ambiente;
4. o Programa de Cooperação Técnica da OMM.

O projeto de Observação do Tempo Mundial destina-se a aprimorar os serviços meteorológicos do mundo. Os aspectos principais do projeto incluem:

1. um sistema mais preciso e abrangente das observações meteorológicas globais, envolvendo a utilização de satélites e outros dispositivos avançados e automáticos;
2. o estabelecimento de três centros meteorológicos mundiais em Melbourne (Austrália), Moscou (URSS) e Washington (EUA), juntamente com numerosos centros regionais, para armazenamento e processamento de dados meteorológicos;
3. o estabelecimento de um sistema global de telecomunicações para uma rápida transmissão de dados meteorológicos, análises, previsões e alertas;
4. o treinamento de meteorologistas de todos os quadros.

O Programa de Pesquisa da OMM é conhecido como Programa de Investigação da Atmosfera (GARP) e está organizado para desenvolver e testar os princípios físicos e matemáticos fundamentais da previsão meteorológica a longo prazo. A GARP é composta por vários programas auxiliares, conhecidos como subprogramas da GARP, e os exemplos incluem o Experimento Tropical Atlântico GARP (ETAG) e o Experimento das Monções Africanas Ocidentais (EMAO). O programa da OMM a respeito da interação do homem e seu meio ambiente está voltado para a aplicação do conhecimento meteorológico às atividades humanas, tais como a agricultura e o transporte, e à utilização e desenvolvimento dos recursos hídricos. Sob o Programa da Cooperação Técnica da OMM, a OMM fornece assistência aos países no desenvolvimento de seus serviços meteorológicos e no treinamento pessoal.

Está evidente, a partir do que foi visto acima, que a OMM tem desempenhado e continuará a desempenhar um papel importante no desenvolvimento da ciência da meteorologia. Todos os seus programas são louváveis e merecem ser apoiados moral e financeiramente por todos.

Referências Bibliográficas

ATKINSON, B. W. The atmosphere. In: Bowen, D. Q. (ed.), *A Concise Physical Geography*. Londres, Hilton Educational Publications, 1972.

BARRET, E. C. *Climatology from Satellites*. Londres, Methuen, 1974.

BARRET, E. C. Analysis of image data from meteorological satellites. In: Peel, R. *et alii*, (eds.), *Processes in Physical and Human Geography*. Londres, Heinemann, 1975.

NIEUWOLT, S. *Tropical Climatology*. Londres, John Wiley, 1977.

PALMER, C. E. Tropical meteorology. In: Malone, T. F. (ed.), *Compendium of Meteorology*. Boston, American Meteorological Society, 1951.

RIEHL, H. *Tropical Meteorology*. Nova Iorque, McGraw-Hill, 1954.

CAPÍTULO 2
A ATMOSFERA DA TERRA

A composição da atmosfera

A atmosfera pode ser descrita como uma camada fina de gases, sem cheiro, sem cor e sem gosto, presa à Terra pela força da gravidade. A atmosfera compreende uma mistura mecânica estável de gases, sendo que os mais importantes são o nitrogênio, o oxigênio, o argônio, o bióxido de carbono, o ozônio e o vapor d'água (ver Tabela 2.1). Outros gases ocorrem em proporções muito pequenas e incluem o neônio, o criptônio, o hélio, o metano, o hidrogênio, etc. O nitrogênio, o oxigênio e o argônio são constantes quanto ao volume, espacial e temporalmente. Por exemplo, o volume de vapor d'água na atmosfera pode variar praticamente de zero, em regiões áridas, até cerca de 3 – 4% nos trópicos úmidos. O conteúdo de vapor d'água na atmosfera está estreitamente relacionado com a temperatura do ar e com a disponibilidade de água na superfície terrestre. Assim, nas latitudes médias é maior no verão do que no inverno, quando a capacidade da atmosfera para reter a umidade é pequena. O vapor d'água é também quase ausente a cerca de 10 – 12 quilômetros acima da superfície da Terra. Este fato acontece porque o vapor d'água na atmosfera é fornecido pela evapotranspiração de água da superfície terrestre e levado para camadas superiores pela turbulência, que é mais eficaz abaixo da latitude de 10 quilômetros.

O ozônio está concentrado entre as altitudes de 15 e 35 quilômetros da atmosfera. O conteúdo de ozônio da atmosfera é baixo sobre o Equador e alto na direção dos pólos, nas latitudes maiores que 50°. O ozônio é formado quando, sob a influência da radiação ultravioleta, as moléculas de oxigênio se rompem e os átomos separados combinam-se individualmente com outras moléculas de oxigênio. Muito embora a ruptura das moléculas de oxigênio usualmente ocorra na camada entre 80 e 100 quilômetros, a formação de ozônio acontece na camada entre 30 e 60 quilômetros. Isto ocorre por causa da densidade muito baixa da atmosfera a 80 e 100 quilômetros, fato que não estimula combinações entre o O e O_2, processo necessário para a formação do ozônio. Este, em si mesmo, é instável, uma vez que pode ser destruído pela radiação incidente ou pelos choques com o oxigênio monoatômico (O) para recriar o oxigênio (O_2), da seguinte maneira:

$$O_3 + O \rightarrow O_2 + O_2$$

O modelo da distribuição do ozônio dentro da atmosfera é considerado como sendo o resultado de algum mecanismo de circulação, que transporta o ozônio para níveis adequados onde sua destruição é menos provável e sua concentração é, desta forma, assegurada. Tais áreas estão concentradas na atmosfera nas altitudes de 15 a 35 quilômetros acima da superfície terrestre.

Tabela 2.1 – Composição média da atmosfera seca abaixo de 25 quilômetros (segundo Barry e Chorley, 1976)

Gás	Volume % (ar seco)
Nitrogênio (N_2)	78,08
Oxigênio (O_2)	20,94
Argônio (Ar)	0,93
Bióxido de carbono (CO_2)	0,03 (variável)
Neônio (Ne)	0,0018
Hélio (He)	0,0005
Ozônio (O_3)	0,00006
Hidrogênio (H)	0,00005
Criptônio (Kr)	Indícios
Xenônio (Xe)	Indícios
Metano (Me)	Indícios

O bióxido de carbono (CO_2) entra na atmosfera principalmente por meio da ação dos organismos vivos nos oceanos e continentes. A fotossíntese ajuda a manter o equilíbrio da quantidade de bióxido de carbono por meio da remoção de cerca de 3% do bióxido de carbono total do mundo, anualmente. Contudo, existem temores de que a crescente utilização de combustíveis fósseis pelo homem esteja perturbando esse equilíbrio e de que tenha havido algum aumento na quantidade de bióxido de carbono na atmosfera. Por exemplo, a quantidade total de bióxido de carbono na atmosfera, entre 1870 e 1970, foi calculada como tendo aumentado de 294 para 321 ppm (cerca de 11% de aumento) devido à queima de combustíveis fósseis (Barry e Chorley, 1976).

Além dos gases relacionados na Tabela 2.1 a atmosfera contém quantidades variáveis, porém significativas, de aerossóis. Estes são partículas de poeira em suspensão, fumaça, matéria orgânica, sal marinho, etc., que procedem tanto de fontes naturais como daquelas construídas pelo homem. Os aerossóis produzidos pelo homem são avaliados atualmente como sendo responsáveis por 30% dos aerossóis contidos na atmosfera, e essa quantidade poderá duplicar por volta do ano 2000 (Barry e Chorley, 1976).

O vapor d'água, o ozônio, o bióxido de carbono e os aerossóis desempenham papéis importantes na distribuição e nas trocas de energia dentro da atmosfera e entre a superfície da Terra e a atmosfera. Suas quantidades e padrões de distribuição dentro da atmosfera devem, portanto, ser cuidadosamente estudados. Observações por foguetes indicam que o nitrogênio, o oxigênio e o argônio estão misturados em proporções constantes até uma altitude de 80 quilômetros, devido à constante agitação no interior da atmosfera. Contrariamente ao que se poderia esperar, não há separação dos gases leves (como, por exemplo, o hidrogênio e o hélio) e daqueles mais pesados da atmosfera por causa da constante mistura turbulenta em grande escala da atmosfera. Contudo, conforme foi antes mencionado, as variações espaciais e sazonais realmente ocorrem na distribuição dos aerossóis, bióxido de carbono, vapor d'água e ozônio. Porque esses aerossóis e gases absorvem, refletem e difundem tanto a radiação solar como a terrestre, a balança de calor do sistema terra – atmosfera e a estrutura da temperatura da atmosfera são grandemente afetadas por suas quantidades e distribuições dentro da atmosfera.

A massa da atmosfera

A atmosfera, sendo uma mistura mecânica de gases, exibe as características principais de todos os gases. Ela é extremamente volátil, compressível e tem a capacidade de expansão. Estas características explicam alguns dos aspectos fundamentais da estrutura atmosférica bem como muitos aspectos do tempo atmosférico e do clima. Porque a atmosfera é altamente compressível, suas camadas inferiores são muito mais densas do que as superiores. A densidade média da atmosfera diminui a partir de 1,2 kgm^{-3} na superfície da Terra até 0,7 kgm^{-3} na altura de 5 000 metros. De fato, conforme mostrado na Fig. 2.1, cerca da metade do total da massa da atmosfera está concentrada abaixo de 5 quilômetros. A pressão atmosférica diminui logaritmicamente com a altitude acima da superfície terrestre. A pressão em um ponto na atmosfera é o peso do ar verticalmente acima da unidade de área horizontal centralizada naquele ponto. Em outras palavras, é a força direcionada para baixo sobre a unidade de área horizontal resultante da ação da gravidade sobre a massa de ar situada verticalmente (McIntosh e Thom, 1969). À medida que subimos na atmosfera, o ar torna-se mais rarefeito até que o limite externo da atmosfera seja alcançado, penetrando assim no espaço exterior. A densidade real do ar depende da temperatura, do teor de vapor d'água no ar e da gravidade. Desde que todos os elementos variam, não existe relacionamento simples entre a altitude e a pressão. Todavia, o relacionamento entre a pressão e a altitude é tão significativo que os meteorologistas freqüentemente expressam as elevações em milibares, que é a unidade de medida da pressão. Por exemplo, 1.000 mb representam o nível do mar e 300 mb cerca de 9.000 metros.

A pressão é medida como força por unidade de área. A unidade usada pelos meteorologistas é o milibar (mb). Um milibar é equivalente a 1.000 dinas por centímetro quadrado. (Um dina é a força necessária para produzir uma aceleração de 1 cm/s^2 em uma massa de 1 grama.) As leituras do barômetro de mercúrio também necessitam ser padronizadas para uma temperatura de 0°C, levando em conta a expansão térmica do mercúrio.

A pressão atmosférica média ao nível do mar é 1013,25 mb. Cada um dos gases na atmosfera exerce uma pressão parcial independente dos outros. Desta forma, ao nível médio do mar, o nitrogênio exerce uma pressão de 760 mb, o oxigênio de 240 mb, e o vapor d'água de 10 mb. A pressão exercida pelo vapor d'água, isto é, a pressão do vapor, varia com a latitude e sazonalmente. Por exemplo, é de aproximadamente 0,2 mb sobre a Sibéria setentrional, em janeiro, e mais do que 30 mb

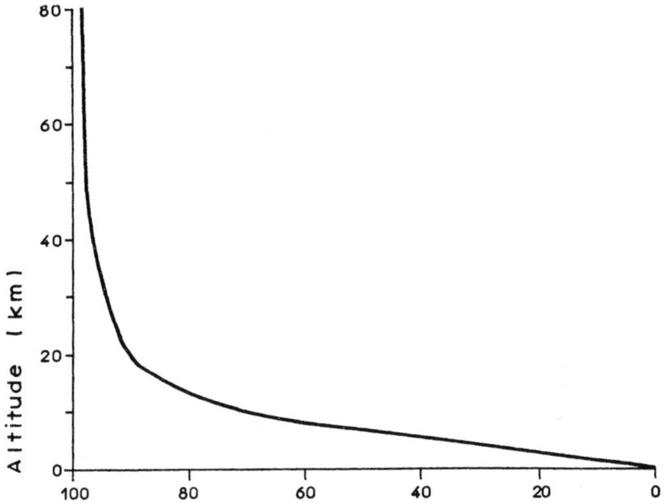

Figura 2.1 – Distribuição vertical da massa da atmosfera (conforme Barry e Chorley, 1976). Porcentual da massa total da atmosfera que se situa abaixo da altitude de 80 quilômetros, mostrando a característica de manto superficial da atmosfera terrestre.

nos trópicos, em julho. Porém, esta variação não é refletida no padrão da pressão na superfície total. De fato, devido a fatores dinâmicos, o ar em áreas de alta pressão é geralmente seco, enquanto nas áreas de baixa pressão é usualmente úmido (Barry e Chorley, 1976).

A estrutura da atmosfera

Evidências provenientes de *rawinsonde* (radiossonda rastreada por dispositivo de radiogonometria para determinar a velocidade do vento nas alturas), radiossonda, foguetes e satélites indicam que a atmosfera está estruturada em três camadas relativamente quentes, separadas por duas camadas relativamente frias (Fig. 2.2). As três camadas quentes, ocorrem nas proximidades da superfície da Terra, entre 50 e 60 quilômetros, e acima de 120 quilômetros, enquanto as camadas frias são encontradas entre 10 e 30 quilômetros, e a cerca de 80 quilômetros acima da superfície da Terra.

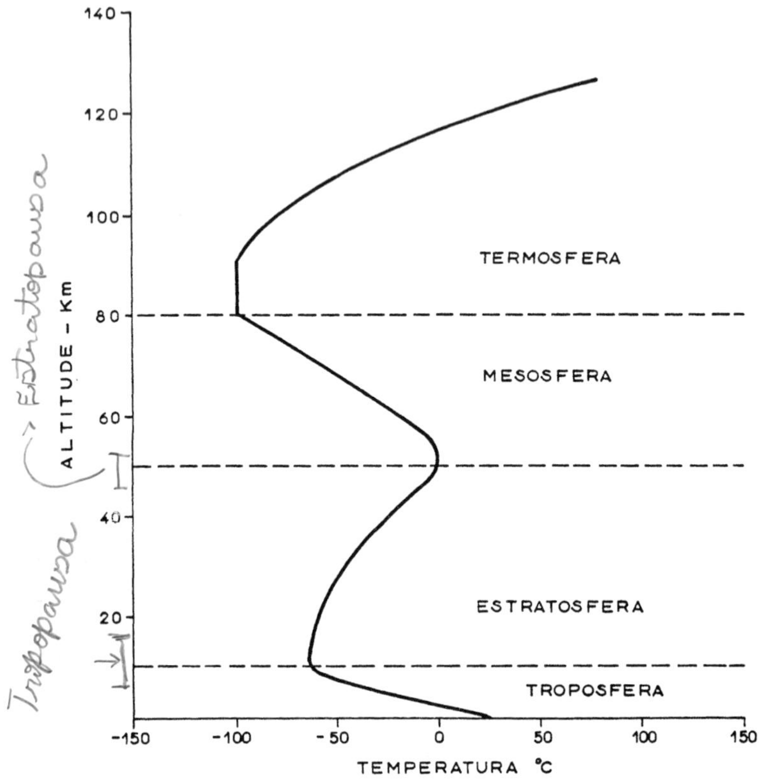

Figura 2.2 – A estrutura da atmosfera, de acordo com as mudanças de temperatura.

A camada mais baixa da atmosfera é denominada *troposfera.* A troposfera contém cerca de 75% da massa gasosa total da atmosfera e virtualmente a totalidade do vapor d'água e de aerossóis. Portanto, ela é a camada onde os fenômenos do tempo atmosférico e a turbulência são os mais marcantes e tem sido descrita como a camada da atmosfera que estabelece as condições do tempo. Por estas razões, torna-se de importância direta para o homem. Na troposfera, a temperatura diminui a uma taxa média de 6,5°C por quilômetro. A parte superior da atmosfera é denominada *tropopausa,* sendo caracterizada pelas condições de inversão de temperatura que efetivamente limitam a convecção e outras atividades do tempo atmosférico. A altura da tropopausa não é constante. Ela varia de lugar para lugar e de época para época sobre uma determinada área. Contudo, a altitude da tropopausa é mais elevada no Equador (16 quilômetros), onde existe aquecimento e turbulência convectiva vertical, e é mais baixa nos pólos, onde tem apenas 8 quilômetros. A troposfera pode ser dividida em três camadas, tendo por base o mecanismo dominante para as trocas de energia. Estas são a camada laminar, a camada friccional e a denominada atmosfera livre.

A camada laminar ou de superfície marca a interface entre o solo e a atmosfera. A transferência de energia dentro desta camada acontece por meio de condução e as trocas verticais de calor e de umidade são bastante lentas. Em sua parte superior encontra-se a camada de atrito, que tem cerca de 1.000 metros de espessura. A transferência vertical de calor nesta camada ocorre principalmente por meio de turbulência ou por meio de movimentos de remoinho. A seguir, encontra-se a atmosfera livre, que é a camada que está isenta do efeito do atrito criado pelas irregularidades da superfície terrestre. Nesta camada os ventos são mais fortes, pois não mais encontram a resistência friccional, e a transferência vertical de energia ocorre principalmente através da formação de nuvens. A água é evaporada da superfície da Terra e transportada para o alto como vapor. Quando o vapor se condensa na atmosfera para formar as nuvens, ocorre a liberação do calor latente.

A *estratosfera* é a segunda camada principal da atmosfera e estende-se desde a tropopausa até cerca de 50 quilômetros acima do solo. Diferentemente do que acontece na troposfera, na estratosfera a temperatura geralmente aumenta com a altitude. Como a densidade do ar é muito menor, até mesmo uma absorção pequena de radiação solar pelos constituintes atmosféricos, notadamente o ozônio, produz um grande aumento de temperatura. A estratosfera contém grande parte do ozônio total atmosférico. A concentração máxima de ozônio ocorre em torno da altitude de 22 quilômetros acima da superfície terrestre. Diferentemente da troposfera, a estratosfera contém pouco ou nenhum vapor d'água. Mudanças sazonais marcantes são características da estratosfera e, no geral, acredita-se que os eventos na estratosfera estejam provavelmente ligados às mudanças de temperatura e de circulação na troposfera. A parte superior da estratosfera é marcada por uma zona isotérmica denominada *estratopausa*. A troposfera e a estratosfera constituem a atmosfera inferior.

A atmosfera superior é geralmente considerada como começando a partir da estratopausa e terminando onde a atmosfera se funde com o espaço exterior. Várias camadas foram reconhecidas dentro da atmosfera superior, porém até agora não há concordância universal a respeito da terminologia e do número de camadas. Geralmente são reconhecidas as seguintes camadas:

1. a mesosfera, onde a temperatura diminui com a altura até alcançar um mínimo de cerca de –90°C aos 80 quilômetros, situando-se na parte superior da estratosfera. A pressão atmosférica é muito baixa e diminui aproximadamente de um mb, na base da mesosfera aos 50 quilômetros acima do solo, até 0,01 mb na mesopausa, na proximidade de 90 quilômetros acima da superfície terrestre;
2. a termosfera é a camada seguinte. Aqui, a temperatura aumenta com a altitude devido à absorção da radiação ultravioleta pelo oxigênio atômico. A atmosfera é muito rarefeita, uma vez que as densidades são muito baixas. Acima de 100 quilômetros, a atmosfera é grandemente afetada pelos raios-X e pela radiação ultravioleta, o que provoca a ionização ou carregamento elétrico. A região de alta densidade de elétrons é algumas vezes denominada ionosfera;
3. a exosfera estende-se de uma altitude entre 500 e 750 quilômetros da superfície terrestre e acima dessa altitude. Os átomos de oxigênio, hidrogênio e hélio formam uma atmosfera muito tênue e as leis dos gases deixam de ser válidas. A atmosfera não tem um limite superior exato, porém torna-se menos densa, progressiva e de forma rápida antes que finalmente ela se confunda com o espaço exterior.

Está claro, pelo que foi visto, que a atmosfera terrestre varia, no que diz respeito as suas características, a partir da base para o alto. Quanto ao tempo atmosférico e ao clima, somente a troposfera e a estratosfera, particularmente a primeira, são de interesse. A atmosfera superior ainda é relativamente inexplorada, se comparada com a atmosfera inferior.

Referências Bibliográficas

BARRY, R. G. e CHORLEY, R. J. *Atmosphere, Weather and Climate.* 3ª ed. Londres, Methuen, 1976.

McINTOSH, D. H. e THOM, A. S. *Essentials of Meteorology.* Londres, Wykeham Publications, 1969.

CAPÍTULO 3
A RADIAÇÃO E O BALANÇO TÉRMICO

Radiação solar

O Sol fornece 99,97% da energia que é utilizada para vários fins no sistema Terra-atmosfera. A cada minuto o Sol irradia cerca de 56 x 10^{26} calorias de energia, da qual a Terra intercepta apenas 2,55 x 10^{18} calorias. Embora isto represente somente meio milionésimo da energia solar total emitida para o espaço, calcula-se que seja 30 mil vezes maior que o consumo total anual de energia do mundo.

O Sol, uma esfera gasosa luminosa, apresenta em sua superfície uma temperatura de 6.000°C e emite energia em ondas eletromagnéticas, que se propagam à razão de aproximadamente 299.300 quilômetros por segundo (ver Fig. 3.1). A energia que se propaga radialmente a partir do Sol leva 9 1/3 minutos para percorrer cerca de 150 milhões de quilômetros, a distância entre a Terra e o Sol. Embora a radiação solar se propague através do espaço sem perda de energia, a intensidade da radiação diminui inversamente ao quadrado das distâncias do Sol. A quantidade de energia solar recebida, por unidade de área, por uma superfície, que forme ângulos retos com os raios do Sol no topo da atmosfera, é de aproximadamente duas calorias por cm^2 por minuto ou dois *langleys* por minuto. Isso é chamado de *constante solar*, porque tal quantidade é relativamente constante, sendo a variação (em torno do valor médio de 2 *langleys* por minuto) de aproximadamente 2%.

O Sol irradia como um corpo negro. De acordo com a lei de Stefan-Boltzman, o fluxo de radiação de um corpo negro é diretamente proporcional à quarta potência de sua temperatura absoluta.

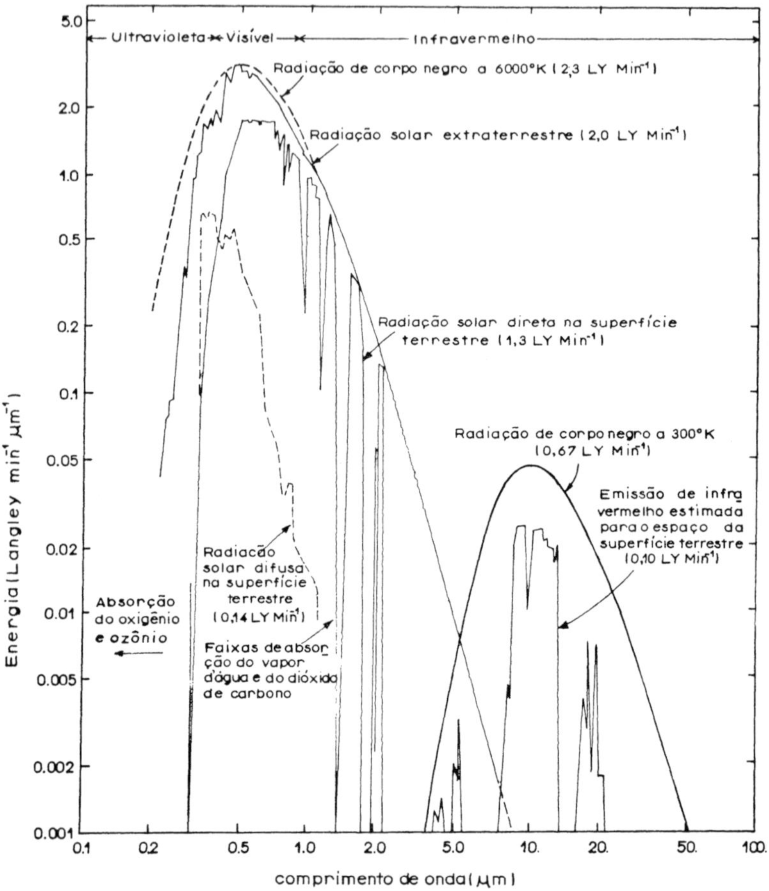

Figura 3.1 – Comprimento das ondas eletromagnéticas de energia solar (conforme Sellers, *Physical Climatology,* 1965).

$$F = \sigma T^4$$

onde F é o fluxo de radição, T é a temperatura absoluta do corpo e σ é a constante de Stefan-Boltzman. Os corpos negros também absorvem toda a energia radiante que incide sobre eles. A maior parte dos sólidos e dos líquidos comportam-se como corpos negros, mas os gases não. A uma dada temperatura a emissão em cada comprimento de onda de um corpo negro é a máxima possível. De acordo com a lei de deslocamento de Wien o comprimento de onda de máxima intensidade de emissão de um corpo negro é inversamente proporcional à temperatura absoluta do corpo. Desta forma,

$$\lambda_{max}(\mu m) = 2897\,T^{-1}.$$

Para o Sol, o comprimento de onda de máxima emissão é aproximadamente 0,5 micron (0,5 μ). Quase 99% da radiação solar é de curto comprimento de onda, de 0,15 a 4,0 μm. Segundo Sellers (1965), uma classificação da composição espectral da radiação solar indica que 9% é ultravioleta ($\lambda \leqslant 0{,}4$ μm), 45% está na faixa visível ($0{,}4$ μm $\leqslant \lambda \leqslant 0{,}74$ μm), enquanto que os 46% restantes são infravermelhos ($\lambda > 0{,}74$ μm).

A quantidade de radiação solar incidente sobre o topo da atmosfera da Terra depende de três fatores, principalmente do período do ano, do período do dia e da latitude. A Fig. 3.2 mostra que a variação diária da radiação solar no topo da atmosfera está em função da latitude. A distribuição não é simétrica porque a Terra em janeiro está em sua posição mais próxima do Sol, de modo que em todas as latitudes recebe-se mais radiação durante o inverno no hemisfério Norte que durante o verão no mesmo (ver Sellers, 1965). A distância da Terra para o Sol varia durante o ano, uma vez que a órbita da Terra ao redor do Sol é mais elíptica que circular. Essas variações na distância afetam a quantidade de energia solar recebida. Por exemplo, a energia solar recebida por uma superfície normal ao raio solar é 7% maior no dia 3 de janeiro, no periélio, que no dia 4 de julho, no afélio.

A altitude do Sol, que é o ângulo entre seus raios e uma tangente à superfície no ponto de observação, também afeta a quantidade de energia solar recebida. Quanto maior a altitude do Sol, tanto mais concentrada será a intensidade da radiação por unidade de área e tanto menor será o albedo (isto é, a proporção de radiação incidente refletida pela superfície). A altitude do Sol é determinada pela latitude do local, pelo período do dia e pela estação. A altitude do Sol geralmente diminui com o aumento de latitude. Ela é elevada à tarde, porém baixa pela manhã e ao entardecer. Do mesmo modo, a altitude do Sol é mais elevada no verão que no inverno.

A quantidade total de radiação recebida em determinado local é também afetada pela duração do dia. A duração do período de luz

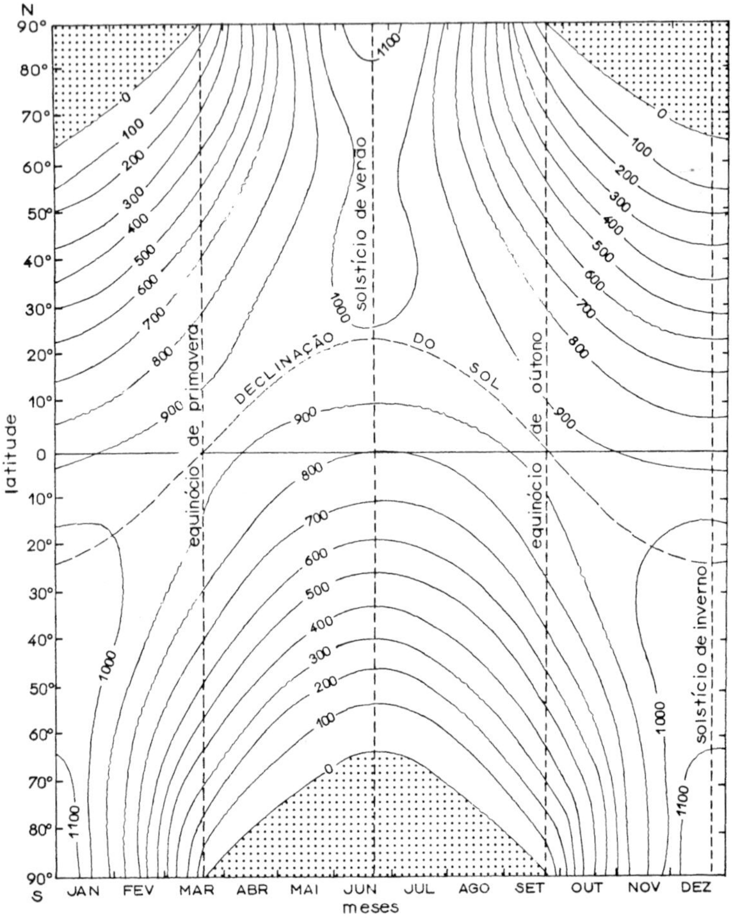

Figura 3.2 – Variação diária da radiação solar no topo da atmosfera em função da latitude, em *langleys* por dia (conforme Sellers, *Physical Climatology,* 1965).

obviamente afeta a quantidade de radiação recebida. A duração do dia varia com a latitude e com a estação. Nas proximidades do Equador, dias e noites são de duração quase igual durante o ano. A duração do dia geralmente aumenta ou diminui com o aumento da latitude, dependendo da estação. No verão, por exemplo, a duração do dia aumenta do

Equador em direção ao pólo Norte e diminui em direção ao pólo Sul. Entre o Círculo Polar Ártico e o pólo Norte, o dia dura 24 horas. Durante o solstício de inverno do hemisfério Norte ocorre o inverso. A duração do dia aumenta em direção ao pólo Sul, mas diminui em direção ao pólo Norte. Também entre o Círculo Polar Antártico e o pólo Sul, o dia dura 24 horas, enquanto em locais de latitude semelhante no hemisfério Norte a duração da noite é de 24 horas.

Finalmente, a quantidade de energia solar interceptada pela Terra está obviamente relacionada à energia total emitida no espaço pelo Sol (isto é, o *output* solar). Como foi dito anteriormente, o *output* solar não é constante, como fica evidenciado pelas ligeiras variações de 1–2% no valor da constante solar. Essas variações estão provavelmente relacionadas ao ciclo das manchas solares, mas, pelo fato da constante solar estar sujeita a erros de semelhante magnitude, nós não podemos dizer com certeza se há ou não flutuações nos valores da constante solar.

Os fatores acima, principalmente a distância e a altitude do Sol, a duração do dia e o *output* solar produzem o padrão de recebimento da energia solar no topo da atmosfera, mostrado na Fig. 3.2. O Equador tem dois máximos de insolação nos equinócios e dois mínimos nos solstícios. As regiões polares recebem suas quantidades máximas de insolação durante seus solstícios de verão, quando o dia é contínuo.

O padrão de distribuição da insolação é ligeiramente alterado sobre a superfície terrestre, basicamente por causa do efeito da atmosfera. A atmosfera absorve, reflete, difunde e reirradia a energia solar. Cerca de 18% da insolação é absorvida diretamente pelo ozônio e pelo vapor d'água. O ozônio absorve toda a radiação ultravioleta abaixo de 0,29 μm. A absorção da radiação pelo vapor d'água atinge o nível mais alto entre 0,9 μm e 2,1 μm. O CO_2 absorve radiação com comprimentos de onda maiores que 4 μm. A cobertura de nuvens impede a penetração da insolação. A quantidade de radiação refletida pelas nuvens depende não somente da quantidade e da espessura das mesmas, mas também do tipo de nuvem (ver a Tabela 3.1). Em média, aproximadamente 25% da radiação solar que atinge a Terra é refletida de volta ao espaço pelas nuvens. A radiação é também refletida pela superfície da Terra. Novamente, os valores do albedo variam com o tipo de superfície (ver a Tabela 3.2). Em geral, superfícies secas ou de cores claras refletem mais radiação que superfícies úmidas. O albedo da maior parte das superfícies varia com o comprimento de onda e com o ângulo de incidência dos raios luminosos. A maioria dos tipos de solo e de vegetação, por exemplo, tem albedo muito baixo no ultravioleta, aumentando no visível e no infravermelho. O maior albedo do gelo é, todavia, cerca de 0,55 μm, com valores mais baixos tanto nos comprimentos de onda mais curtos quanto nos mais longos (Sellers, 1965). Raios luminosos verticais geralmente produzem albedo menor que os raios oblíquos ou inclinados. Daí o albedo de uma dada superfície ser elevado durante o nascer e o pôr-do-sol e baixo por volta do meio-dia.

Tabela 3.1 – Albedo de vários tipos de nuvens (segundo Sellers, 1965; Barry e Chorley, 1976).

Tipo de nuvem	Albedo %
Cumuliforme	70 – 90
Cumulonimbus: grande e espessa	92
Stratus (150 – 300 metros de espessura)	59 – 84
Stratus de 500 metros de espessura, sobre o oceano	64
Stratus fino sobre o oceano	42
Altostratus	39 – 59
Cirrostratus	44 – 50
Cirrus sobre o continente	36

A insolação é difundida principalmente por moléculas de ar, vapor d'água e partículas materiais dentro da atmosfera. A difusão pode ser ascendente, em direção ao espaço, ou descendente, em direção à superfície da Terra. Cerca de 6% da radiação que atinge o topo da atmosfera é difundida para baixo e atinge a superfície como radiação difusa. Os comprimentos de onda mais curtos são afetados pela difusão Rayleigh, que ocorre quando os diâmetros das partículas são menores que os comprimentos de onda da radiação solar. A difusão Rayleigh aplica-se as partículas de raio menor que $10^{-1}\lambda$, principalmente às moléculas de ar. O efeito de difusão Rayleigh é visto de maneira mais nítida quando a atmosfera está livre de partículas em suspensão. Então a luz do céu é de um azul brilhante. Por outro lado, quando há partículas de poeira e neblina na atmosfera, a luz do céu é branca. Isto é devido ao efeito de difusão *Mie (Mie scattering),* que opera quando os diâmetros das partículas são maiores que os comprimentos de onda da radiação incidente. A difusão é, então, não-seletiva e se dá para todos os comprimentos de onda.

Tabela 3.2 – Albedo de vários tipos de superfície.

Superfície	Albedo %
Solo negro e seco	14
Solo negro e úmido	8
Solo nu	7 – 20
Areia	15 – 25
Florestas	3 – 10
Campos naturais	3 – 15
Campos de cultivo secos	20 – 25
Gramados	15 – 30
Neve recém-caída	80
Neve caída há dias ou há semanas	50 – 70
Gelo	50 – 70
Água, altitude solar $> 40^\circ$	2 – 4
Água, altitude solar 5 – 30°	6 – 40
Cidades	14 – 18

Dois outros fatores que influenciam a distribuição da insolação sobre a superfície da Terra são:

1. a distribuição das superfícies terrestres e aquáticas;
2. a elevação e aspecto das mesmas.

A terra e a água apresentam diferentes propriedades térmicas e reagem de modo diferente à insolação. A água se aquece e se resfria mais lentamente que o solo. Assim, enquanto a água tem uma tendência de armazenar o calor que recebe, a terra, por outro lado, rapidamente o devolve à atmosfera. Estas diferenças nas propriedades térmicas das superfícies terrestres e aquáticas ajudam a produzir o que se chama de *efeito de continentalidade,* que será discutido no capítulo seguinte. Elas são também responsáveis pelas brisas terrestres e marítimas verificadas nas áreas costeiras e, em grande medida, são responsáveis pela natureza da monção asiática e por outros sistemas de ventos de monção (ver Capítulo 6).

As superfícies terrestres e aquáticas comportam-se, por diversas razões, de maneira diferente com relação à insolação. Em primeiro lugar, o albedo da superfície terrestre é geralmente maior que o da superfície aquática. O albedo para as superfícies terrestres geralmente varia de 8 a 40%, ao passo que, para uma superfície aquática em repouso, o albedo é geralmente menor que esses valores, apesar de que pode ser superior a 50% quando o ângulo de elevação solar é de aproximadamente 15°. Em segundo lugar a superfície aquática é transparente, de modo que os raios do sol podem penetrar mais profundamente nela do que na superfície terrestre, relativamente opaca. Em terceiro lugar, a transferência de calor na água se dá principalmente por convecção, um método mais eficiente e mais rápido de transferência de calor do que o lento processo de condução, pelo qual o calor é transferido no solo. Em quarto lugar, o calor específico da água é maior do que o da terra. A água deve absorver cinco vezes mais energia calorífica para elevar sua temperatura em nível igual ao de uma massa de solo seco semelhante. Também para iguais volumes de água e solo a capacidade térmica da água excede de duas vezes a do solo. Finalmente, como a água está sempre facilmente disponível para a evaporação na superfície aquática, a evaporação aí é contínua, ao passo que sobre a terra a evaporação somente ocorre se o solo estiver úmido. Uma vez que a evaporação é um processo de resfriamento que envolve a utilização de energia, ela deve ser considerada em qualquer comparação das propriedades térmicas das superfícies terrestres e aquáticas.

A elevação e o aspecto da superfície terrestre exercem controle sobre a distribuição da insolação sobre a mesma, particularmente numa microescala ou numa escala local. Os valores de insolação em altitudes elevadas, sob céus claros, são geralmente maiores que os verificados em lugares próximos ao nível do mar, no mesmo ambiente. Isto porque a massa de ar menor sobre locais situados em elevadas altitudes assegura menor interferência da atmosfera sobre a insolação. O aspecto relaciona-se com a direção para a qual uma dada vertente está voltada. Algumas vertentes estão mais expostas ao sol que outras. Nas médias e altas latitudes, as vertentes voltadas para a direção dos pólos geralmente recebem menos radiação do que as vertentes voltadas para o Equador. Nos vales alpinos da Europa, por exemplo, os estabelecimentos humanos e os cultivos estão notadamente concentrados sobre as vertentes voltadas em direção ao Sul (o *adret* ou lado ensolarado), enquanto as vertentes voltadas para o Norte (o *ubac* ou lado ensombrado) permanecem cobertas por florestas.

A distribuição latitudinal anual média de insolação sobre a Terra é mostrada na Fig. 3.3. O gráfico indica que as maiores quantidades de insolação são recebidas nas zonas subtropicais, que apresentam valores ligeiramente mais elevados do que a zona equatorial, com mais nuvens. Os valores da insolação diminuem em direção ao pólo, atingindo seu mínimo em torno das latitudes de 70–80°N e de 60–70° no hemisfério Sul. A distribuição anual de insolação sobre o globo, calculada por Budyko, é mostrada na Fig. 3.4. Os valores mais elevados, maiores que 200 Kly/ano são encontrados nos principais desertos do mundo, onde até 80% da radiação solar incidente sobre o topo da atmosfera durante o ano atinge o solo. Valores menores que 100 Kly/ano ocorrem acima da latitude de 40° (em direção aos pólos) sobre os oceanos e acima das latitudes de 50° sobre os continentes, assim como em torno do Equador, na África Central.

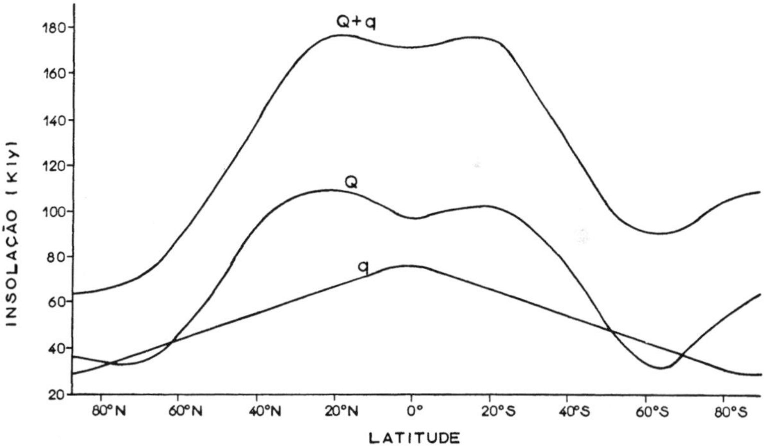

Figura 3.3 – Distribuição latitudinal da insolação anual (conforme Sellers, *Physical Climatology*, 1965).

A distribuição dos valores de insolação de dezembro e de junho, calculada por Budyko, é mostrada na Fig. 3.5. Em dezembro, os valores de insolação são mais elevados no hemisfério Sul que no hemisfério Norte, enquanto a situação inversa ocorre em junho. Em dezembro os

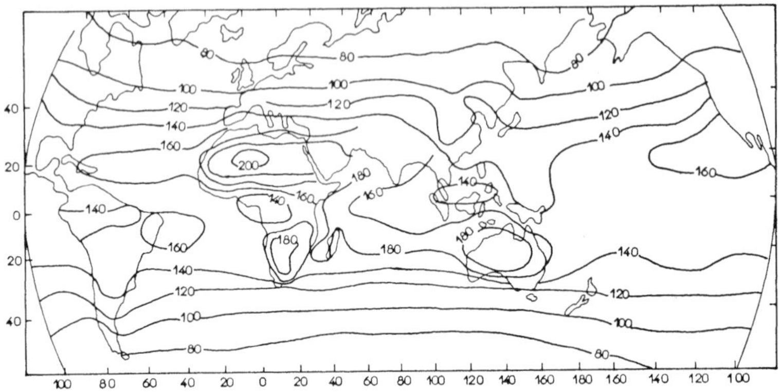

Figura 3.4 – Distribuição global da insolação anual, em kg cal/cm^2 por ano (conforme Budyko, 1958).

valores mais elevados de insolação, acima de 18 kg cal/cm^2, ocorrem na África Meridional, na Austrália Central e na América do Sul. Excetuando-se os valores relativamente altos que ocorrem sobre a zona de savanas da África Ocidental e do Sudão, os valores de insolação geralmente diminuem continuamente em direção ao pólo Sul. Além do Círculo Polar Ártico a insolação é zero, pois esta área está continuamente na escuridão. Em junho, as maiores quantidades de insolação ocorrem na zona subtropical do hemisfério Norte. Os valores de insolação diminuem ligeiramente em direção ao pólo Norte, porém mais rapidamente em direção ao pólo Sul. Além do Círculo Polar Ártico, os valores de insolação são, aproximadamente, 14 kg cal/cm^2. Por outro lado, no hemisfério Sul, os valores de insolação são menores que 2 kg cal/cm^2, acima da latitude de 40°S. Durante esse período, a área situada além do Círculo Polar Antártico está continuamente na escuridão.

Radiação terrestre

A superfície da Terra, quando aquecida pela absorção da radiação solar, torna-se uma fonte de radiação de ondas longas. A temperatura média da superfície da Terra é somente 10°C, enquanto a temperatura

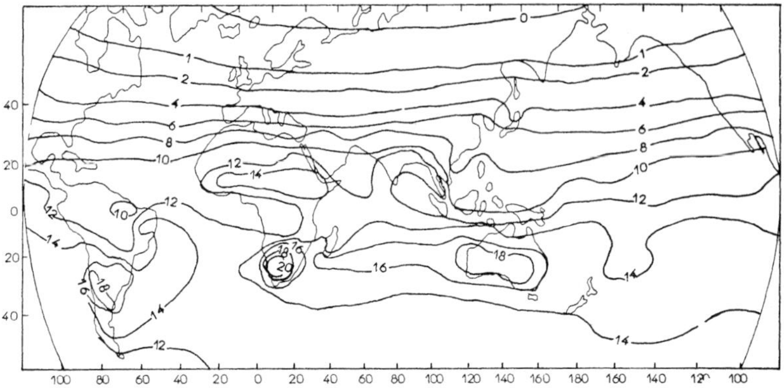

Figura 3.5 (a) – Distribuição global da insolação em dezembro, em kg cal/cm² por mês (conforme Budyko, 1958).

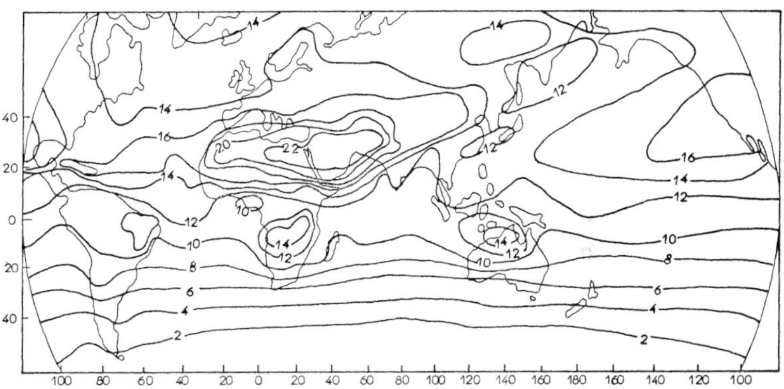

Figura 3.5 (b) – Distribuição global da insolação em junho, em kg cal/cm² por mês (conforme Budyko, 1958).

do Sol é 6.000°C. Como foi mostrado pela lei de deslocamento de Wien, apresentada anteriormente, a maior parte da radiação emitida pela Terra está na faixa espectral infravermelha de 4 μm até 100 μm, com um máximo em torno de 10 μm. A radiação terrestre é também chamada de radiação noturna, uma vez que ela é a principal fonte radiativa de energia à noite. É importante notar, contudo, que a radiação infravermelha não é necessariamente terrestre, já que os constituintes atmosféricos também irradiam energia nos comprimentos de onda infravermelhos. Em segundo lugar, a radiação infravermelha ocorre tanto durante o dia quanto à noite. Ela é somente dominante à noite porque a radiação solar é, então, interrompida.

Admite-se comumente que a superfície da Terra emite e absorve energia como um corpo cinza no comprimento de onda infravermelho, de modo que o fluxo de radiação terrestre ($I_{\uparrow}$) é dado pela equação da forma:

$$I_{\uparrow} = \epsilon \sigma T^4$$

onde ϵ é a emissividade infravermelha, σ é a constante de Stefan-Boltzmann e T é a temperatura absoluta da Terra. A capacidade de emissão infravermelha própria de várias superfícies são dadas na Tabela 3.3. A capacidade de emissão de um corpo negro é 1,0. A capacidade de emissão infravermelha é equivalente à capacidade de absorção infravermelha, isto é $(1 - \alpha_1)$, onde α_1 é o albedo infravermelho.

Tabela 3.3 – Capacidade de emissão infravermelha de várias superfícies

Superfície	Emissividade
Água	92 – 96
Neve recém-caída	82 – 99,5
Areia seca	89 – 90
Areia úmida	95
Solo nu e úmido	95 – 98
Deserto	90 – 91
Pradaria seca de montanha	90
Mata de arbustos	90
Floresta	90
Pele humana	95

A distribuição latitudinal média da radiação terrestre infravermelha é mostrada na Fig. 3.6. Os valores mais elevados de radiação terrestre infravermelha aparecem nas baixas latitudes, onde são de aproximadamente 280 kg cal/cm^2, por ano, descrescendo para menos de 150 kg cal/cm^2 por ano em torno do pólo Norte e para menos de 120 kg cal/cm^2 por ano no pólo Sul.

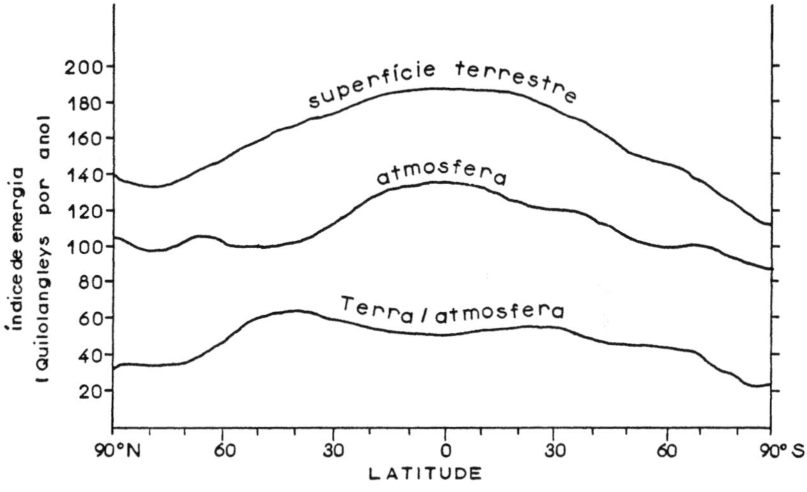

Figura 3.6 – Distribuição latitudinal da radiação terrestre anual (conforme Sellers, *Physical Climatology*, 1965).

Radiação atmosférica

Como o solo, a atmosfera absorve e emite energia radiante. Embora a atmosfera seja quase transparente à radiação em ondas curtas, ela apresenta alta capacidade de absorção de radiação infravermelha. Os principais absorventes da radiação infravermelha dentre os constituintes da atmosfera são o vapor d'água (5,3 μm a 7,7 μm e além de 20 μm), o ozônio (9,4 μm a 9,8 μm), o bióxido de carbono (13,1 μm a 16,9 μm) e as nuvens, que absorvem radiação em todos os comprimentos de onda. Enquanto a atmosfera absorve somente 24% da radiação solar que atinge a Terra, que é de ondas curtas, somente 9% da radiação terrestre infravermelha é liberada diretamente no espaço, principalmente através da chamada janela atmosférica, constituída de comprimentos de onda na faixa de 8,5 μm – 11,0 μm. Os 91% restantes são absorvidos pela atmosfera. Esta capacidade da atmosfera à radiação infravermelha em relação à sua transparência à radiação de ondas curtas é geralmente chamada de *efeito de estufa.* Em outras palavras, a atmosfera age como o vidro numa estufa, admitindo a radiação solar, mas não permitindo que a radiação terrestre saia para o espaço. A atmosfera reirradia a radiação terrestre e solar absorvida, em parte para o espaço e em parte de volta para a superfície terrestre (contra-radiação). As nuvens são radiadores particularmente eficazes que agem como corpos negros. A nebulosidade e a temperatura das nuvens mais altas podem, assim, ser mapeadas por satélites que usam sensores infravermelhos, tanto de dia quanto à noite. O resfriamento radioativo das camadas das nuvens é estimado em cerca de 1,5°C por dia (Barry e Chorley, 1976). Acredita-se que sem a contra-radiação atmosférica, a superfície da Terra seria 30 – 40°C mais fria do que é agora.

Balanço de radiação

Balanço de radiação significa a diferença entre a quantidade de radiação que é absorvida e emitida por um dado corpo ou superfície. Em geral, o balanço de radiação na superfície terrestre é positivo de dia e negativo à noite. Também no decorrer do ano como um todo, o balanço de radiação na superfície da Terra é positivo, enquanto o da atmosfera é negativo. Para o sistema Terra-atmosfera como um todo, o balanço é positivo entre as latitudes de 30°S e 40°N, e negativo no restante. Esses padrões de balanço de radiação têm implicações na circulação geral da atmosfera, como será discutido posteriormente (Capítulo 5).

A equação do balanço de radiação é da forma:

$$R = (Q + q)(1 - \alpha) + I_{\downarrow} - I_{\uparrow}$$

onde R é o balanço de radiação e a radiação líquida, $(Q + q)$ é a soma da radiação solar direta ou difusa incidente sobre a superfície da Terra, α é o albedo superficial, $I_{\downarrow}$ a contra-radiação da atmosfera e $I_{\uparrow}$ é a radiação terrestre. A energia solar incidente sobre o topo da atmosfera da Terra é de cerca de 263 Kly por ano. Somente 169 Kly de energia são absorvidos pelo sistema superfície-atmosfera, sendo os 94 Kly restantes refletidos de volta para o espaço. Este total constitui cerca de 36% da energia total incidente no topo da atmosfera terrestre e é chamado de *albedo planetário.* Como é mostrado nas Tabelas 3.4 e 3.5,

Tabela 3.4 – Disposição global da radiação solar incidente no topo da atmosfera durante um ano médio, em Kly/ano (segundo Sellers, 1965).

Energia solar incidente no topo da atmosfera	263
Refletida pelas nuvens	63
Refletida por moléculas, poeira e vapor d'água	15
Total refletido pela atmosfera	78
Reflexão da superfície da Terra	16
Total refletido pelo sistema superfície-atmosfera	94
Absorvido pelas nuvens	7
Absorvido por moléculas, poeira e vapor d'água	38
Total absorvido pela atmosfera	45
Absorvido pela superfície da Terra	124
Total absorvido pelo sistema superfície-atmosfera	169

Tabela 3.5 – Disposição global da radiação infravermelha no sistema superfície-atmosfera, durante um ano médio, em Kly/ano (segundo Sellers, 1965).

Radiação infravermelha emitida pela superfície terrestre	258
Liberada no espaço	220
Absorvida pela atmosfera	238
Radiação infravermelha emitida pela atmosfera	355
Liberada no espaço	149
Absorvida pela superfície terrestre como contra-radiação	206
Radiação efetiva que sai da superfície terrestre	52
Radiação efetiva que sai da atmosfera	117
Radiação efetiva que sai do sistema superfície-atmosfera	169

a radiação efetiva que sai do sistema superfície-atmosfera é de 169 Kly por ano. Isso significa que para o sistema superfície-atmosfera, o balanço de radiação ou radiação líquida é zero (ver Tabela 3.6). A atmosfera absorve 45 Kly de energia por ano, enquanto a radiação efetiva que sai da atmosfera é 117 Kly. Isso deixa um balanço de radiação negativo de 72 Kly. Para a superfície da Terra o balanço é positivo e chega a 72 Kly. Embora o balanço de radiação médio durante o ano seja – 72 Kly, 72 Kly e zero para a atmosfera, para a superfície e para o sistema superfície-atmosfera, respectivamente, há variações

Tabela 3.6 – Balanço de radiação durante um ano médio, em Kly/ano.

	ganho	perda	total líquid·
Superfície terrestre	124	52	72
Atmosfera	45	117	– 72
Superfície-atmosfera	169	169	0

sazonais e anuais em qualquer zona latitudinal considerada. Como é mostrado na Fig. 3.7, a atmosfera é, de maneira uniforme, uma depressão radiativa em todas as latitudes, enquanto a superfície terrestre é uniformemente uma fonte de calor, exceto próximo aos pólos. Para que a superfície da Terra não se aqueça e a atmosfera não se esfrie, é transferida energia excedente da superfície da Terra para a atmosfera a fim de que o déficit desta seja reposto. Esta troca vertical da energia ocorre principalmente por:

1. evaporação da água da superfície terrestre e condensação do vapor na atmosfera para liberar o calor latente;
2. condição de calor sensível da superfície terrestre para a atmosfera;
3. convecção, isto é, difusão turbulenta de calor da superfície terrestre, na atmosfera.

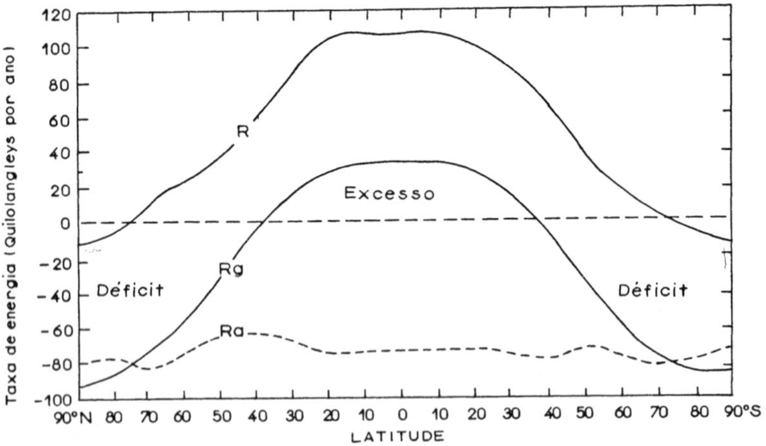

Figura 3.7 – Distribuição latitudinal do balanço de radiação (conforme Sellers, *Physical Climatology*, 1965).

Acima de 40° de latitude, o déficit radiativo da atmosfera ultrapassa o excedente da superfície, de modo que o balanço radiativo do sistema superfície-atmosfera, nessas áreas, é negativo. Ao contrário, nas baixas latitudes, em direção ao Equador, abaixo da latitude de 40°, o balanço radiativo global é positivo. Para não permitir que os trópicos se tornem mais quentes e os pólos mais frios, há uma transferência meridional de energia das latitudes baixas para as médias e altas latitudes. Esta troca horizontal de calor sobre a superfície da Terra é provocada também, em parte, pelo aquecimento diferencial dos continentes e oceanos e ocorre principalmente através da:

1. transferência de calor sensível em direção aos pólos, pela circulação atmosférica e pelas correntes oceânicas das baixas latitudes;
2. liberação do calor latente quando o vapor d'água, levado das baixas latitudes em direção aos pólos, se condensa na atmosfera.

Portanto, temos dois modos para a transferência de calor dentro do sistema superfície-atmosfera: da superfície terrestre para a atmosfera e do Equador para os pólos. Esta transferência é a *raison d'être* da circulação geral da atmosfera e deve ocorrer de tal forma que nenhuma parte do sistema superfície-atmosfera se aqueça ou se esfrie de maneira significativa no período de um ano. A magnitude do fluxo de aquecimento meridional necessária para manter esse equilíbrio é mostrada na Fig. 3.8. Como se vê nesse diagrama, o fluxo de aquecimento meridional é mais alto entre as latitudes 40° e 50° em cada hemisfério, e é ligeiramente mais alto no hemisfério Norte.

O balanço de energia da Terra

Balanço de energia é um conceito usado na climatologia para relacionar o fluxo de radiação líquida à transferência de calor latente e de calor sensível, entre outros, na equação sob a forma:

$$R = LE + H + G + \Delta f + P$$

onde R é o balanço de radiação ou radiação líquida, LE é o calor latente da evaporação, H é o calor sensível, Δf é a advecção horizontal total de valor pelas correntes, G é o calor transferido para dentro ou para fora da armazenagem e P é a energia usada para a fotossíntese.

A quantidade de energia usada para a fotossíntese é muito pequena (cerca de 5% da radiação líquida). Sobre as superfícies continentais, Δf é desprezível por ser muito pequeno, enquanto na equação de balanço térmico anual o termo de armazenamento de calor pode ser negligenciado ou considerado constante. Isto acontece porque o calor armazenado na primavera e no verão é liberado no outono e no inverno. Igualmente, o calor armazenado de manhã e no começo da tarde é perdido no final da tarde e à noite. Deste modo, para os oceanos a equação do balanço de energia pode ser escrita:

$$R = LE + H + \Delta f$$

e para as superfícies continentais pode ser escrita:

$$R = LE + H.$$

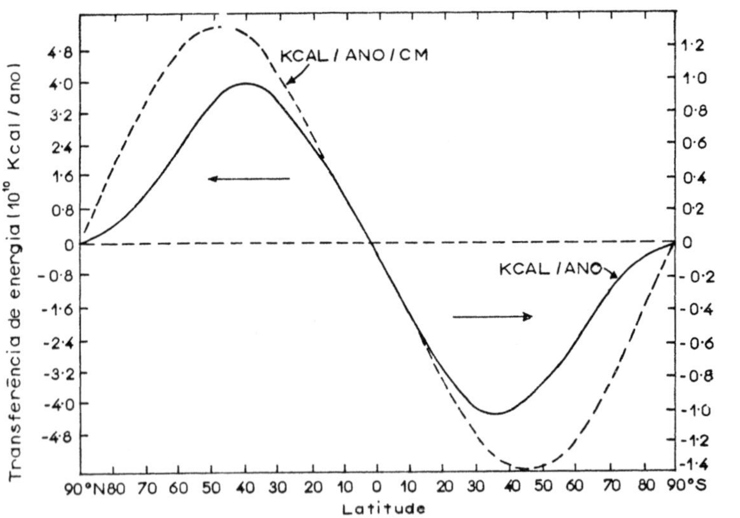

Figura 3.8 – Magnitude do fluxo meridional de calor a fim de manter o equilíbrio da circulação geral da atmosfera (conforme Sellers, *Physical Climatology*, 1965).

A Tabela 3.7 mostra os valores latitudinais médios dos componentes da equação do balanço de energia para a superfície terrestre

Tabela 3.7 – Valores latitudinais médios dos componentes da equação do balanço de energia da superfície terrestre, em *Kilolangleys* por ano (segundo Sellers, 1965).

Zona	Oceanos				Continentes			Terra			
Latitudinal	*R*	*LE*	*H*	Δf	*R*	*LE*	*H*	*R*	*LE*	*H*	Δf
80 – 90°N								–9	3	–10	–2
70 – 80°N								1	9	–1	–7
60 – 70°N	23	23	16	–26	20	14	6	21	20	10	–9
50 – 60°N	29	39	16	–26	30	19	11	30	28	14	–12
40 – 50°N	51	53	14	–16	45	24	21	48	38	17	–7
30 – 40°N	83	86	13	–16	60	23	37	73	59	24	–10
20 – 30°N	113	105	9	–1	69	20	49	96	73	24	–1
10 – 20°N	119	99	6	14	71	29	42	106	81	16	9
0 – 10°N	115	90	4	31	72	48	24	105	72	11	22
0 – 90°N								72	55	16	1
0 – 10°S	115	84	4	27	72	50	22	105	76	10	19
10 – 20°S	113	104	5	4	73	41	32	104	90	11	3
20 – 30°S	101	100	7	–6	70	28	42	94	83	16	–5
30 – 40°S	82	80	8	–6	62	28	34	80	74	11	–5
40 – 50°S	57	55	9	–7	41	21	20	56	53	10	–7
50 – 60°S	28	31	10	–13	31	20	11	28	31	11	–14
60 – 70°S								13	10	11	–8
70 – 80°S								–2	3	–4	–1
80 – 90°S								–11	0	–11	0
0 – 90°S								72	62	11	–1
Globo	82	74	8	0	49	25	24	72	59	13	0

enquanto a Tabela 3.8 mostra o balanço de energia anual dos oceanos e dos continentes. Tanto no oceano como no continente, os maiores valores de radiação líquida são encontrados nos trópicos. Nas baixas latitudes, os valores de radiação líquida sobre os oceanos são mais elevados do que os que se verificam sobre as superfícies continentais. Isto acontece por causa do albedo relativamente elevado da superfície terrestre nessa área e pelo fato das áreas terrestres nessa zona serem predominantemente desérticas, com pouca ou nenhuma cobertura de nuvens. A radiação solar absorvida nessa zona é, portanto, menor que a radiação efetiva liberada, e é maior sobre os continentes do que sobre os oceanos. Acima de 50° de latitude, em ambos os hemisférios, os valores de radiação líquida sobre as superfícies continentais e oceânicas são quase os mesmos. Isso porque nessas regiões o albedo da superfície oceânica é relativamente alto, devido à baixa altitude. Próximo aos pólos a radiação líquida é negativa, uma vez que a radiação efetiva que sai excede a pequena quantidade de radiação absorvida pelas superfícies altamente reflexivas cobertas de gelo e de neve. Quanto à Terra em seu conjunto, a radiação líquida é cerca de 70% maior sobre os oceanos do que sobre os continentes (Sellers, 1965).

Nos continentes, o fluxo de calor latente (*LE*) é mais alto no Equador e geralmente diminui em direção aos pólos. Porém, o fluxo de calor latente sobre os oceanos é mais elevado nos subtrópicos entre as latitudes de 10° e 30° e diminui tanto em direção ao Equador quanto em direção ao pólo. O fluxo de calor latente sobre os oceanos é geralmente duas vezes ou mais elevado do que sobre o continente, onde existe menor quantidade de água para evaporar. Para a Terra como um todo, as taxas de evaporação dos continentes são, apenas, cerca de um terço das dos oceanos.

Tabela 3.8 – Balanço de energia anual dos ocenos e dos continentes em *Kilolangleys* por ano (segundo Sellers, 1965).

Área	*R*	*LE*	*H*	Δf	*H/LE*
Europa	39	24	15	0	0.62
Ásia	47	22	25	0	1.14
América do Norte	40	23	17	0	0.74
América do Sul	70	45	25	0	0.56
África	68	26	42	0	1.61
Austrália	70	22	48	0	2.18
Antártica	−11	0	−11	0	
Todos os continentes	49	25	24	0	0.96
Oceano Atlântico	82	72	8	2	0.11
Oceano Índico	85	77	7	1	0.09
Oceano Pacífico	86	78	8	0	0.10
Oceano Ártico	−4	5	−5	−4	−1.00
Todos os oceanos	82	74	8	0	0.11
Hemisfério Norte	72	55	16	1	0.29
Hemisfério Sul	72	62	11	−1	0.18
Globo	72	59	13	0	0.22

O fluxo de calor sensível ou troca turbulenta de calor aumenta do Equador para os pólos sobre os oceanos. Ao contrário, o fluxo de calor sensível das superfícies continentais é maior nas zonas subtropicais e diminui tanto em direção aos pólos quanto em direção ao Equador. Acima da latitude de 70° há um fluxo descendente ou negativo de calor sensível, porque a superfície da Terra geralmente é mais fria do que o ar sobre ela. Para a Terra como um todo, a transferência de calor sensível das áreas continentais supera a dos oceanos por um fator de três (Sellers, 1965).

Na Tabela 3.8 vemos que 90% da radiação líquida dos oceanos é usada para evaporar a água e os 10% restantes são usados para aquecer o ar pela condução e convecção. Em contraste, o fluxo de calor latente e o fluxo de calor sensível são formas igualmente importantes de perda de calor nos continentes. Para a Terra no seu conjunto, o fluxo de calor latente é responsável por 82% da radiação líquida e a troca turbulenta de calor é considerada como sendo 18%.

Os valores latitudinais médios dos componentes do balanço de calor, mostrados na Tabela 3.7, e os valores médios dos componentes do balanço térmico para os continentes e oceanos, mostrados na Tabela 3.8, mascaram grandes variações espaciais que somente podem ser vislumbradas nos mapas-múndi. As distribuições globais de radiação líquida anual, de fluxo de calor latente e de fluxo de calor sensível são apresentadas na Fig. 3.9. A Fig. 3.9(a) mostra que:

1. os valores de radiação líquida anual são mais elevados nas baixas latitudes e decrescem em direção aos pólos, a partir da latitude de 25°;
2. os valores de radiação líquida são pouco mais elevados nos oceanos do que nos continentes, nas mesmas latitudes, principalmente por causa da maior absorção da radiação sobre os oceanos e da menor quantidade de radiação que é liberada;
3. os valores de radiação líquida são bem inferiores nas áreas continentais áridas do que nas áreas continentais úmidas, por causa da maior quantidade de radiação perdida em áreas continentais áridas sob céus relativamente limpos.

As Figuras 3.9(a) e 3.9(b) mostram que ambos os fluxos de calor latente e de calor sensível são distribuídos de modo diferente sobre as superfícies continentais e oceânicas. O fluxo de calor latente é mais elevado sobre as superfícies oceânicas e nas baixas latitudes, onde ele ultrapassa 120 Kly por ano. Ele atinge seu nível mínimo nas áreas áridas, onde há pouca energia disponível. A mais considerável troca de calor sensível ocorre nos desertos tropicais, onde mais de 60 Kly por ano são transferidos para a atmosfera. A mais baixa quantidade ocorre nas áreas de correntes frias, onde há calor sensível negativo, visto que as massas de ar quente continentais movem-se ao longo das correntes frias, transferindo energia para os oceanos (Barry e Chorley, 1976).

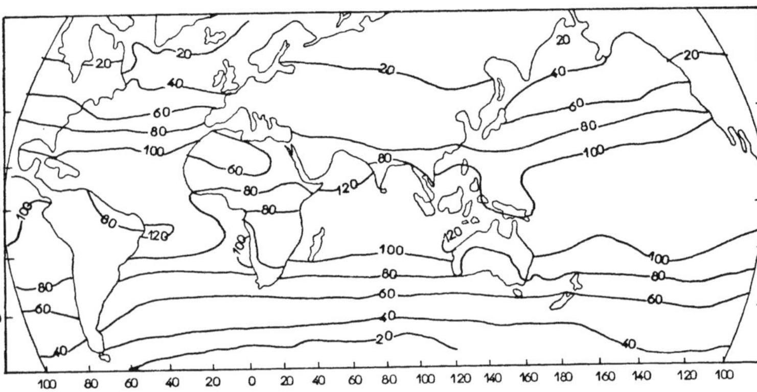

Figura 3.9(a) – Distribuição global da radiação líquida anual, em kg cal/cm^2 por ano (conforme Budyko, 1958).

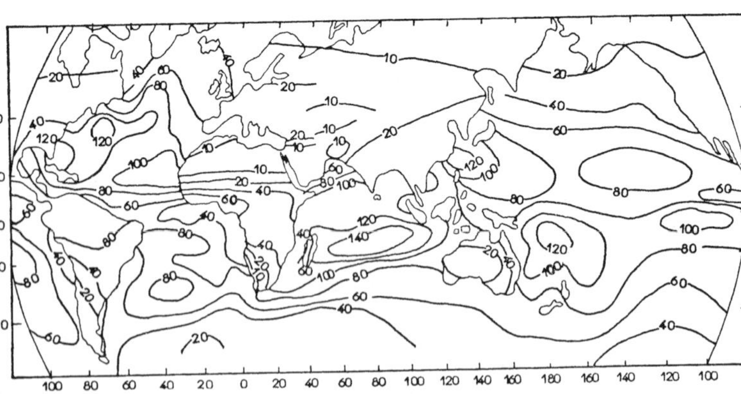

Figura 3.9(b) – Distribuição global do fluxo de calor latente anual, em kg cal/cm^2 por ano (conforme Budyko, 1958).

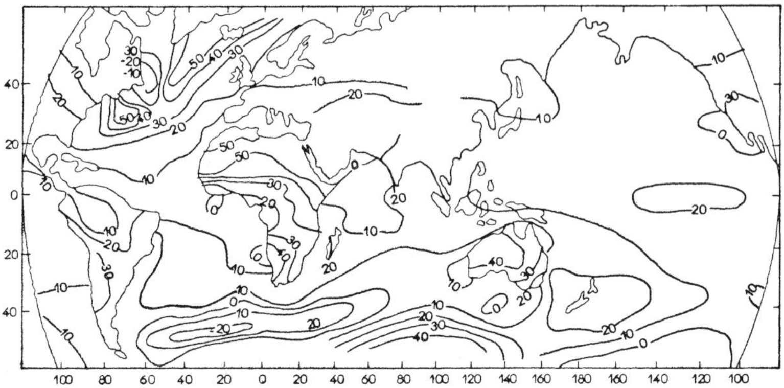

Figura 3.9(c) – Distribuição global do fluxo de calor sensível, em kg cal/cm^2 por ano (conforme Budyko, 1958).

Por causa da escassez de dados de radiação sobre a maior parte do mundo, temos de confiar nas estimativas derivadas do uso de várias fórmulas. Embora os satélites forneçam atualmente uma visão geral da troca de radiação no sistema Terra-atmosfera, algumas dúvidas estão ainda para ser solucionadas. Na seção seguinte, a medição de radiação será brevemente discutida. A medição de vários componentes da equação do balanço de radiação é necessária para um mapeamento mais detalhado e preciso da distribuição desses parâmetros sobre a superfície da Terra ou sobre uma parte dela. O mapeamento mais detalhado dos componentes do balanço de radiação em nível regional ou zonal é ainda baseado em valores estimados, derivados de várias equações empíricas. Tais mapas, embora detalhados, não podem ser considerados mais precisos que os mapas de distribuição global destes parâmetros, que são freqüentemente baseados em medições reais.

Medição da radiação

Muitos instrumentos podem ser usados para medir os componentes do balanço de radiação, mas geralmente são de elevado custo se comparados aos instrumentos meteorológicos mais comuns, tais como o termômetro ou o pluviômetro. Há cinco tipos básicos de instrumentos para medir a radiação:

1. pireliômetros, que medem a intensidade solar, isto é, a radiação solar de raios diretos, em incidência normal. Estes são de elevado custo, porém são os mais precisos de todos os instrumentos de medida da radiação. Por isso são usados como padrões de calibração;
2. piranômetros, que medem a radiação total, em ondas curtas vindas do céu, incidente numa superfície horizontal na Terra;
3. pirgeômetros, que medem a radiação infravermelha;
4. pirradiômetros, que medem ao mesmo tempo a radiação infravermelha e a radiação solar;
5. radiômetros líquidos, que medem a radiação líquida ou o balanço de radiação.

Alguns desses instrumentos medem diferentes parâmetros quando estão à sombra, como é indicado na Tabela 3.9. Portanto, é possível medir a intensidade solar usando-se dois piranômetros, um à sombra e o outro exposto ao sol, ou alternadamente, mantendo ora à sombra ora ao sol um único piranômetro. O pirradiômetro ou o radiômetro líquido podem ser usados de modo semelhante para obter os valores da radiação solar de raios diretos em uma superfície horizontal (Q). A intensidade solar (Qn) pode então ser obtida dividindo-se Q pelo co-seno do ângulo do zênite solar. O albedo, capacidade de reflexão de uma dada superfície, pode também ser medido, usando-se dois piranômetros, um dos quais voltado para baixo, ou com um único piranômetro, o qual é invertido periodicamente. O piranômetro voltado para cima registrará a radiação solar total ($Q + q$), enquanto o piranômetro voltado para baixo registra somente a radiação $(Q + q)\alpha$. O albedo é, então, obtido tirando-se a média das duas leituras. Portanto, os piranômetros são muito úteis e versáteis. Além de medir a radiação solar total que incide numa superfície horizontal, podem ser usados para medir a radiação solar total que incide numa superfície inclinada, a intensidade solar, o albedo e a radiação celeste difusa (q).

Pelo fato desses instrumentos de medida de radiação serem sofisticados e de custo elevado, geralmente não são usados na maior parte dos trópicos. Em vez disso, a insolação nestas áreas é freqüentemente calculada usando-se o integrador de radiação Gunn Bellani ou o registrador de luz solar Campbell-Stokes. O integrador de radiação Gunn Bellani pode ser descrito como um tipo esférico de piranômetro. Ele tem duas esferas de vidro concêntricas, montadas na extremidade de uma bureta graduada em milímetros, até 40 ml. O interior da esfera

Tabela 3.9 – Medição de alguns componentes da radiação com instrumentos usados à sombra e expostos ao sol.

	Piranômetro	Pirradiômetro	Radiômetro líquido
Exposto ao sol	$Q + q$	$Q + q + I_{\downarrow}$	R
À sombra	q	$q + I_{\downarrow}$	$R - Q$
Exposto-sombra	Q	Q	Q

Q, radiação de raios solares diretos; q, radiação difusa; $I_{\downarrow}$, radiação registrada na atmosfera; R, radiação líquida.

é coberto por uma camada escura de cobre, enquanto um reservatório de álcool etílico puro no interior da esfera é aberto para a bureta, através de um pequeno tubo capilar (ver Fig. 3.10). Conforme a esfera de interior escuro absorve radiação e é aquecida, uma parcela do líquido evapora-se, para somente se condensar de novo no fundo da bureta. A quantidade de líquido destilado num dado momento está diretamente relacionada à quantidade de radiação solar absorvida. O instrumento, que é colocado numa abertura no solo, com o vidro esférico exposto à insolação, pode ser lido de hora em hora ou diariamente. Após cada leitura, o instrumento é reajustado, invertendo-se o mesmo de tal maneira que o álcool possa retornar para o reservatório.

O registrador de luz solar Campbell-Stokes é usado para medir a duração do período do dia com luz (ou insolação). Ele consiste de uma esfera de vidro que dirige os raios do sol para um cartão sensível graduado em horas e preso numa meia bola de metal, com a qual a esfera se mantém concêntrica. Este instrumento é geralmente montado num pilar de concreto de aproximadamente 1,5 metro de altura do solo. A luz brilhante do sol queima uma trilha ao longo do cartão sensível, enquanto os períodos nublados ficam em branco. A duração total dos períodos ensolarados de um dia é obtida medindo-se o comprimento total do traço marrom no cartão. Valores de insolação estão intimamente relacionados com a duração de períodos ensolarados e podem ser calculados usando-se uma equação de regressão da forma:

$$Q = Q_o (a + bn/N)$$

onde Q é a insolação medida, Q_o é a insolação possível, isto é, a radiação incidente no topo da atmosfera, que se pode obter das Tabelas Meteorológicas Smithsonianas, n é a duração medida do período de brilho solar e N é a duração possível (ou máxima) do período de brilho solar. que se pode obter nas Tabelas Meteorológicas Smithsonianas (*Smithsonian Meteorological Tables*).

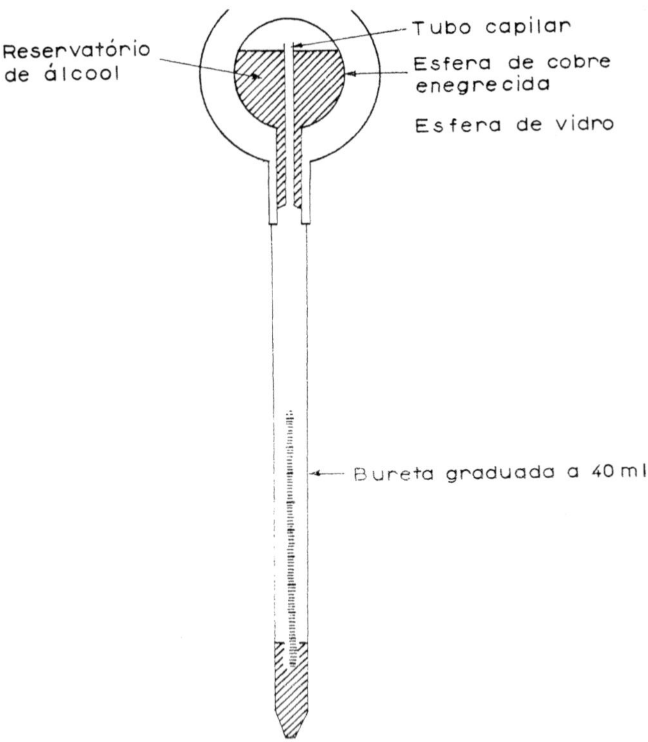

Figura 3.10 – O integrador de radiação Gunn-Bellani.

A equação acima tem sido usada por vários autores para calcular e mapear os valores de radiação solar de vários países e regiões do mundo (ver, por exemplo, Davies, 1966; Ojo, 1970). Equações empíricas semelhantes existem em grande número para calcular valores de radiação líquida (Penman, 1948). A confiabilidade desses cálculos é, contudo, questionável, particularmente quando equações obtidas em uma área são usadas em outras. Portanto, tais cálculos devem ser tratados com cuidado. A rede de estações que medem a radiação, atualmente existente no mundo, de modo particular nos trópicos, necessita ser consideravelmente aperfeiçoada, em vista do importante papel da radiação em nosso ambiente climático e biótico, e como principal fonte de energia para o uso do homem.

Referências Bibliográficas

BARRY, R.G. e CHORLEY, R.J. *Atmosphere, Weather and Climate.* 3ª ed., Londres, Methuen, 1976.

BUDYKO, M.I. *The Heat Balance of the Earth's Surface* (traduzido do russo para o inglês por N. A. Stepanova). Washington, D. C., U. S. Department of Commerce, 1958.

DAVIES, J. A. Solar radition estimates for Nigeria. *Nigeria Geog. Journal,* nº 1, *9:* 85-100, 1966.

OJO, S. O. The seasonal march of the spatial patterns of global and net radiation in West Africa. *Journal of Tropical Geog., 30:* 48-62, 1970.

PENMAN, H. L. Natural evaporation from open water, bare soil and grass. *Proceedings Royal Society Series A, 193:* 120-145, 1948.

SELLERS, W. D. *Physical Climatology.* Chicago, University of Chicago Press, 1965.

CAPÍTULO 4
TEMPERATURAS

Temperatura e sua medição

À parte a precipitação, a temperatura provavelmente é o elemento mais discutido do tempo atmosférico. A temperatura pode ser definida em termos do movimento de moléculas, de modo que quanto mais rápido o deslocamento mais elevado será a temperatura. Mais comumente, ela é definida em termos relativos tomando-se por base o grau de calor que um corpo possui. A temperatura é a condição que determina o fluxo de calor que passa de uma substância para outra. O calor desloca-se de um corpo que tem uma temperatura mais elevada para outro com temperatura mais baixa. A temperatura de um corpo é determinada pelo balanço entre a radiação que hega e a que sai e pela sua transformação em calor latente e sensível, entre outros, conforme foi mostrado no balanço de radiação e nas equações do cálculo de energia discutidas anteriormente (Capítulo 3).

A temperatura de um corpo é, portanto, o grau de calor medido por um termômetro. Várias escalas são usadas para expressar as temperaturas. Estas incluem a Fahrenheit, a Centígrada e a Kelvin, ou escala de temperatura absoluta. Na maioria dos países, as temperaturas são expressas na escala Centígrada ou Celsius e em algumas aplicações usa-se a escala de temperatura Kelvin ou absoluta. As temperaturas na escala Fahrenheit (F) podem ser convertidas para a Celsius usando-se a fórmula:

$$C = \frac{5}{9}(F - 32)$$

O zero na escala de temperatura Kelvin ou absoluta é a temperatura na qual o gás teoricamente cessaria de exercer qualquer pressão, e essa temperatura é −273°C. Portanto, as temperaturas centígradas podem ser convertidas para °A (ou K) acrescentando-se 273 a elas. Alternativamente, as temperaturas absolutas ou Kelvin podem ser convertidas para °C ao subtrairmos 273 delas.

Existem diferentes tipos de termômetros, dependendo do elemento medidor, isto é, do meio usado para medir as mudanças nas temperaturas. Há termômetros elétricos, termômetros de resistência, termômetros a gás, pares termoelétricos, termômetros de mercúrio em vidro e termômetros de álcool. Todos estes são descritos nos livros de física elementar. Os meteorologistas medem as temperaturas mais elevadas e as mais baixas alcançadas pelo ar em um dia usando os termômetros de máxima e de mínima (ver Fig. 4.1). Estes são mantidos a uma altura de aproximadamente 1,5 metro acima do solo em um abrigo provido de coberturas laterais, de madeira e pintado de branco, denominado de abrigo de Stevenson (*Stevenson screen*).

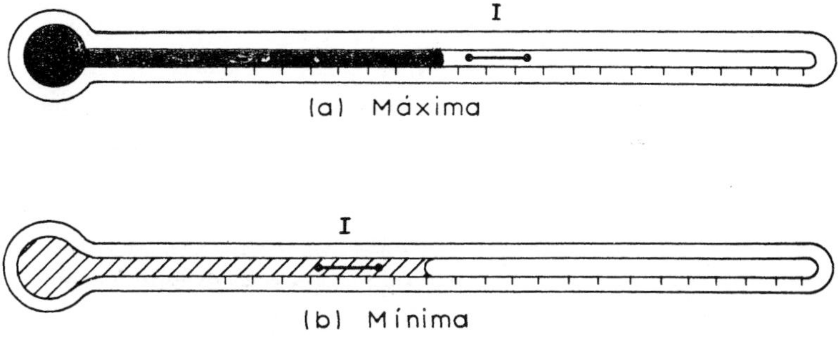

Figura 4.1 – Termômetros de máxima e de mínima.

O termômetro de máxima é constituído de um vidro contendo mercúrio, o qual é empurrado quando a temperatura do ar se eleva e se retrai quando a temperatura diminui. A temperatura máxima é mostrada pela extremidade do índice mais próximo do mercúrio. Após a observação, o índice é trazido de volta para o mercúrio, inclinando-se o termômetro. O termômetro de mínima é um termômetro de álcool e vidro no qual, quando a temperatura se eleva, o álcool se expande e flui passando pelo índice e quando a temperatura cai o álcool se contrai e arrasta consigo o índice por causa de sua tensão de superfície. A extremidade do índice mais próxima do menisco mostra a temperatura mínima e o instrumento é reajustado por meio de sua inclinação. A temperatura do ar fornecida a qualquer hora pode ser obtida por termômetro comum de mercúrio em vidro, com ou sem um índice. A temperatura do ar também pode ser continuamente medida com a ajuda de termômetro auto-registrador, conhecido como termógrafo, do qual existem cinco tipos (OMM, 1971). Talvez o mais comumente usado seja o termógrafo bimetálico no qual uma faixa de bimetal é torcida em espiral de tal forma que esse espiral se desenrole à medida que a temperatura do ar se eleva. No deslocamento do espiral localiza-se uma caneta que traça um gráfico da temperatura do ar. O termógrafo também é mantido dentro de um abrigo de Stevenson.

Variações espaciais na temperatura

A temperatura do ar varia de lugar e com o decorrer do tempo em uma determinada localidade. A distribuição da temperatura numa área é normalmente mostrada por meio de linhas isotérmicas, enquanto a variação da temperatura na escala temporal é mostrada em gráficos. Vários fatores influenciam a distribuição da temperatura sobre a superfície da Terra ou parte dela. Eles incluem a quantia de insolação recebida, a natureza da superfície, a distância a partir dos corpos hídricos, o relevo, a natureza dos ventos predominantes e as correntes oceânicas.

A latitude exerce o principal controle sobre o volume de insolação que um determinado lugar recebe. Isto ocorre porque a variação astronômica da insolação é uma função da latitude. O ângulo de incidência dos raios solares e a duração do dia em qualquer lugar são determinados pela localização latitudinal de tal lugar. Conforme mencionado no Capítulo 3, a quantidade de nuvens e outros constituintes atmosféricos, como os aerossóis e o CO_2, também afeta o volume da energia solar que alcança a superfície terrestre. A natureza da superfície em consideração também é significativa, desde que ela determinará os valores do albedo e do calor específico. Se o albedo for elevado, menos radiação será absorvida pela superfície para a elevação de sua temperatura. Similarmente, se o calor específico da superfície é alto, mais energia terá que ser absorvida pela superfície para aumentar sua temperatura. O calor específico da água do mar é, por exemplo, cerca de 0,94 enquanto que o do granito é 0,2. No geral, a água absorve cinco vezes mais calor a fim de aumentar a sua temperatura em quantidade igual ao do aumento do solo.

A distância dos corpos hídricos influencia a temperatura do ar por causa das diferenças básicas nas características térmicas das superfícies continentais e hídricas (ver Capítulo 3). Estas diferenças ajudam a produzir o efeito da continentalidade, no qual a superfície continental se aquece e se resfria mais rapidamente do que a superfície hídrica. As conseqüências deste fato são as seguintes:

1. Sobre o continente, o atraso entre os períodos de temperaturas de superfície máxima e mínima é de apenas um mês. Sobre os oceanos e locais costeiros, o atraso chega a dois meses.
2. A amplitude anual na temperatura é menor nas localidades costeiras do que nas localidades interiores.
3. Por causa da maior área continental do hemisfério Norte, os verões são mais quentes e os invernos mais frios do que os do hemisfério Sul (ver Tabela 4.1).

Tabela 4.1 – Temperaturas médias dos hemisférios Norte e Sul.

	Hemisfério Norte	Hemisfério Sul
Verão	22,4°C	17,1°C
Inverno	8,1°C	9,7°C

O relevo tem um efeito atenuador sobre a temperatura, principalmente porque a temperatura do ar normalmente diminui com a altitude crescente a uma taxa média de 0,6°C por 100 metros. Em área de topografia e inclinação variadas, o aspecto e o grau de exposição das localidades são fatores importantes que influenciam a temperatura (ver Capítulo 3).

A altura é importante fator que influencia a temperatura nos trópicos. A relativa uniformidade térmica que predomina nos trópicos é distorcida principalmente pelos efeitos da altura. As grandes diferenças de temperatura entre distâncias curtas nos trópicos são usualmente devidas aos efeitos da variação da altitude. Entretanto, o índice de variação térmica é variável e controlado principalmente pela elevação e nebulosidade. Pode haver também grandes diferenças nas condições de temperatura entre os locais à barlavento e os situados à sotavento de uma montanha. Na região temperada, o índice de variação térmica varia consideravelmente com a estação, sendo mais elevado no verão do que no inverno. O índice de variação térmica nos trópicos varia menos com a estação, contudo, ele é geralmente maior na estação seca do que na estação chuvosa. Isto ocorre porque, sob condições de céu nublado, tais como as que predominam durante a estação chuvosa, os efeitos da radiação são grandemente reduzidos. Pela mesma razão, os índices de variação térmica são mais elevados nos trópicos secos do que nas proximidades do Equador. Quer nos trópicos secos ou nos úmidos, a alta elevação topográfica abaixa a temperatura e propicia alívio ao calor opressivo reinante nas baixadas tropicais.

Os ventos predominantes e as correntes oceânicas também influenciam as temperaturas do ar, porque podem transportar ou transmitir por "advecção" o "calor" ou o "frio" de uma área para outra, dependendo das características térmicas junto às áreas que influenciam. Por exemplo, as áreas costeiras banhadas pelas correntes frias têm temperaturas mais baixas do que os postos localizados em latitudes similares, porém não afetados por elas. As temperaturas de inverno no noroeste da Europa são, por exemplo, 11°C ou mais elevadas do que as temperaturas deveriam ser, levando em conta apenas a localização latitudinal. Tais elevações na temperatura no noroeste da Europa no inverno são devidas ao efeito da Corrente do Atlântico Norte, que transmite calor por advecção a partir das baixas latitudes na direção das latitudes médias e altas.

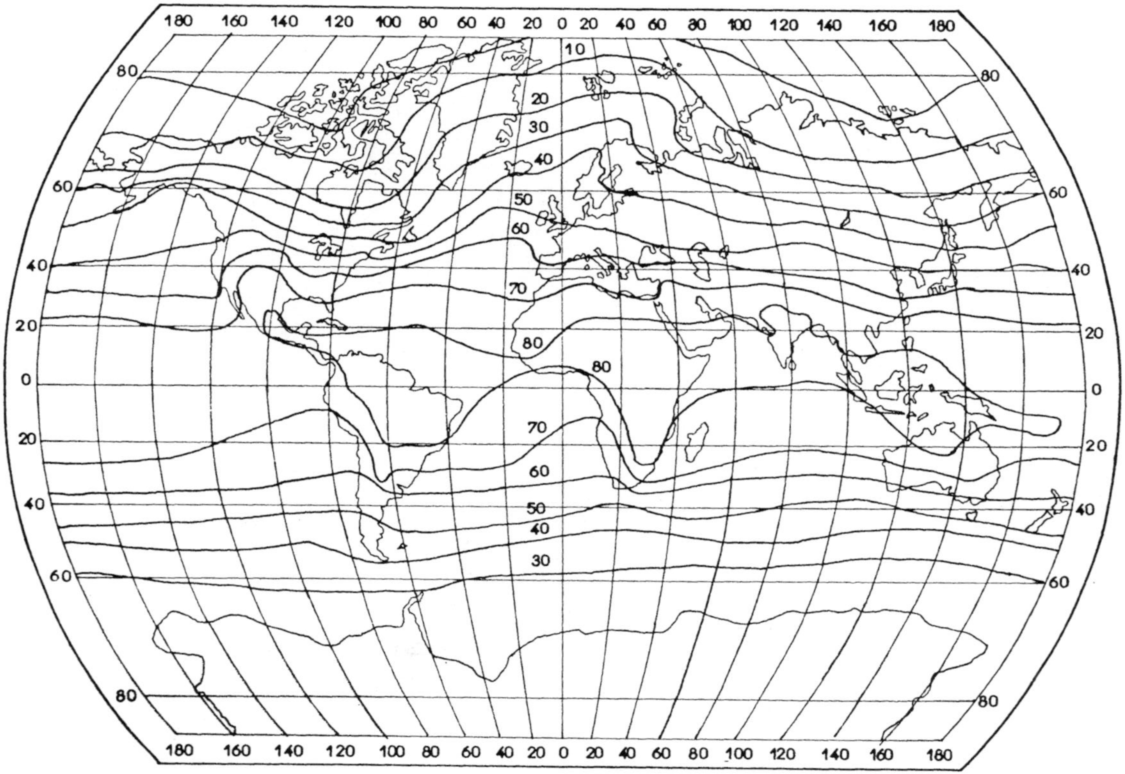

Figura 4.2 – Temperatura média anual do ar na superfície do globo (em °F).

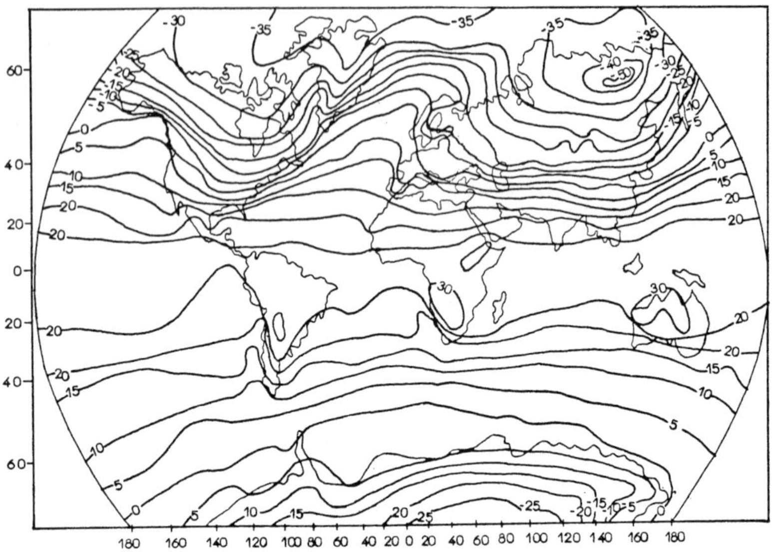

Figura 4.3(a) – Temperatura média do ar na superfície do globo, em janeiro (em °C).

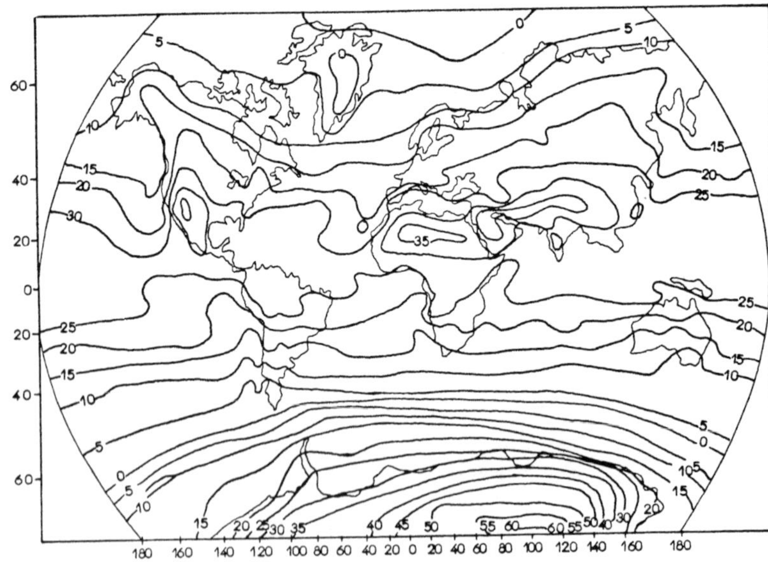

Figura 4.3(b) – Temperatura média do ar na superfície do globo, em julho (em °C).

O padrão de variação da temperatura média do ar da superfície do globo é mostrado nas Figs. 4.2 e 4.3. Os principais aspectos destes mapas são os seguintes:

1. As temperaturas do ar geralmente diminuem na direção dos pólos e a partir do Equador, o que é uma evidência clara do importante papel da latitude ao influenciar a insolação e as temperaturas.
2. Este declínio geral Equador-pólo da temperatura é modificado pela localização das superfícies continentais e hídricas e pelas mudanças sazonais na posição do sol em relação a essas superfícies.
3. As isotermas são mais ou menos paralelas e amplamente espaçadas no hemisfério Sul, onde existe uma superfície mais proximamente homogênea.
4. No hemisfério Norte, mais heterogêneo, as isotermas mostram amplas deflexões quando elas passam das superfícies oceânicas para a continental.
5. Em janeiro, as isotermas são desviadas para a direção Sul sobre o continente e para o Norte sobre os oceanos. Também dentro de determinada zona latitudinal, as temperaturas são baixas sobre o continente e altas sobre as superfícies oceânicas.
6. Em julho, a situação se inverte com as isotermas que são levadas bem mais para o Norte sobre a superfície continental.
7. Falando de maneira geral, há maior uniformidade térmica no que diz respeito tanto às estações como aos lugares nos trópicos do que na região temperada. A uniformidade térmica é mais forte em torno do Equador e diminui na direção dos pólos, com a crescente latitude.

Variações sazonais na temperatura

As variações sazonais na temperatura resultam principalmente das variações sazonais no volume de insolação recebida em qualquer lugar sobre o globo. As temperaturas são mais elevadas no verão, quando os volumes de insolação são maiores, e mais baixas no inverno, quando as recepções de insolação são mais baixas. As variações sazonais na temperatura do ar são maiores nas áreas extratropicais, particularmente nos interiores continentais, enquanto são mais baixas em torno da faixa equatorial, particularmente nas superfícies hídricas. Portanto, podemos dizer que as variações sazonais da temperatura aumentam com a latitude e com o grau de continentalidade.

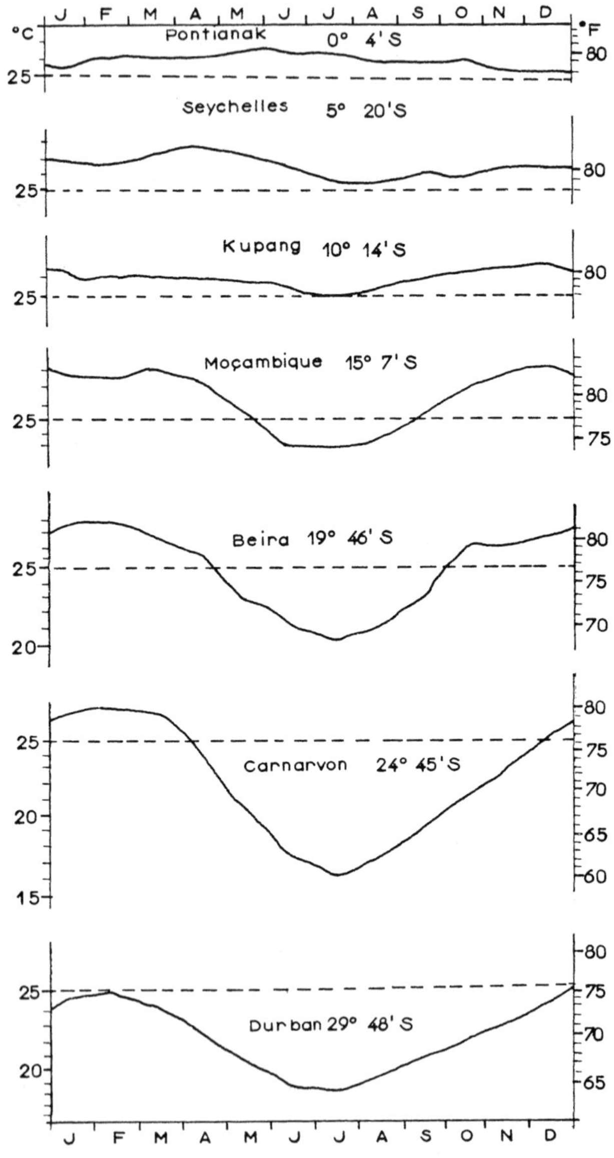
J F M A M J J A S O N D
°C
°F
Pontianak 0° 4'S
Seychelles 5° 20'S
Kupang 10° 14'S
Moçambique 15° 7'S
Beira 19° 46'S
Carnarvon 24° 45'S
Durban 29° 48'S
25
20
15
80
75
70
65
60

Figura 4.4 (a)

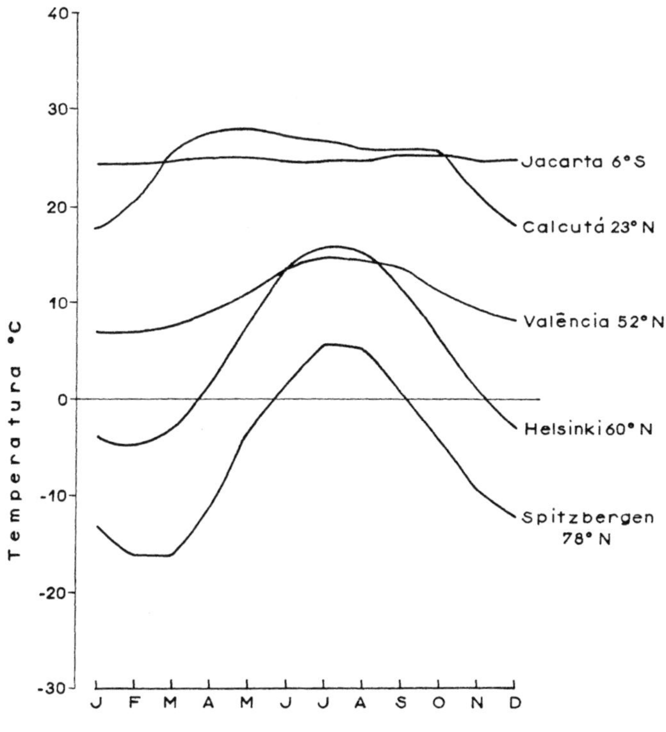

Figura 4.4 (a) e (b) – Padrões de variações sazonais da temperatura do ar nas latitudes baixas, médias e altas (principalmente conforme Petterssen, 1969, e Nieuwolt, 1977).

A Fig. 4.4 mostra exemplos de variações sazonais da temperatura nas latitudes baixas e altas. Na zona equatorial, o Sol está no zênite duas vezes por ano nos equinócios e, assim, as temperaturas são as mais elevadas. As mais baixas temperaturas ocorrem nos solstícios. A curva de temperatura para Jacarta (6°S 107°E) é típica da zona equatorial. Porque o Sol está alto durante o ano todo, as variações de temperatura são bastante pequenas. O conforto humano é determinado mais pela umidade do que pela temperatura. Contudo, com o aumento da latitude e do grau de continentalidade, ocorrem maiores variações na marcha anual das temperaturas. Com o aumento da latitude, existem variações mais amplas na altitude do Sol no curso do ano, particular-

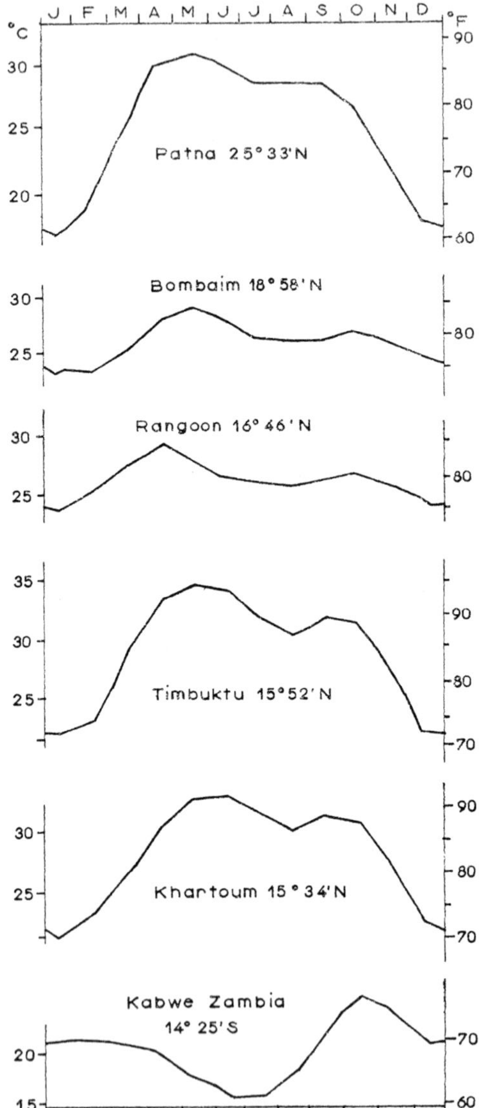

J F M A M J J A S O N D
°C
°F
Patna 25°33'N
Bombaim 18°58'N
Rangoon 16°46'N
Timbuktu 15°52'N
Khartoum 15°34'N
Kabwe Zambia
14° 25'S

Figura 4.5 (a)

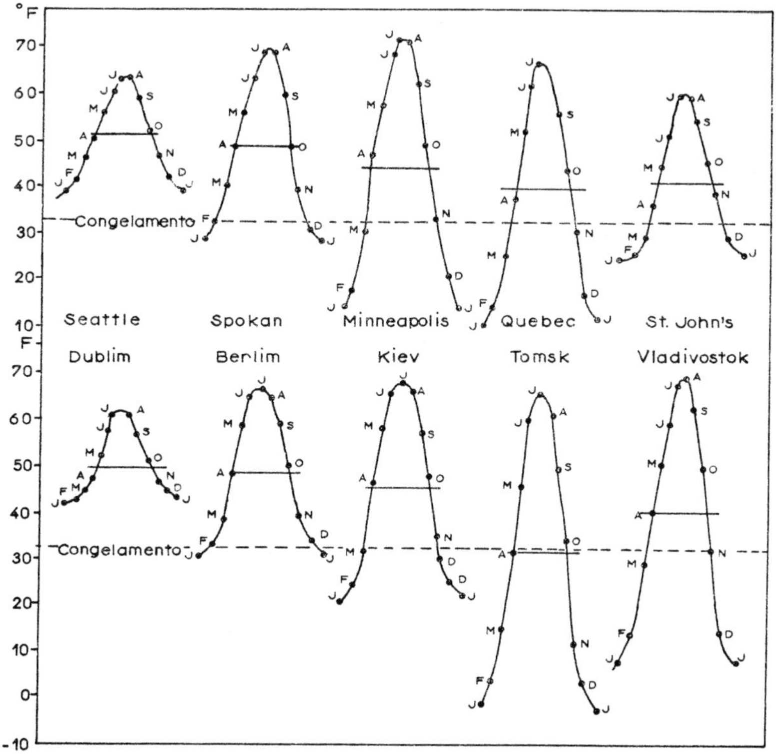

Figura 4.5(a) e (b) – Efeito da distância do mar (continentalidade) na variação sazonal da temperatura do ar (conforme Petterssen, 1969).

mente entre as estações de verão e inverno. Da mesma forma, com o aumento da latitude, os dias tornam-se mais longos durante o verão enquanto as noites tornam-se mais curtas. Durante o inverno, a situação se inverte e os dias tornam-se mais curtos e as noites mais longas. Por outro lado, na zona equatorial e em grande parte dos trópicos, os dias e as noites são mais ou menos de igual duração, virtualmente durante o ano todo. A Fig. 4.5 mostra tipos de variações sazonais na temperatura de acordo com os diversos graus de continentalidade. Como conseqüência, a amplitude anual é pequena nos locais marítimos, enquanto é grande nos locais continentais. Isto ocorre porque a influência moderadora do oceano sobre a temperatura nos continentes diminui com a crescente distância na direção do interior.

Variações diurnas na temperatura

Os processos que produzem a sazonalidade nos valores de temperatura do ar também explicam as variações diurnas na temperatura, embora haja diferenças quanto ao grau. Como o ciclo diário é muito mais curto que o ciclo anual, descobrimos que a penetração da energia solar na superfície é curta. Por isso, a amplitude diurna da temperatura é relativamente grande. Da mesma forma, por causa da brevidade do ciclo, os intercâmbios horizontais do calor não são importantes, exceto ao longo das costas, onde existem brisas continentais e marítimas (ver Capítulo 5).

A amplitude diurna da temperatura geralmente diminui do Equador em direção aos pólos. Isto ocorre principalmente porque a variação diária na elevação do Sol é grande nas latitudes baixas e razoavelmente pequena nas altas latitudes. Também a amplitude diurna da temperatura é menor sobre o oceano do que sobre o continente, parcialmente devido ao efeito da continentalidade, que surge das diferenças nas propriedades térmicas das superfícies continentais e oceânicas. Um outro motivo é que a amplitude diurna da temperatura é influenciada pela cobertura de nuvens e pela quantidade de umidade no ar. As nuvens reduzem a insolação durante o dia e aumentam a radiação descendente do céu à noite. Também, quanto menos vapor d'água maior será a quantia de radiação (ou melhor, reirradiação) que emana da superfície terrestre e que poderá escapar para o espaço.

Outros fatores que influenciam a amplitude diurna da temperatura de determinada superfície incluem a velocidade do vento e a capacidade condutiva da superfície. A variação da temperatura na superfície é menor nos dias com vento do que nos dias calmos, sem grande ventilação. Isto acontece porque em dias com ventos a troca de calor afeta uma camada mais profunda de ar do que em dias calmos. Além disso, será maior a quantidade de calor obtida pela capacidade condutiva de uma superfície e será pequena a amplitude diurna da temperatura.

No globo como um todo, a amplitude diurna da temperatura é mais elevada nas baixas latitudes do que nas latitudes médias e altas. Sobre os oceanos a amplitude diurna da temperatura é usualmente menor do que 0,7°C, e é em todas as partes mais baixa do que a amplitude anual. Sobre o continente, nas latitudes baixas, a amplitude diurna é mais elevada do que a amplitude anual (ver Fig. 1.2). Nas áreas mais secas dessa extensa zona, a amplitude diurna é tão grande que afeta a vida vegetal e a vida animal. As grandes amplitudes diurnas de temperatura nos desertos das latitudes baixas são devidas ao fato de que tanto o solo como o ar são secos. A capacidade condutiva do solo diminui com a aridez e a influência moderadora provinda da formação de orvalho, por amplitude diurna da temperatura em áreas mais úmidas, é ausente.

A latitude e a localização relativa dos oceanos influenciam as amplitudes diurnas da temperatura. Nos trópicos, as variações de temperatura do dia-a-dia em geral são pequenas, assim como o ciclo da temperatura diurna é bastante regular.

Contrastando, a marcha diurna da temperatura na região temperada é bastante irregular por causa da passagem freqüente de depressões e de massas de ar com temperaturas fortemente contrastantes. A marcha diurna da temperatura na região temperada também varia intensamente com a estação, diferentemente do que ocorre nos trópicos. Isto ocorre por causa das variações na direção do dia e da noite bem como do volume de insolação durante o curso do ano. No verão, os dias são muito mais longos do que as noites, enquanto a radiação incidente é a mais elevada. Por outro lado, os invernos são caracterizados por dias curtos, noites longas e baixo volume de radiação. A amplitude diurna da temperatura é, portanto, mais elevada no verão do que no inverno.

Com o ciclo diurno de temperatura temos mudanças correspondentes no índice de variação térmica nas proximidades do solo. A amplitude diária da temperatura é mais elevada na superfície da Terra e diminui muito rapidamente com a altitude acima do solo. Também, no geral, o índice de variação térmica é bastante pequeno no início da manhã e torna-se acentuado no início da tarde, como resultado do aquecimento solar. A mobilidade vertical do ar, que depende do índice de variação térmica, portanto, passa por um ciclo diurno em consonância com o da temperatura.

Temperatura fisiológica

A temperatura experimentada por um organismo vivo, incluindo o homem, depende da temperatura do ar bem como da taxa de perda de calor proveniente daquele organismo. Esta temperatura é denominada *temperatura fisiológica* e varia com os indivíduos, dependendo de suas características como a constituição física geral e peso, tipo de vestuário, atividades físicas ou trabalhos nos quais estejam engajados, dieta, estado de saúde, idade, sexo, estado emocional, e do grau de ajustamento às condições climáticas predominantes.

O equilíbrio de calor de um corpo humano pode ser expresso pela equação:

$$M \pm R \pm C - E = 0$$

Isto significa que, para manter o equilíbrio térmico, o calor metabólico (M), criado quimicamente dentro do corpo humano, juntamente com o calor ganho ou perdido pela radiação (R), a convecção (C) e o calor perdido pela evaporação (E) devem somar zero. O corpo humano médio apresenta maior eficiência a uma temperatura central de 37°C. Uma queda na temperatura do corpo pode ser evitada aumentando-se a taxa de metabolismo através de atividade muscular voluntária (como, por exemplo, trabalho ou exercício) ou atividade muscular involuntária (tremor). Também pode ser evitada aumentando-se a quantidade de calor obtida através da radiação e convecção. Para evitar o aquecimento exagerado, o corpo humano usualmente recorre ao suor e à palpitação. O aquecimento exagerado também pode ser evitado através da eliminação do calor ganho por meio da radiação ou pela convecção ou por meio do aumento do calor perdido através da evaporação.

Assim, a temperatura fisiológica é uma função do meio ambiente térmico circundante e da eficiência e velocidade da evaporação. O meio ambiente térmico circundante é determinado pelo equilíbrio entre o ganho e a perda de radiação. A eficiência e a velocidade da evaporação são controladas por três fatores, a saber: a umidade do ar, a velocidade do vento e o grau de exposição à luz solar.

Quando o ar é úmido, a evaporação do suor a partir do corpo é limitada e surge a sensação de fadiga, tão comum nos trópicos úmidos. Por outro lado, o ar seco favorece a evaporação do suor do corpo humano, processo este que permite um rápido resfriamento da pele, uma vez que o calor latente é usado na evaporação. Por este motivo, o corpo humano pode suportar melhor temperaturas elevadas do ar se as umidades forem baixas, e suportam menos se elas forem elevadas.

A velocidade do vento também é fator importante que influencia a taxa de evaporação. Se o ar estiver calmo, a camada de ar mais próxima do corpo fica mais ou menos saturada e ocorre pouca ou nenhuma evaporação. Contudo, se houver um fluxo considerável de ar, a constante substituição do ar em torno do corpo assegura que o processo de evaporação seja mantido sem que sofra interferência. Finalmente, a exposição direta à luz solar limita a eficiência da evaporação como um meio de resfriamento do corpo. Isto ocorre porque a pele irá absorver uma quantidade considerável de calor, que não pode ser prontamente eliminado.

Os índices de temperatura fisiológica são usualmente baseados na temperatura do ar e na umidade. A velocidade do vento (isto é, a ventilação) e a exposição à luz solar são geralmente ignoradas ou consideradas constantes. Isto acontece porque, diferentemente da temperatura e da umidade, eles são difíceis de serem controlados e medidos em experimentos de laboratório. Além disso, eles podem ser facilmente modificados nas condições normais de vida. Por exemplo, os ventiladores elétricos são usados nos trópicos para aliviar a tensão térmica, enquanto a proteção contra a exposição à luz solar durante as atividades do ar livre são proporcionadas pelo vestuário e pelo sombreamento.

Dos vários índices de temperatura fisiológica o mais comumente usado é o índice de temperatura efetiva (*TE*) que, sob condições de ligeiros movimentos do ar, é fornecido pela equação:

$$TE = 0{,}4\,(Td + Tw) + 4{,}8$$

onde Td e Tw são as temperaturas de bulbo seco e de bulbo úmido medidas em °C. A equação acima, primeiramente fornecida por Thom (1959), é algumas vezes denominada índice de desconforto ou índice de temperatura-umidade. Este índice tem sido usado em vários países para determinar o alcance das zonas de conforto para os adultos vestidos e em repouso, com um leve movimento do ar (ver Tabela 4.2). Exceto para a Inglaterra, parece que existe algum tipo de concordância quanto ao que os pacientes usavam nos vários estudos experimentais considerados confortáveis, nessas diferentes zonas climáticas. Portanto, podemos considerar um valor TE de 60°F (18,9°C) ou menos, como indicando uma condição desconfortável que surge de stress ao frio, enquanto um valor TE de 78°F (25,6°C) ou superior indicará stress ao calor.

Os padrões de distribuição de temperatura efetiva sobre o globo em janeiro e julho são mostrados nas Figs. 4.6. Os valores mais elevados de TE em janeiro ocorrem entre as latitudes 50°N e 25°S, com valores de TE mais elevados do que 25°C. Os valores de TE diminuem na

Tabela 4.2 – Comparação de algumas zonas de conforto de âmbito mundial (modificadas de acordo com Terjung, 1968).

Área	Zona de Conforto (TE°C)	Investigador
Norte dos EUA	20 – 22	American Society of Heating and Air Conditioning Engineers (1955)
Sul dos EUA	21 – 25	
Europa continental	20 – 26	Mcfarlane (1958)
Índia	21 – 26	Malhotra (1955)
Indonésia	20 – 26	Mom (1947)
Malásia	21 – 26	Webb (1952)
Inglaterra	14 – 19	Bedford (1954)
Norte da Nigéria	18 – 21	Peel (1961)

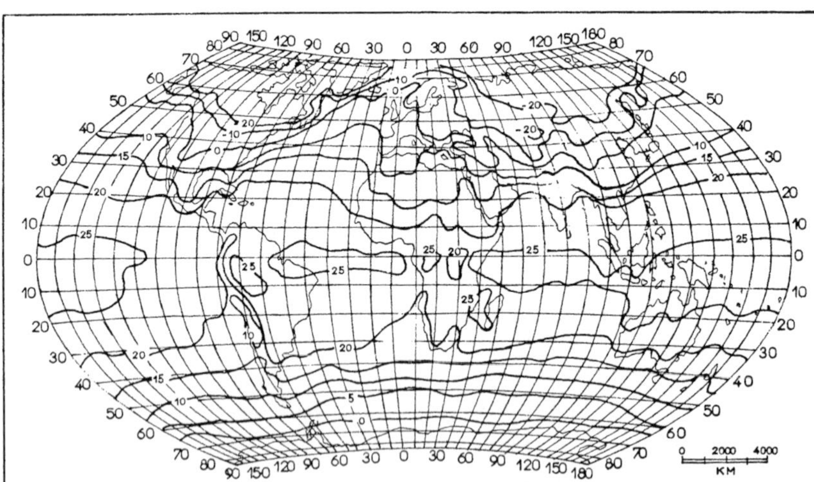

Figura 4.6 (a) – Padrão global do índice de temperatura efetiva, em janeiro (conforme Gregorczuk e Cena, 1967).

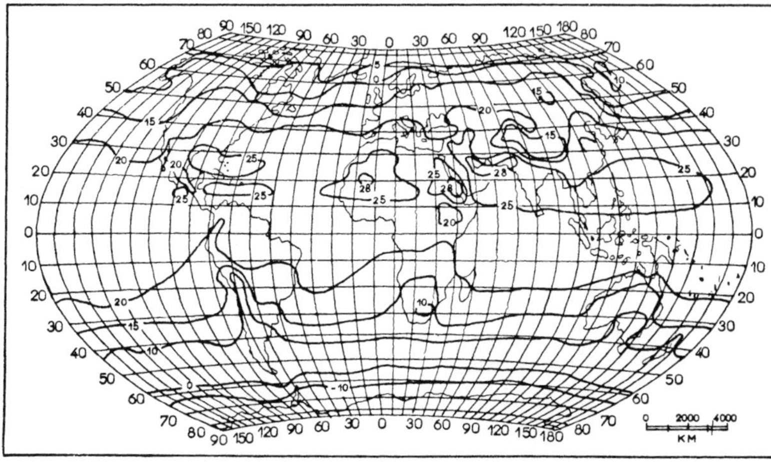

Figura 4.6 (b) – Padrão global do índice de temperatura efetiva, em julho (conforme Gregorczuk e Cena, 1967).

direção dos pólos nos dois hemisférios, porém bem mais rapidamente no hemisfério Norte do que no hemisfério Sul. Os valores de TE inferiores a −20°C ocorrem na direção dos pólos, na latitude 50°N na América do Norte e em cerca da latitude de 60°N na Ásia. Na direção dos pólos, a partir do paralelo de 60°N no hemisfério Sul, os valores de TE são cerca de zero, porém não ocorre nenhum valor negativo. Em julho, os valores de TE mais elevado ocorrem entre 10 e 30°N do Equador (Fig. 4.6-b). Os valores de TE diminuem na direção dos pólos nos dois hemisférios, porém mais rapidamente no hemisfério Sul, onde os valores TE de −10°C e menores ocorrem na direção dos pólos, a partir da latitude de 60°. No hemisfério Norte, os valores TE estão em toda parte acima de zero. Os valores menores de 50°C ocorrem na direção dos pólos, a partir da latitude de 70°.

Desta forma, a distribuição espacial e os valores TE são bastante similares aos da temperatura do ar. Estas similaridades algumas vezes são consideravelmente modificadas pela influência da umidade onde as temperaturas elevadas do ar estão associadas à umidade relativa

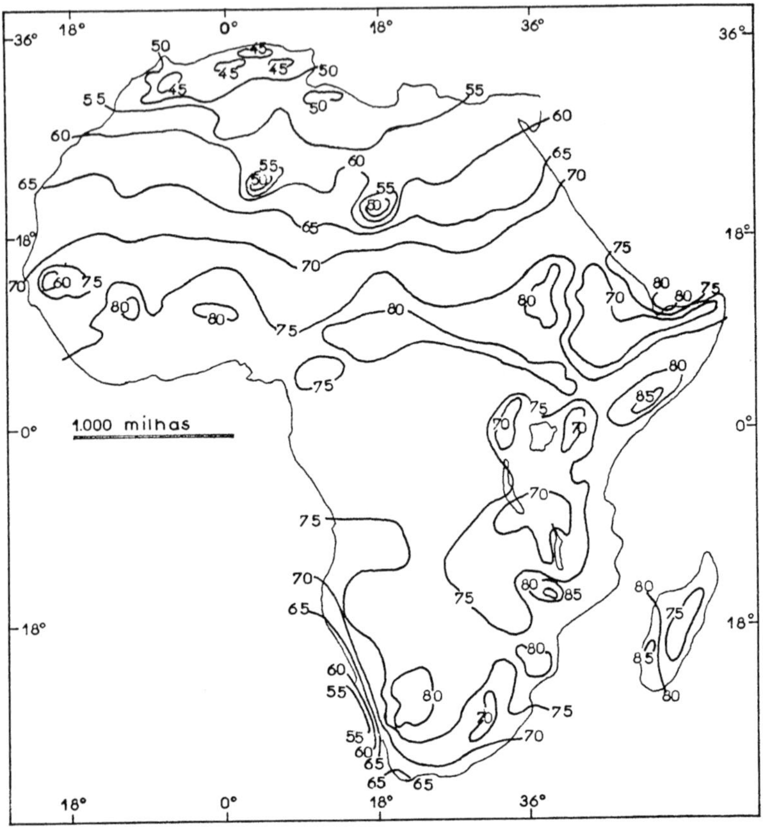

Figura 4.7 (a) – Temperatura efetiva na África, em janeiro (conforme Terjung, 1967).

baixa. Portanto, as maiores diferenças entre a temperatura do ar e a temperatura efetiva (TE) ocorrem nas áreas de deserto.

Os padrões mais detalhados da distribuição dos valores TE sobre o continente africano são retratados na Fig. 4.7. Em janeiro, durante o inverno no hemisfério Norte, os valores de TE variam desde menos de 45°F (7,2°C) no norte até mais de 85°F (29,4°C) em algumas áreas do sul da África. Ao longo da costa do sul e sudoeste da África, os valores de TE são muito mais baixos do que as médias latitudinais,

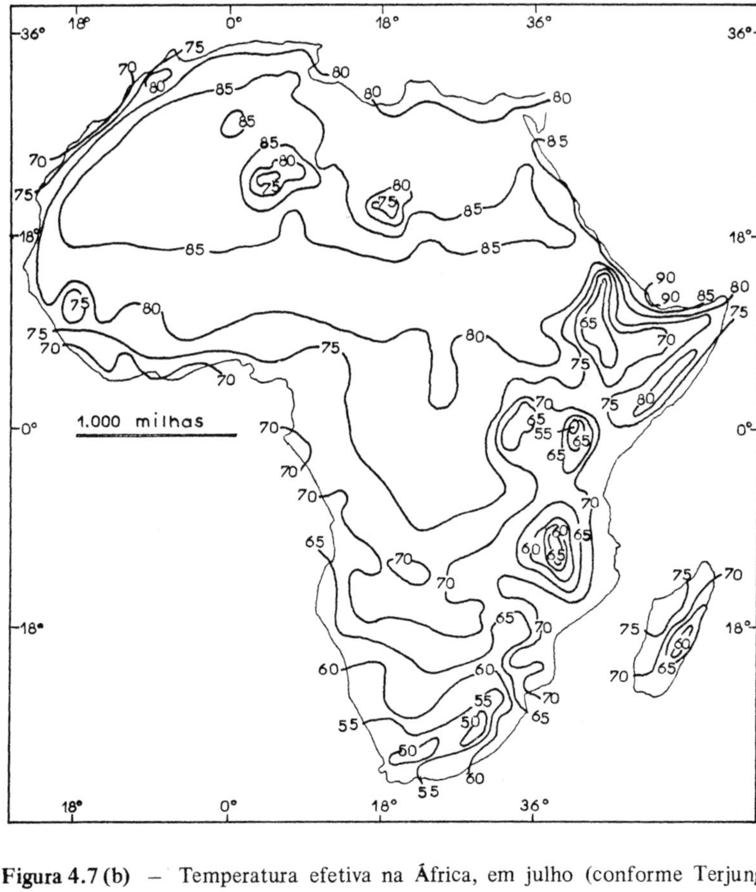

Figura 4.7 (b) – Temperatura efetiva na África, em julho (conforme Terjung, 1967).

devido ao efeito da corrente fria de Benguela. Sobre o continente como um todo, o tempo atmosférico é relativamente fresco, sendo que o aquecimento fisiológico, conforme percebido pela pessoa média, é menos generalizado do que em julho.

Julho representa a condição de verão no hemisfério Norte e de inverno no hemisfério Sul. Os valores TE são mais elevados no Norte da África do que em outras áreas africanas.

Valores de TE relativamente baixos ocorrem no sul da África e em áreas montanhosas do leste africano. Os valores mais elevados de TE, de 85 a 90°F (29,4 a 32,2°C), ocorrem ao longo da costa do Mar Vermelho na República da Somália. Estas mesmas áreas têm valores TE relativamente altos em janeiro e devem se classificar entre as áreas mais quentes e opressivas da África.

Em áreas extratropicais com uma estação fria bem definida, o índice que proporciona a avaliação mais útil do desconforto do frio é o índice de resfriamento pelo vento (*wind-chill*), de Siple e Passel (1945). Este índice é uma medida da quantidade de calor que a atmosfera pode absorver dentro de uma hora, a partir de uma superfície exposta e que mede um metro quadrado. O índice foi desenvolvido a partir de trabalho experimental executado na Antártica e foi baseado na taxa de congelamento da água encerrada em pequenos cilindros plásticos, sob condições conhecidas de temperatura e de vento.

Com a utilização de evidência empírica, o índice de resfriamento pelo vento foi expresso da seguinte maneira:

$$H = (10{,}45 + 10\sqrt{V} - V)(33 - T)$$

onde H é a perda de calor em Kcal m^{-2} h^{-1}, V é a velocidade do vento em metros por segundo e T é a temperatura do ar em °C. Deve-se notar que o índice de resfriamento pelo vento na realidade mede o poder de resfriamento do vento e da temperatura na sombra ou obscuridade completa, sem que se leve em conta que a evaporação e a taxa de resfriamento estão baseadas em uma temperatura neutra da pele de 33°C. Numerosas combinações de diferentes velocidades do vento e de temperatura podem fornecer o mesmo valor do poder de resfriamento. O índice de resfriamento pelo vento também tem sido criticado, tomando-se por base que o índice representa apenas o poder de resfriamento convectivo da atmosfera. Contudo, o índice foi considerado como muito útil em estudos da incidência de depressão causada pelo frio (*frost-bite*). Os valores da espessura do vestuário requerido para manter o corpo em equilíbrio térmico também estão estreitamente relacionados aos valores do índice de resfriamento pelo vento. Terjung (1966) preparou uma escala útil de sensação, em termos de valores do índice de resfriamento pelo vento, da maneira que se segue.

Sensação	Valores de resfriamento pelo vento (*wind-chill*) em cal m^{-2} s^{-1}
Corpo exposto congelado	> 400
Frio constante	325 – 400
Muito frio	275 – 325
Frio	225 – 275
Muito moderadamente frio	160 – 225
Moderadamente frio	80 – 160
Agradável	50 – 80
Moderadamente quente	< 50

Referências bibliográficas

GREGORCZUK, M. e CENA, K. Distribution of effective temperature over the surface of the earth. *Int. J. Biometeor., 11* (2):145-149, 1967.

PETTERSSEN, S. *Introduction to Meteorology.* 3ª ed., Nova Iorque, McGraw-Hill, 1969.

SIPLE, P.A. e PASSEL, C.F. Measurements of dry atmospheric cooling in sub-freezing temperatures. *Proc. Am. Phil. Soc., 89:* 177-199, 1945.

TERJUNG, W.H. Physiologic climates of the conterminous United States. A bioclimatic classification based on man. *Annals Assoc. Amer. Geogr., 56:* 141-179, 1966.

TERJUNG, W.H. The geographical application of some selected Physio-climatic indices to Africa. *Int. J. Biometeor., 11* (1): 5-19, 1967.

TERJUNG, W.H. World patterns of the distribution of monthly comfort index. *Intern. J. of Biometeor., 12:* 119-151, 1968.

THOM, E.C. The discomfort index. *Weatherwise, 12:* 57-60, 1959.

W.M.O. *Guide to meteorological instruments and observing practices.* Genebra, W.M.O., 1971.

INSTITUTO FEDERAL DE EDU
CIÊNCIA E TECNOLOGIA
CAMPUS

CAPÍTULO 5
A CIRCULAÇÃO ATMOSFÉRICA

As escalas dos movimentos atmosféricos

A atmosfera está constantemente em movimento. O movimento atmosférico é a soma de dois principais componentes – movimento em relação à superfície da Terra (isto é, o vento) e movimento em conjunto com a Terra, ao girar em torno de seu eixo. Este segundo movimento exerce importantes efeitos sobre a direção dos ventos em relação à Terra (Atkinson, 1972). Há duas dimensões para o movimento da atmosfera em relação à superfície da Terra – a dimensão horizontal e a vertical. O próprio movimento ocorre em diferentes escalas temporais e espaciais.

A causa básica e fundamental do movimento atmosférico, horizontal ou vertical, é o desequilíbrio na radiação líquida, na umidade e no *momentum* entre as baixas e as altas latitudes e entre a superfície da Terra e a atmosfera. Outros fatores que influenciam a circulação atmosférica são a topografia, a distribuição das superfícies continentais e oceânicas e as correntes oceânicas.

Foram apresentadas anteriormente, na Tabela 1.1, as três principais escalas dos sistemas de movimentos meteorológicos. Dá-se ênfase, na tabela, aos sistemas climáticos dentro da atmosfera e às várias escalas de área e de tempo nas quais ocorrem. Uma classificação similar pode ser feita a respeito do movimento atmosférico ou da circulação. Desse modo, temos circulações atmosféricas primárias, secundárias e terciárias em ordem decrescente de grandeza, tanto em suas escalas de área quanto de tempo.

A circulação primária é a circulação geral da atmosfera, descrita por Barry e Chorley (1976) como sendo os padrões em larga escala, ou globais, de vento e pressão que se mantêm ao longo do ano ou se repetem sazonalmente. É a circulação geral que realmente determina o padrão dos climas do mundo. Por exemplo, como a circulação geral tende a se dispor em zonas latitudinais, os climas do mundo também tendem a ocorrer em zonas. Inseridos dentro da circulação geral estão os sistemas circulatórios secundários, tais como as depressões e os anticiclones das latitudes médias e as várias perturbações tropicais. Comparados à circulação geral da atmosfera, esses sistemas circulatórios são de existência relativamente breve e se movem muito rapidamente. Os sistemas de circulação terciária consistem principalmente de sistemas de ventos locais, tais como as brisas terrestres e marítimas, as ondas de sotavento, os ventos catabáticos e anabáticos. Estes sistemas circulatórios são precisamente localizados, sendo amplamente controlados por fatores locais, e seus períodos de existência são consideravelmente mais curtos do que os dos sistemas secundários de circulação. Neste capítulo nós consideraremos os aspectos da circulação geral da atmosfera. Os sistemas de circulação secundária serão descritos no próximo capítulo. Mas, primeiramente, iremos tratar dos fatores que controlam o movimento do ar sobre a superfície terrestre. A movimentação vertical do ar, embora importante, é relativamente pequena se comparada ao movimento horizontal. Ela será analisada no Capítulo 7, por causa de seu papel nos processos de evaporação - condensação.

Leis do movimento horizontal

Há quatro principais fatores que controlam o movimento horizontal do ar próximo à superfície terrestre. São esses:

1. a força do gradiente de pressão,
2. a força de Coriolis,
3. a aceleração centrípeta e
4. a força de fricção.

A causa primordial do movimento do ar é o desenvolvimento e a manutenção de um gradiente de pressão horizontal, que funciona como a força motivadora para o ar se movimentar de áreas de alta pressão para áreas de menor pressão. Diferenças horizontais na pressão são criadas por fatores térmicos e/ou mecânicos, embora estes nem sempre sejam distinguíveis. A força do gradiente de pressão é também inversamente proporcional à densidade do ar. A força do gradiente de pressão por unidade de massa é expressa matematicamente da seguinte forma:

$$-\frac{1}{\rho}\frac{dp}{dn}$$

em que ρ é a densidade do ar e dp/dn é o gradiente de pressão horizontal. Isto significa que quanto menor é o espaçamento das isóbaras, mais intenso é o gradiente de pressão e maior é a velocidade do vento.

Desde que o ar seja obrigado a se mover pela força do gradiente de pressão, ele é imediatamente afetado pela força de Coriolis ou defletora, que se deve à rotação da Terra. A força de Coriolis foi descrita matematicamente, pela primeira vez, pelo cientista francês Gaspard de Coriolis em 1835 e demonstrada pelo meteorologista americano William Ferrel, em 1856. Por causa da rotação da Terra, há um aparente desvio dos objetos que se movem, inclusive do ar, para a direita de sua trajetória de movimentação, no hemisfério Norte, e para a esquerda, no hemisfério Sul, se olhado por qualquer observador sobre a superfície da Terra. Essa força defletora, por unidade de massa, é matematicamente expressa por:

$$-2w\,V\,\text{sen}\,\theta$$

em que w é a velocidade angular de rotação da Terra em torno de seu eixo (cerca de 15° por hora ou $7{,}29 \times 10^{-5}$ radianos/s), V é a velocidade da massa e θ é a latitude. Assim, a magnitude da deflexão é proporcional à velocidade da massa e ao seno da latitude. Para uma dada velocidade, o efeito de Coriolis é máximo nos pólos e diminui com o seno da latitude, tornando-se zero no Equador. A força de Coriolis sempre atua em ângulos retos com a direção do movimento do ar, para a direita, no hemisfério Norte, e para a esquerda, no hemisfério Sul (Barry e Chorley, 1976).

Se um corpo, durante o movimento, segue uma trajetória curva, deve haver uma aceleração em direção ao centro da rotação. Esta aceleração centrípeta é matematicamente expressa como:

$$-\frac{mV^2}{r}$$

onde m é a massa em movimento, V é sua velocidade e r é o raio de curvatura. A aceleração centrípeta pode também ser considerada como uma força centrífuga, que opera radialmente para fora. Tal força é de igual grandeza, mas de sinal oposto à aceleração centrípeta. A grandeza da aceleração centrípeta é pequena, de modo que ela somente se torna importante onde os ventos em alta velocidade se movem em trajetórias muito curvas, como num sistema de pressão intensamente baixa.

Finalmente, próxima da superfície da Terra, uma quarta força – a força de fricção – ajuda a controlar a velocidade e a direção do movimento aéreo horizontal. A força de fricção se deve aos obstáculos que a superfície da Terra oferece ao movimento do ar. A força de fricção atua contra o vento e reduz sua velocidade. Isto também causa diminuição

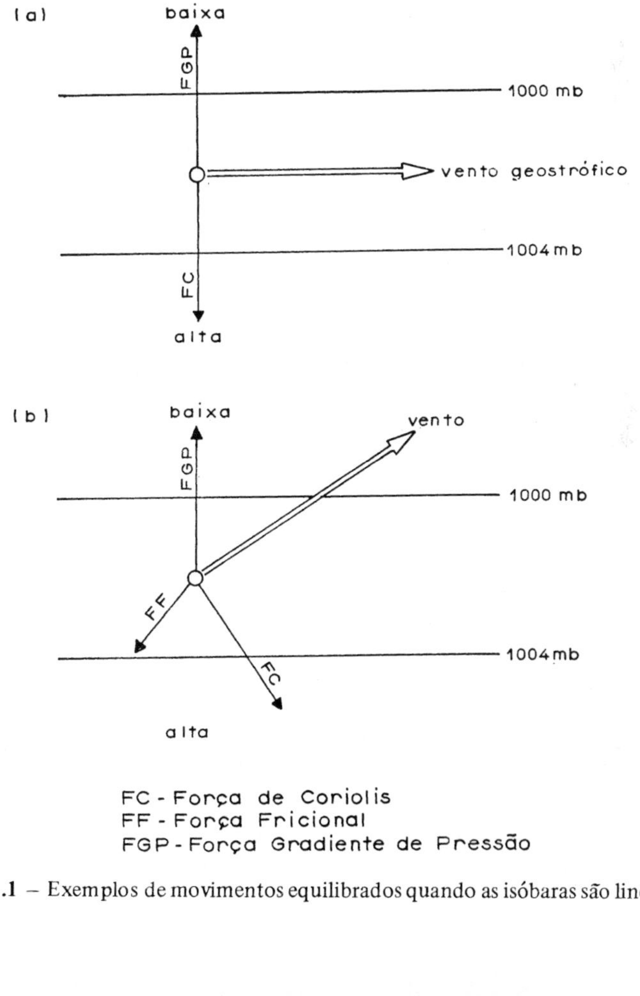

Figura 5.1 – Exemplos de movimentos equilibrados quando as isóbaras são lineares.

na força de Coriolis que é, em parte, dependente da velocidade, como foi mencionado anteriormente.

Todas as forças descritas acima não operam necessariamente para controlar a direção e a velocidade do vento num dado momento ou em determinado lugar. Os exemplos do equilíbrio de forças acerca das isóbaras lineares são mostradas na Fig. 5.1. Na Fig. 5.1 (a) o vento sopra paralelo às isóbaras, ou melhor, mais ou menos formando ângulos retos com o gradiente de pressão. Isto ocorre porque a força do gradiente de pressão é equilibrada exatamente pela força de Coriolis, que atua na direção oposta. Tal vento é conhecido como o *vento geostrófico* e pode ser observado na atmosfera livre, onde não exista o atrito. O caso mostrado na Fig. 5.1 (a) é o hemisfério setentrional. No hemisfério meridional, o centro de alta pressão estará à esquerda e o de baixa pressão à direita, quando observado da posição direcional do vento.

A velocidade do vento geostrófico (Vg) é dada pela fórmula:

$$Vg = \frac{1}{2w \operatorname{sen} \theta\rho} \frac{dp}{dn}$$

em que w, θ, ρ e dp/dn já foram definidos nas equações precedentes. Isso indica que a velocidade é inversamente relativa à latitude. Exceto nas baixas latitudes, onde a deflexão de Coriolis se aproxima de zero, o vento geostrófico é uma aproximação muito boa dos movimentos observados na atmosfera livre.

Da superfície da Terra até aproximadamente 500–1.000 metros, a força de fricção é operativa e o vento sopra através das isóbaras na direção do gradiente de pressão (ver Fig. 5.1-b). O ângulo no qual o vento sopra através das isóbaras cresce com o aumento do efeito de fricção criado pela superfície da Terra. Ele é cerca de 10–20° na superfície marítima e 25–35° sobre o continente. Com o aumento da altura acima da superfície, seja sobre a terra ou sobre o mar, o efeito de fricção diminui. Um tipo espiral de vento Ekman ocorre com a altura, se considerarmos o perfil teórico da velocidade do vento com a altura, sob condições de turbulência mecânica (ver Fig. 5.2).

Os padrões de fluxo do ar que derivam do equilíbrio de forças, em sistemas de baixa e alta pressão no hemisfério Norte, são mostradas na Fig. 5.3. Num sistema de baixa pressão, o fluxo equilibrado é mantido numa trajetória curva pela força excessiva do gradiente de pressão sobre a força de Coriolis, dando a aceleração centrípeta líquida. Esse vento é conhecido como o *vento de gradiente*. No caso do sistema de

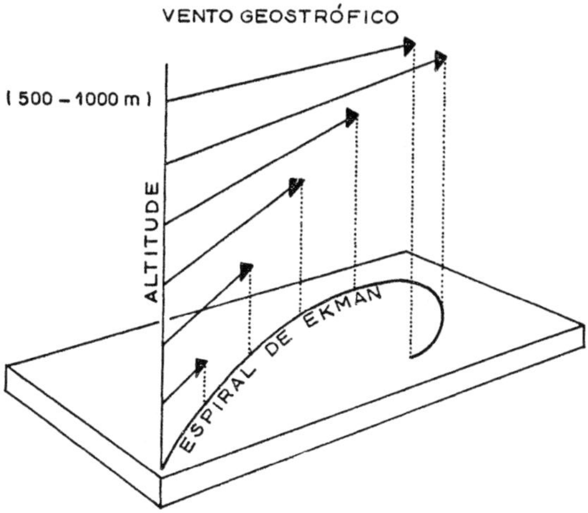

Figura 5.2 – Em virtude das variações em altitude, no hemisfério Norte os ventos formam a espiral de Ekman (conforme Barry e Chorley, 1976).

alta pressão, a aceleração para o centro é devida ao excesso de força de Coriolis sobre a força do gradiente de pressão. Supondo-se que os gradientes de pressão em ambos os sistemas são iguais, então a velocidade do vento em torno da baixa pressão deve ser menor que o valor geostrófico (subgeostrófico), enquanto que a velocidade em torno da alta pressão é supergeostrófica, isto é, maior que o valor geostrófico. Este efeito é, todavia, mascarado pelo fato de que o gradiente de pressão numa alta pressão é geralmente muito menor do que o mesmo numa baixa pressão. Tanto no sistema de alta quanto no de baixa pressão, o efeito da força de fricção é o de fazer os ventos soprarem em um ângulo através das isóbaras, assim como diminuir suas velocidades.

Movimento vertical de larga escala na atmosfera

O movimento vertical dentro da atmosfera ocorre em duas escalas principais – larga escala e pequena escala. O movimento vertical em larga escala ocorre sobre grandes áreas de vários milhares de quilômetros quadrados numa escala de tempo de poucos metros por segundo. O

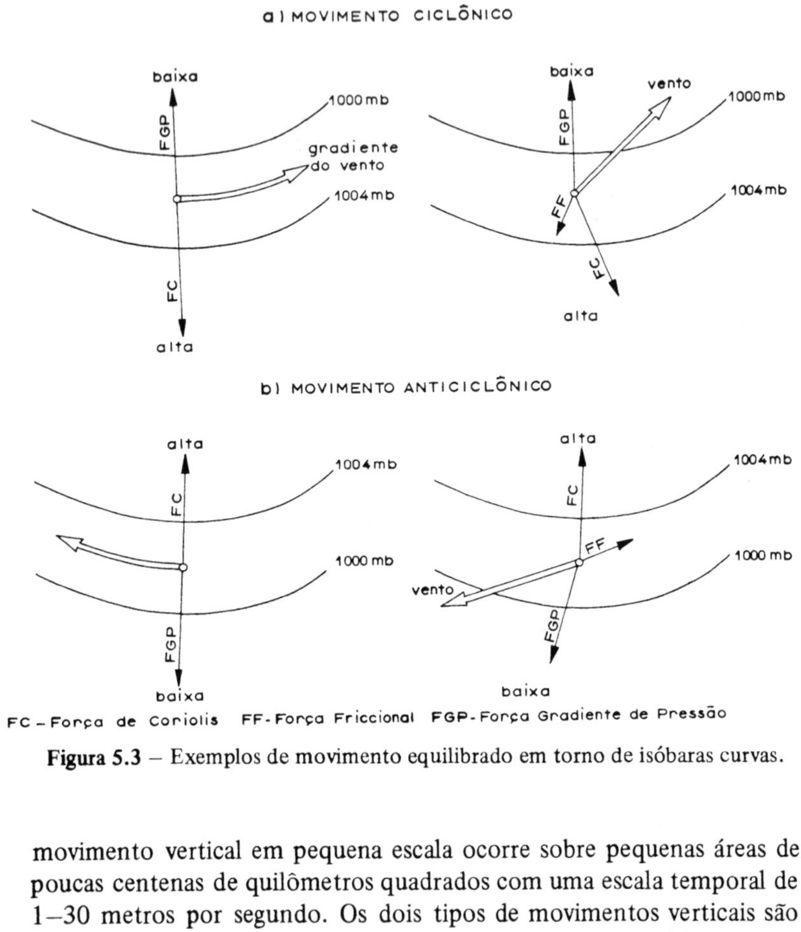

Figura 5.3 – Exemplos de movimento equilibrado em torno de isóbaras curvas.

movimento vertical em pequena escala ocorre sobre pequenas áreas de poucas centenas de quilômetros quadrados com uma escala temporal de 1–30 metros por segundo. Os dois tipos de movimentos verticais são diferentes porque são causados por diferentes mecanismos. Movimentos verticais de pequena escala são geralmente induzidos diretamente pela superfície da Terra e sua continuação é grandemente dependente da estrutura térmica e da umidade da atmosfera sobre ela (Atkinson, 1972). O movimento é induzido tanto mecânica quanto termalmente ou por uma combinação de ambos os processos. Como esses movimentos dão origem à condensação na atmosfera, eles serão considerados no Capítulo 7.

Por outro lado, a ascensão ou a descida do ar ocorre basicamente em resposta a fatores dinâmicos, que estão relacionados ao fluxo horizontal. O movimento vertical de ar em larga escala é somente afetado de modo secundário pela estabilidade da massa de ar. A velocidade do vento muitas vezes se desvia do valor geostrófico, devido a acelerações ou desacelerações locais no fluxo horizontal. Se numa unidade de volume de ar sai mais ar do que entra, devido à aceleração local, há perda de massa naquele volume. Isto é conhecido como *divergência*. Se, por outro lado, há desaceleração no fluxo horizontal, o ar se acumula no volume e ocorrerá a *convergência*. Uma vez que a atmosfera é um meio contínuo, configurações de divergência e convergência estão interligadas. Como se mostra na Fig. 5.4, se a divergência sobrepõe-se à convergência há elevação, mas se a convergência sobrepõe-se à divergência, ocorre a subsidência. Desse modo, se todos os ventos fossem geostróficos, não haveria convergência ou divergência e nem movimentação vertical em larga escala, e, portanto, nenhuma mudança no estado atmosférico.

A convergência e a divergência podem também ser induzidas pelas formas topográficas de larga escala, tais como as Montanhas Rochosas e os Andes, ou até mesmo pelo limite terra/oceano. Este último é conhecido como convergência ou divergência costeira. Mas a convergência e a divergência são, geralmente, fenômenos dinâmicos da atmosfera livre bem acima da camada basal da atmosfera.

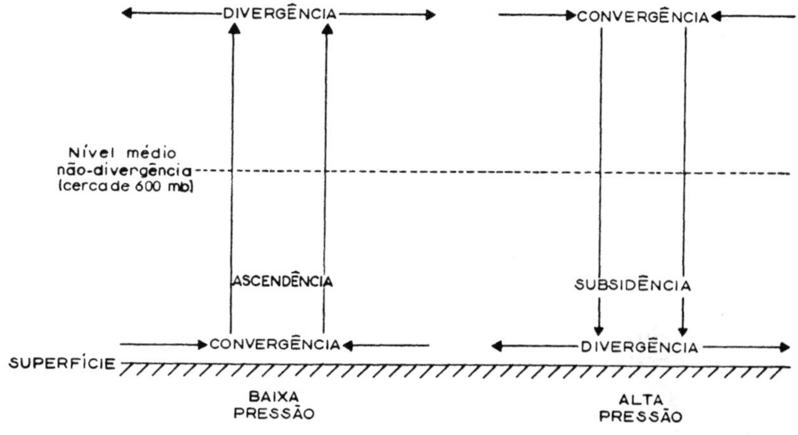

Figura 5.4 – Relação entre padrões divergentes, movimentos verticais e pressão superficial.

Aspectos principais da circulação geral da atmosfera

Como se mostrou anteriormente, o movimento em larga escala da atmosfera no tempo e no espaço é o que nós chamamos de circulação geral da atmosfera. Esta circulação tem tanto componentes verticais quanto horizontais e é controlada por diversos fatores. Basicamente, a circulação geral da atmosfera é dirigida pelo desequilíbrio na radiação, na umidade, no *momentum* e na massa entre as baixas e as altas latitudes. Os padrões globais de radiação, considerados no Capítulo 3, mostram que há excesso de energia em baixas latitudes e deficiência em outras partes. No Capítulo 7, o padrão global de umidade será considerado. Basta dizer, agora, que há excesso de umidade nas baixas latitudes, que é transportada em direção a latitudes mais elevadas para nelas compensar a deficiência.

Passemos a considerar o *momentum* angular da Terra, geralmente reconhecido como o segundo fator mais importante que controla a circulação geral da atmosfera. A atmosfera não somente gira com a Terra mas também movimenta-se sozinha em torno do eixo da Terra. A atmosfera, desse modo, possui um momento angular. O momento angular (também chamado momento de *momentum*) por unidade de massa de um corpo que gira em torno de um eixo fixo é proporcional a sua velocidade e a sua distância do eixo de rotação. Com a Terra e a atmosfera girando uniformemente, há conservação do momento angular, isto é, o momento angular total permanece constante. Isto significa que se uma massa de ar muda sua posição na superfície da Terra, de modo que sua distância do eixo de rotação seja afetada, sua velocidade angular deve mudar para a do momento angular a fim de permanecer constante. O momento angular é máximo no Equador e diminui em direção aos pólos para se tornar zero no pólo, o próprio eixo de rotação. Daí, um volume de ar deslocando-se em direção aos pólos adquire progressivamente maiores velocidades em direção leste.

As baixas latitudes são geralmente dominadas por ventos predominantes de leste, os alíseos, enquanto as latitudes médias são dominadas pelos ventos de oeste. O atrito entre os alísios e a Terra, que gira de oeste para leste, gera momento angular de leste nas baixas latitudes. Este momento adicional é transferido para as áreas deprimidas nas latitudes médias, onde por atrito os ventos de oeste continuamente possuem momento de oeste para a Terra. Não fosse o momento continuamente alimentado pelas baixas latitudes, os ventos predominantes de oeste se dissipariam em dez dias devido à dissipação de energia pela fricção.

O momento angular é transferido das baixas para as altas latitudes das seguintes maneiras (Chandler, 1967):

1. pelos movimentos na "célula de Hadley", nas baixas latitudes;
2. pelo deslocamento das perturbações atmosféricas, particularmente na atmosfera superior, da zona subtropical e anticiclônica;
3. pelas ondas de pressão troposférica de alto nível e pelas perturbações ciclônicas e anticiclônicas superficiais que as acompanham.

Agora podemos considerar os principais aspectos da circulação geral da atmosfera.

Os padrões dos sistemas de pressão dos ventos globais próximos à superfície da Terra são mostrados na Fig. 5.5. Os efeitos do aquecimento diferencial das superfícies terrestres e aquáticas são amplamente negligenciados, mas o efeito de Coriolis foi levado em consideração, de modo que os ventos mostrados no diagrama são desviados para a direita de sua trajetória no hemisfério Norte e para a esquerda de sua trajetória, no hemisfério Sul. Há zonas de baixa pressão em torno do Equador e em torno das latitudes de 60° ao norte e ao sul do Equador. As zonas de alta pressão ocorrem em torno dos pólos e em torno das latitudes de 30° ao norte e ao sul do Equador. A zona de baixa pressão em torno do Equador é essencialmente de origem térmica, isto é, causada pelo aquecimento solar. As zonas de baixa pressão subpolares, em torno das latitudes de 60° ao norte e sul do Equador são, essencialmente, de origem dinâmica. Elas são causadas pela rotação da Terra, que provoca um turbilhão polar e, assim, uma tendência para a baixa pressão em torno dos pólos. Entretanto, por causa do frio intenso nos pólos, o efeito dinâmico é mascarado pelo efeito térmico. A pressão é, assim, alta em torno dos pólos por causa do ar intensamente frio reinante nessas áreas.

As altas subtropicais têm sido explicadas como decorrência dos efeitos de um ou mais dos seguintes mecanismos:

1. o acúmulo de ar que se move em direção aos pólos, à medida que seja defletido para leste, através da rotação da Terra e da conservação do momento;
2. o mergulho de correntes dirigidas para os pólos, por resfriamento radioativo;
3. a necessidade de uma zona de alta pressão, próxima ao paralelo de 30°, separar aproximadamente zonas iguais de ventos alísios e ventos de oeste.

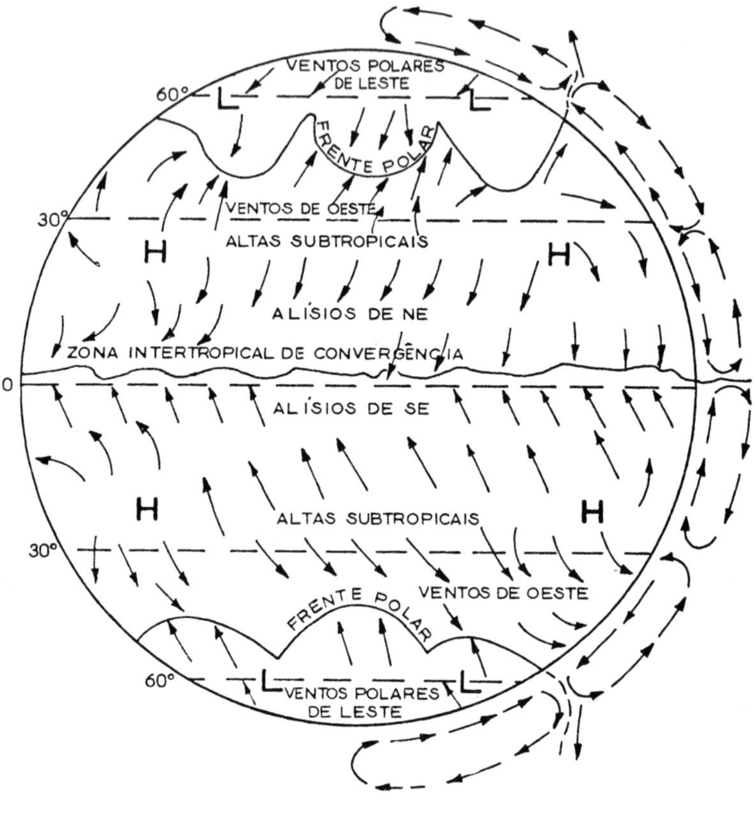

Figura 5.5 – Zonas de pressão e ventos num globo terrestre homogêneo.

Em resposta a esses padrões de distribuição de pressão, há seis sistemas de ventos, três em cada hemisfério. No hemisfério Norte estão os ventos alísios de nordeste, os ventos dominantes de oeste e os ventos polares de leste, enquanto no hemisfério Sul temos os alísios de sudeste, os ventos predominantes de oeste e os ventos polares de leste. É importante notar que os alísios de sudeste cruzam o Equador para se tornarem ventos de sudoeste, como na região da África Ocidental, enquanto os de nordeste se tornam os de noroeste no hemisfério Sul, depois de cruzarem o Equador.

Além dos ventos superficiais mostrados na Fig. 5.5, outros aspectos fundamentais e importantes da circulação da atmosfera são os seguintes (ver Barry, 1967):

1. perturbações instáveis de larga amplitude nos ventos de oeste, nas médias e altas latitudes;
2. fluxo lento e contínuo dos alísios nas baixas latitudes, incluindo alguns vórtices intensos (ver Capítulo 6);
3. correntes de ar fortes e estreitas, chamadas *jet streams*, na troposfera superior, sobre as latitudes médias.

As ondas longas nos ventos de oeste foram primeiramente estudadas e descritas por um meteorologista americano, Rossby. Daí as ondas serem freqüentemente chamadas "ondas Rossby". Estas ondas ocorrem na média ou alta troposfera nos ventos de oeste superiores. As ondas se propagam mais lentamente que os ventos que sopram através delas. Às vezes, elas permanecem estacionárias e podem até mesmo retroceder em direção oeste. Quatro ou cinco ondas longas ocorrem tipicamente num mapa hemisférico, com comprimento de onda da ordem de 2.000 quilômetros. As ondas Rossby são em parte de origem térmica, em parte conseqüência do efeito de barreiras montanhosas sobre o fluxo de ar, pois os talvegues barométricos não parecem variar sazonalmente em seus locais. Já foi mostrado que as ondas Rossby têm relação com o tempo das latitudes médias, pois elas exercem influência sobre as posições das depressões superficiais e dos anticiclones. As depressões se formam ou se aprofundam numa área de divergência superior, como sob a vertente direita de um talvegue barométrico superior. Do mesmo modo, os anticiclones se formam ou se intensificam numa área de convergência superior, como a borda esquerda de um talvegue barométrico superior. Ao contrário, os anticiclones se formam ou se intensificam numa área de convergência superior, como na vertente esquerda de um talvegue barométrico superior.

O *jet stream* é uma faixa de ar de alguns milhares de quilômetros de comprimento, centenas de quilômetros de largura e de alguns quilômetros de espessura, com uma velocidade mínima do ar de cerca de 120 quilômetros por hora. Reconhecem-se dois principais tipos de *jet stream*: o *jet stream* subtropical e o da frente polar, sendo que ambos são encontrados bem abaixo da tropopausa. Acredita-se que o *jet stream* subtropical seja de origem dinâmica, sendo um produto da rotação da Terra. A atmosfera tem seu momento angular máximo no

Equador. O ar ascendente, espalhando-se para o Norte e para o Sul a partir do Equador, move-se mais rapidamente que a latitude para a qual ele está soprando. O ar é defletido para a direita no hemisfério Norte e para a esquerda no hemisfério Sul e se torna concentrado, como o *jet stream* subtropical, em torno da latitude de 30° (Riley e Spolton, 1974). O *jet stream* subtropical é relativamente constante em posição, em determinada estação.

Em contraste, o *jet stream* da frente polar é altamente variável em posição de um dia para outro sobre uma ampla faixa das latitudes temperadas. O *jet stream* da frente polar é produzido por uma diferença de temperatura e está intimamente relacionado à frente polar. Desse fato deriva a sua importância meteorológica. Julga-se que o *jet stream* subtropical também desempenhe algum papel no desenvolvimento da circulação da monção asiática. Os *jet streams* são de grande importância para a aviação. Um avião que se mova com o *jet stream* economizará combustível e terá sua velocidade aumentada, enquanto um que se mova contra um *jet stream* terá sua velocidade diminuída e gastará mais combustível. Foi assim que, de fato, se descobriu a existência de *jet streams*, durante a Segunda Guerra Mundial, em missões de bombardeio no Extremo Oriente.

Um terceiro *jet stream* – o *jet stream* das noites polares – é encontrado na estratosfera, nas altas latitudes, no inverno.

Modelos da circulação geral da atmosfera

Assim, a circulação geral é realmente muito complexa devido aos vários fatores envolvidos. Há complexidades advindas:

1. das diferenças nas propriedades térmicas da superfície da Terra, particularmente entre as superfícies continentais e oceânicas;
2. das variações na topografia da Terra;
3. das transformações de energia de uma forma para outra dentro da atmosfera;
4. das escalas de movimento diferentes e de atuação recíproca.

Essas complexidades e os problemas colocados pelos dados de observação inadequados sobre a atmosfera, tanto no plano horizontal quanto no vertical, têm impedido o desenvolvimento de um modelo satisfatório da circulação geral da atmosfera.

Vários modelos conceituais da circulação geral da atmosfera foram apresentados em várias épocas por diferentes pessoas (ver Fig. 5.6), mas nossa compreensão da atmosfera é ainda incompleta. Talvez o primeiro modelo tenha sido apresentado por Edmund Halley, que em 1686 delineou um modelo de circulação térmica com aquecimento máximo em baixas latitudes e uma célula termalmente direta, explicando o fluxo dos ventos alísios em direção ao Equador. Esse modelo foi ligeiramente aperfeiçoado por George Hadley, que em 1735

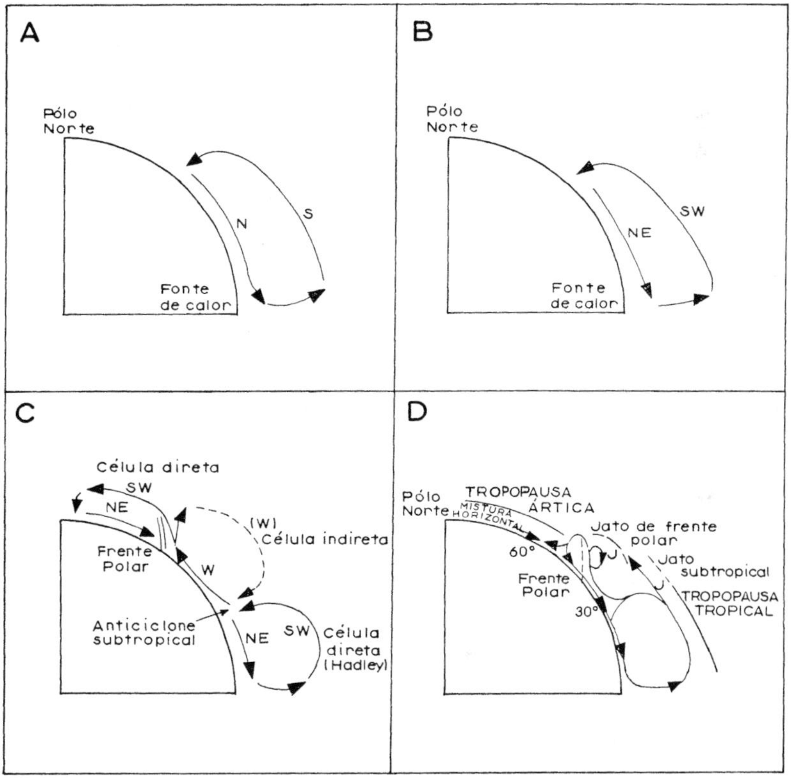

Figura 5.6 – Modelos conceituais da circulação geral da atmosfera. A, célula térmica direta em uma Terra estacionária (modelo de Halley, 1686); B, célula térmica direta em uma Terra em rotação (modelo de Hadley, 1735); C, modelo tricelular da circulação média (Rossby, 1941); e D, circulação meridional média durante o inverno (Palmen, 1951).

incorporou os efeitos da rotação da Terra para explicar os alísios de nordeste e de sudeste e concebeu uma contracorrente compensatória de sudoeste sobre os alísios. Essa circulação meridional plana é ainda válida com relação aos trópicos, sendo atualmente conhecida como a "célula de Hadley".

Foi somente em 1856 que Ferrel propôs um modelo muito melhor que os dois últimos. Pela primeira vez foram introduzidas zonas de ventos de oeste, desprezadas pelos dois modelos anteriores. O modelo de células trimeridionais de Ferrel foi novamente proposto por Bergeron, em 1928, e por Rossby, em 1941, com poucas modificações. O modelo de Palmen, de 1951, é uma modificação maior do modelo tricelular, como foi originalmente proposto por Ferrel, em 1856.

Por causa da complexidade da circulação geral e da necessidade de isolar os processos fundamentais atuantes, métodos matemáticos e experimentais são agora utilizados. Importantes contribuições têm sido dadas por estudos de laboratório sobre rotações de fluidos para a teoria da circulação geral da atmosfera. O desenvolvimento de modelos matemáticos da circulação geral tem recebido grandes impulsos advindos dos progressos da tecnologia espacial e da computação. Atualmente estão sendo obtidas informações de áreas terrestres inóspitas e inacessíveis do mundo, bem como dos oceanos, graças aos satélites meteorológicos. Tais modelos experimentais e matemáticos melhoraram bastante o nosso conhecimento da circulação geral da atmosfera.

Sabe-se que os trópicos desempenham um papel vital na circulação geral da atmosfera. Tudo o que a circulação geral da atmosfera tenta redistribuir – energia, umidade, *momentum* – está em excesso nas baixas latitudes e em deficiência nas médias e altas. Recentes observações de satélites indicam que a fonte de energia representada pelos trópicos é ainda mais abundante do que anteriormente se estimara. Como foi mencionado anteriormente, os trópicos ajudam a manter a energia cinética dos ventos de oeste, que se dissipariam em dez dias caso não ocorresse o recebimento de *momentum* dos trópicos. Como Riehl (1969) oportunamente notou, a circulação tropical não é dirigida a partir das latitudes mais altas. Antes, a circulação tropical ajuda a dirigir a circulação nas médias e altas latitudes. Assim, a força dos ventos de oeste proporciona uma medida indireta da própria circulação geral da atmosfera.

A força total dos ventos de oeste pode ser avaliada medindo-se o gradiente médio de pressão hemisférica entre os paralelos de 35° e 55°, convertendo-o em vento geostrófico de oeste. Isso é conhecido como *índice zonal.* O valor do índice zonal é alto no inverno, quando os contrastes térmicos entre os trópicos e as latitudes médias são máximos, e baixo no verão, quando os contrastes térmicos são mínimos. Quando a diferença de pressão média entre 35° e 55°N é mais do que 8 mb, o índice zonal é considerado elevado; quando a diferença de pressão é menor do que 3 mb, o índice é considerado baixo.

Certos padrões sinóticos estão associados com um índice zonal alto e baixo. As seguintes características estão associadas com um alto índice:

1. movimento rápido de depressões em direção ao leste;
2. pequena mudança meridional de massas de ar, mesmo que o gradiente de temperatura meridional seja forte;
3. intenso desenvolvimento dos anticiclones subtropicais e das baixas pressões islandesas;
4. as baixas pressões islandesas tendem a se localizar a leste de sua posição normal.

Com baixo índice zonal, as seguintes características são observadas:

1. o padrão de circulação é fortemente celular;
2. o gradiente térmico longitudinal é forte;
3. as baixas pressões das Aleutas e da Islândia tendem a se localizar a oeste de suas posições normais;
4. o desenvolvimento de anticiclones bloqueadores (ver Capítulo 6).

Confirmou-se, também, que há variações cíclicas no índice zonal. Num período de quatro a seis semanas ocorrem "ciclos de índices". A Fig. 5.7 mostra os quatro estágios reconhecidos por Namias na mudança do fluxo zonal, de alto índice zonal, para o padrão de circulação celular meridional de baixo índice zonal. No primeiro estágio, o índice zonal é elevado. O *jet stream* e os ventos de oeste ficam ao norte de suas posições médias. Os ventos de oeste são fortes e os sistemas de pressão têm, predominantemente, uma orientação leste – oeste. Há pouco deslocamento de massa de ar do norte para o sul. No segundo e terceiro estágios, o *jet stream* se expande e aumenta em velocidade, ondulando com oscilações cada vez maiores. No quarto estágio, caracterizado por baixo índice zonal, há uma completa quebra e fragmentação celular dos ventos de oeste zonais, que então apresentam-se fracos.

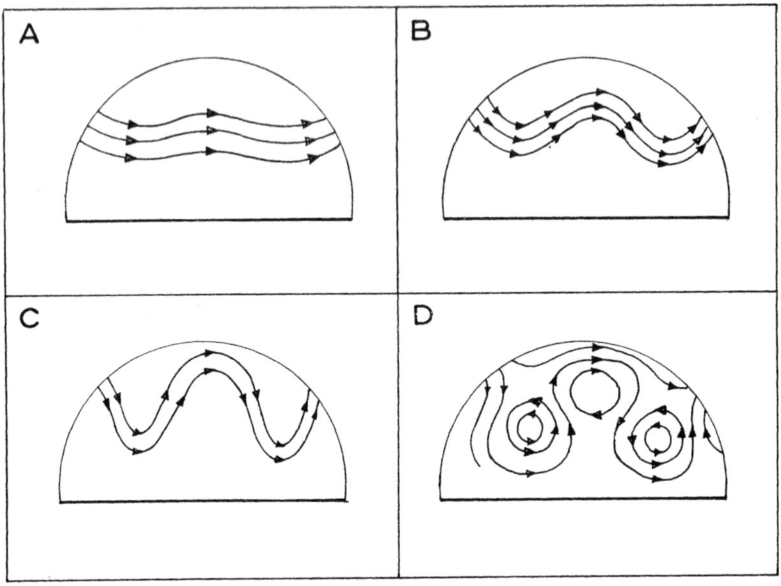

Figura 5.7 – O ciclo indicativo: quatro estágios na modificação do fluxo zonal (A) para um padrão celular meridional (D).

Variações sazonais na circulação atmosférica

O padrão médio da circulação atmosférica descrito acima está submetido a diversas variações importantes. Algumas dessas variações, contudo, ocorrem regularmente em ciclos sazonais e/ou diurnos. Tais variações são de significado climatológico, particularmente nos trópicos que, ao contrário das latitudes mais elevadas, têm relativamente poucas perturbações e sistemas meteorológicos móveis. Mudanças sazonais na circulação da atmosfera tropical são muito pequenas sobre os grandes oceanos, mas grandes sobre os continentes e mares adjacentes. Isto ocorre porque os continentes, em virtude de suas diferentes características térmicas (ver Capítulo 3), produzem variações térmicas sazonais muito maiores do que os oceanos. No verão os continentes são transformados em centros de baixa pressão, enquanto no inverno eles são relativamente frios, se comparados com os oceanos quentes. Os continentes tropicais e os oceanos que os circundam experimentam, então, uma inversão sazonal na direção do vento, conhecida como "monções". A causa básica e essencial da monção é o aquecimento diferencial de grandes áreas continentais e oceânicas, variando com a estação. As monções, conseqüentemente, têm sido consideradas por alguns como brisas terrestres e marítimas, nas escalas continentais e sazonais.

A Fig. 5.8 mostra que áreas com circulação de monção vão ser encontradas nas baixas latitudes, com a notável exceção da América do Sul tropical, onde a circulação monçônica é pouco desenvolvida. O pequeno desenvolvimento da circulação monçônica na América do Sul se deve basicamente ao pequeno tamanho do continente e a sua limitada extensão em direção ao hemisfério Norte. Por estas razões, baixas térmicas fortes e contínuas não se desenvolvem sobre o continente, durante o verão. Também, por ser a costa oeste do continente influenciada por corrente fria, ele é relativamente mais quente do que o oceano, ao longo do ano, impedindo que no inverno haja a formação de células de alta pressão sobre o continente. Embora a circulação de monções nas várias partes dos trópicos apresente as principais características em comum, existem também variações regionais. Estas variações são produzidas pela natureza da superfície da Terra, tais como a forma, o tamanho e o relevo dos continentes, bem como pelas condições na atmosfera superior.

A circulação de monção é mais desenvolvida no leste e sudeste da Ásia, por duas razões. A primeira é o grande tamanho do continente asiático, o maior do mundo. O segundo é o efeito do Planalto do Tibete sobre o fluxo de ar. O Planalto do Tibete é uma vasta área de terras elevadas, que se estendem na direção oeste-leste, formando uma barreira efetiva entre as massas de ar tropicais e polares (Nieuwolt, 1977). Durante o inverno no hemisfério Norte, as perdas de radiação da superfície totalmente coberta de neve das porções setentrionais do continente asiático resultam no desenvolvimento de uma zona de pressão muito alta nesta região. Os ventos se movem para o sul e para o sudeste, a partir desta zona de alta pressão. Ao cruzar o Equador, estes ventos volvem-se no interior dos ventos de oeste sobre a Indonésia. Enquanto a maior parte do sul e leste da Ásia é dominada pela monção de inverno, o norte da Índia é raramente afetado, devido ao efeito da barreira montanhosa do Himalaia, que impede a passagem do ar polar sobre as planícies do Ganges. Em vez disso, o norte da Índia recebe, geralmente, ventos de oeste. O sul da Índia, no entanto, experimenta a monção de

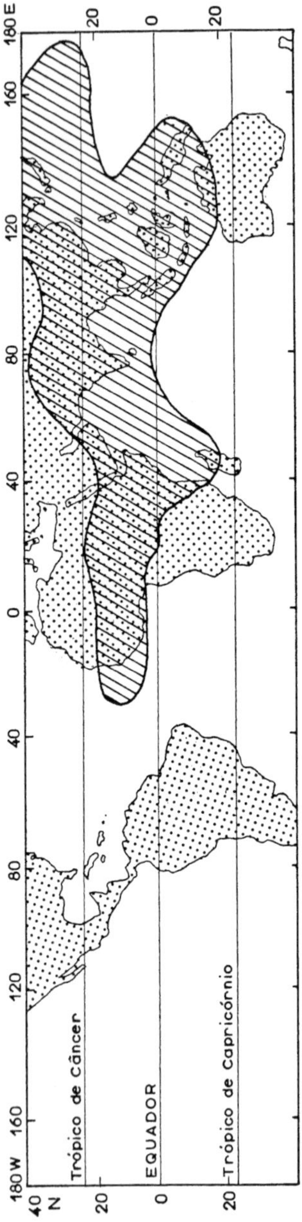

Figura 5.8 – Áreas de circulação monçônica.

INSTITUTO FEDERAL DE EDUCAÇÃO, CIÊNCIA E TECNOLOGIA
CAMPUS CABEDELO

inverno. Mas esta monção é bastante fraca e suas massas de ar não são de origem polar. Exceto sobre a Indonésia e norte da Austrália, onde os ventos de monção modificados são úmidos, quentes e instáveis, as monções de inverno asiáticas são geralmente secas, frias e estáveis e trazem frio e invernos bastantes secos para a maior parte da Ásia.

No verão, a circulação da monção asiática é mais complexa, mas esta circulação é de grande importância, pois é a principal fonte de precipitação em muitas partes da Ásia. Uma série de baixas térmicas se desenvolvem sobre o continente asiático e, por este fato, os ventos de monção sopram em direção ao continente. A monção se desenvolve primeiro sobre o sul da China, avança para Burma e irrompe sobre a Índia mais de um mês depois. Tem-se relacionado esse atraso no início da monção sobre a Índia com a circulação do ar superior, a quase 6.000–8.000 metros acima da superfície terrestre (Nieuwolt, 1977). Todas as massas de ar que constituem a monção de verão na Ásia são úmidas e instáveis, por causa de suas longas travessias sobre os oceanos tropicais quentes; elas produzem grandes quantidades de precipitação.

A circulação da monção australiana pode ser considerada como uma extensão da monção asiática, com as características sazonais invertidas. Durante o inverno no hemisfério Sul os ventos de sudeste sopram da célula de alta pressão sobre o Pacífico Sul. Estes ventos trazem tempo seco para o norte da Austrália. Durante o verão no hemisfério Sul, a monção de inverno asiático alcança o norte da Austrália, como monção de noroeste provocando precipitação e tempo quente e úmido.

A circulação monçônica sobre a África é menor que a monção asiática em magnitude, tanto em termos de cobertura areal como em espessura da atmosfera envolvida. As monções africanas são, todas, ventos superficiais, visto que raramente alcançam níveis maiores do que 5.000 metros. No oeste da África há notáveis diferenças entre os dois ventos de monção, mas na África Ocidental os dois ventos de monção são muito semelhantes em suas características térmicas e de umidade e somente se diferenciam em suas direções. Esta variação regional nas monções africanas deve-se à forma do continente africano. No oeste há uma grande área de terra ao norte do Equador, contrastando com o oceano, ao sul. No leste, por outro lado, o continente se estende em ambos os lados do Equador, que é mais montanhoso e experimenta alguma influência da monção asiática.

No oeste da África, a precipitação é produzida pelos ventos monçônicos de verão, sendo que os ventos de sudoeste provêm do Atlântico e sopram na direção da baixa térmica criada pelo aquecimento solar no interior da região. A monção de inverno é formada pelos ventos secos e estáveis de nordeste, que vêm do Saara onde, por causa do resfriamento radiativo, apresenta uma célula de alta pressão localizada no mesmo. A situação na África Oriental é um pouco mais complexa, por razões apresentadas anteriormente (ver Figs. 5.9 e 5.10).

Variações diurnas na circulação atmosférica

Sistemas de ventos de escala diurna ocorrem com freqüência e regularidade em muitas áreas tropicais. Eles também ocorrem em outras, mas de forma muito irregular e menos freqüentemente. Isso acontece porque tais sistemas de ventos tendem a ficar encobertos por outros sistemas meteorológicos, mas nos trópicos os sistemas de ventos diurnos assumem alguma importância, na ausência de frentes e de fortes depressões, tão comuns na região temperada.

Há dois principais tipos de sistemas de ventos diurnos – brisas terrestres e marítimas – que ocorrem ao longo da costa, perto de grandes lagos ou de outras grandes massas aquosas e ventos de montanha (catabáticos) e de vale (anabáticos), que ocorrem em áreas de relevo variado.

As brisas terrestres e marítimas não estão limitadas aos trópicos, mas nestas áreas são mais fortes e ocorrem mais regularmente. São causadas pelas diferenças térmicas entre a superfície terrestre e a superfície aquática. Durante o dia a terra se aquece mais rapidamente do que a superfície aquática. Uma baixa térmica local desenvolve-se sobre o continente, com ventos soprando do mar para a terra. Essa é a brisa marítima ou lacustre (ver Fig. 5.11). À noite a terra se esfria rapidamente, enquanto o mar permanece quente; o gradiente de pressão é, assim, invertido e o vento agora sopra da terra em direção ao mar. Esta é a brisa terrestre. A brisa marítima é, geralmente, mais forte do que a brisa terrestre e seu efeito é, às vezes, sentido até 60 quilômetros da costa. A brisa marítima começa poucas horas depois do nascer do sol e é mais intensa durante o início da tarde. A brisa marítima é mais forte quando a insolação é mais intensa. Desse modo, a brisa marítima desenvolve-se melhor durante a estação seca, nos trópicos, e no verão, na região temperada. A brisa marítima raramente traz chuva, porém traz agradável alívio ao calor intenso que durante o dia castiga muitas áreas

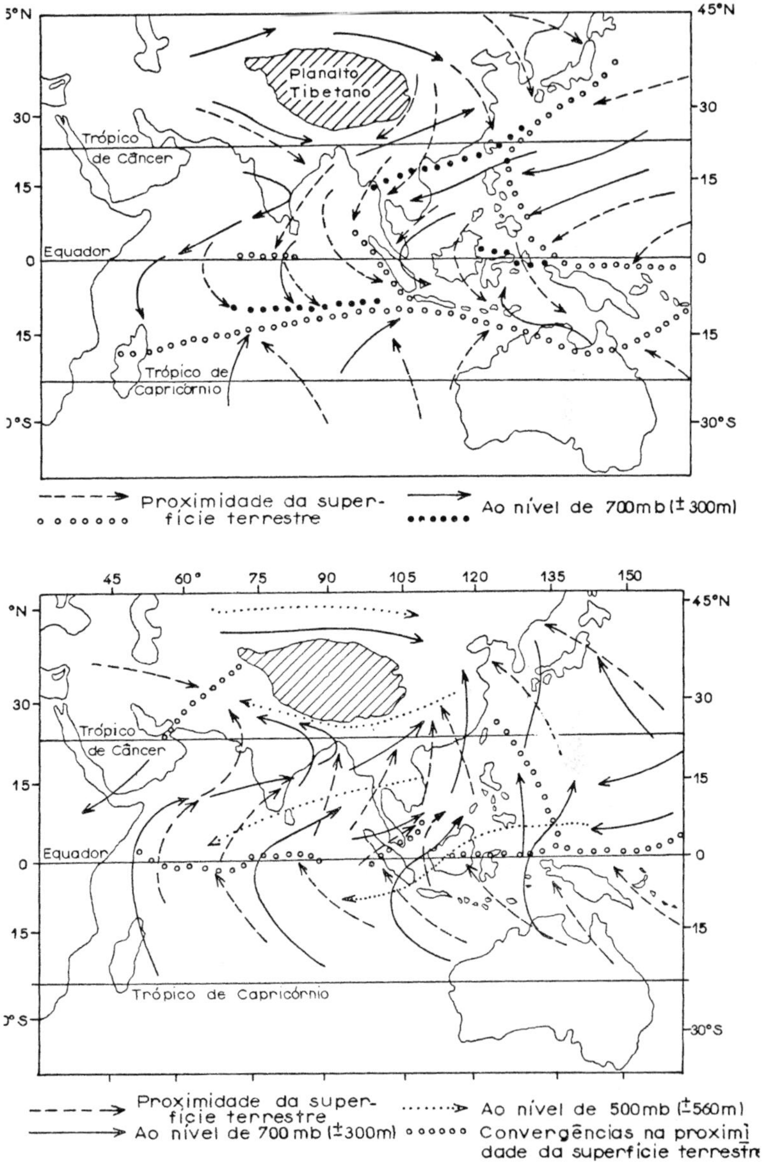

Figura 5.9 – A circulação da monção asiática (conforme Nieuwolt, 1977).

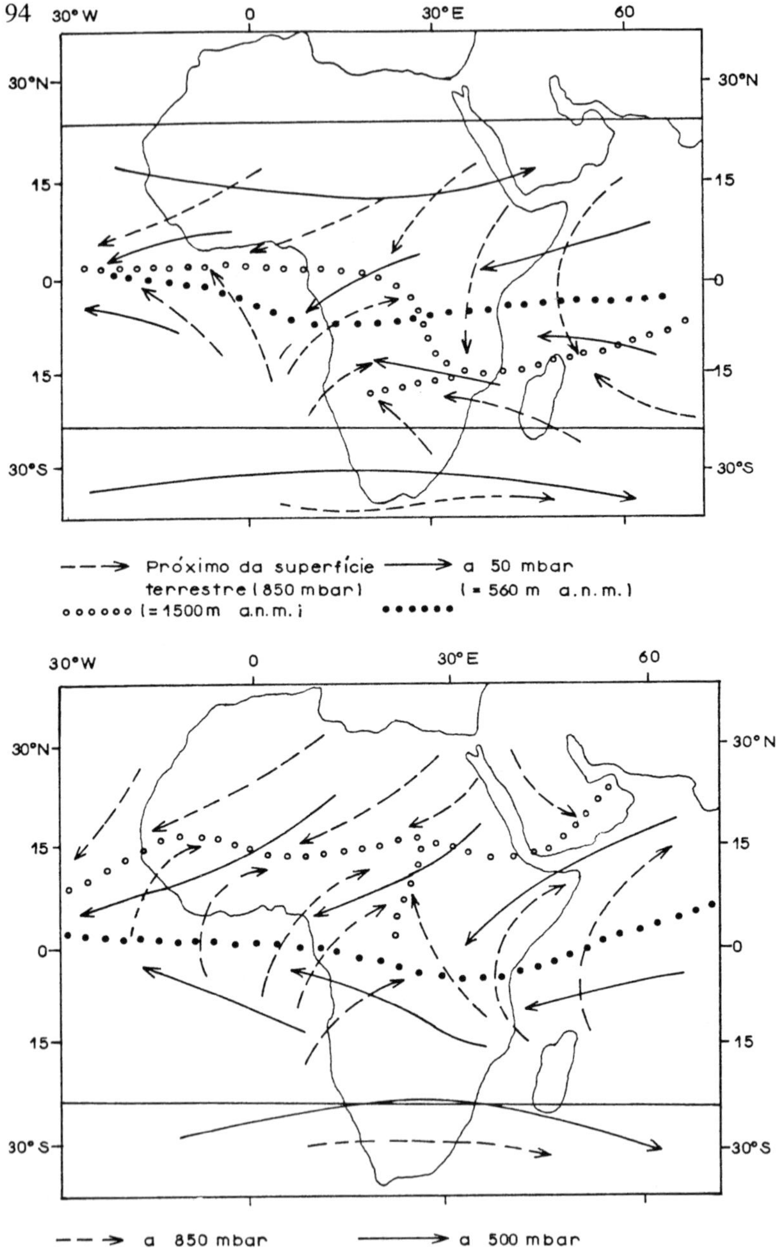

Figura 5.10 – A circulação da monção africana (conforme Nieuwolt, 1977).

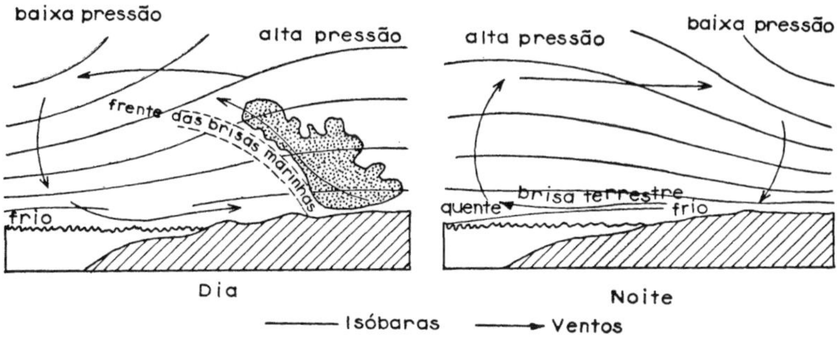

Figura 5.11 – Brisas terrestres e marítimas.

tropicais. Os pescadores também aproveitam as brisas terrestres para sair ao mar na madrugada e retornar para a terra com as brisas marítimas, ao final da tarde.

Ventos de montanha e de vale podem desenvolver-se em qualquer parte onde haja grandes variações no relevo, mas esses são particularmente fortes e regulares nos trópicos, na ausência de frentes e de fortes depressões. Também os ventos de montanha e de vale são, em parte, de origem térmica. Durante o dia, quando a insolação é intensa, as vertentes montanhosas mais expostas são aquecidas mais do que os fundos dos vales. Um gradiente de pressão relativamente fraco conseqüentemente se desenvolve, com ventos leves a se movimentarem vertente acima (ver Fig. 5.12). Estes são ventos de vale ou anabáticos. Esses ventos se elevam e passam sobre a linha do cume e alimentam uma corrente superior de retorno para compensar os ventos de vale. Ventos anabáticos são muitas vezes acompanhados pela formação de nuvens cúmulus sobre as montanhas ou perto delas. Sua velocidade alcança um máximo por volta das 14 horas.

À noite, o gradiente de pressão é invertido. Os planaltos esfriam-se muito rapidamente por causa de perdas de radiação terrestre. O ar frio e denso então se desloca vertente abaixo para as depressões e vales. Tais ventos frios são conhecidos como ventos de montanha ou ventos catabáticos. Tais ventos são comumente citados como a causa da incidência de geada nos vales e depressões de áreas acidentadas e montanhosas. Também contribui para o desenvolvimento de inversões térmicas no fundo dos vales uma condição que favorece a concentração de poluentes

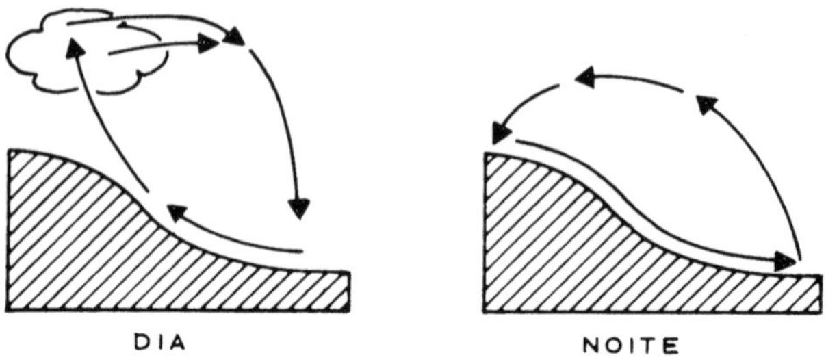

Figura 5.12 – Ventos de montanha e de vale.

na atmosfera sobre áreas industriais. Nas regiões temperadas, o esfriamento radiativo de vertentes montanhosas é intensificado se as encostas estiverem cobertas de neve. Isso estimula o fluxo gravitacional na massa de ar denso e frio para o fundo dos vales. Este fato intensifica a incidência de geada e as condições para a ocorrência de inversões térmicas.

As cadeias montanhosas também exercem efeitos sobre os ventos que se movem sobre elas. Ondas de sotavento ou ondas de posição são formadas na corrente de ar a sotavento de barreiras montanhosas, se o ar é estável. Isto ocorre porque o ar que está estável volta a seu nível original a sotavento de uma barreira, depois de ser deslocado para cima, sobre o obstáculo. A descida do ar normalmente forma a primeira de uma série de ondas de superfície. Os aviadores têm, naturalmente, interesse por tais fenômenos, visto que as ondas de sotavento, e os movimentos circulares de ar que lhe são associados, conhecidos como *rotors*, afetam a aviação. O desenvolvimento de ondas de sotavento é comumente indicado pela presença de nuvens lenticulares.

Há outros sistemas de ventos, geralmente locais, e portanto de importância restrita, que são causados pela topografia, com ou sem variações no aquecimento solar. Estes incluem o *Fohn* ou *chinook* e o *bora*. O *Fohn* ou *chinook* é um forte vento seco e quente que se desenvolve a sotavento de uma cadeia de montanhas, quando o ar estável foi forçado a passar por sobre a barreira montanhosa. Tais ventos são comuns no inverno e na primavera, nos flancos setentrionais dos Alpes e montanhas da Ásia Central, onde são conhecidos como *Fohn*, e nas porções orientais das Montanhas Rochosas, na América do Norte, onde são conhecidos como *chinook*. Em algumas partes do mundo, como no norte do Adriático, no norte da Escandinávia, na costa setentrional do mar Negro e no Japão, os ventos que descem as vertentes de montanha a sotavento são frios, embora em aquecimento adiabático. Tais ventos são conhecidos como *bora* e ocorrem principalmente no inverno, quando as massas de ar frio continentais são forçadas a passar sobre uma cadeia montanhosa.

Fica bem claro, no estudo acima, que os movimentos atmosféricos ocorrem em várias escalas temporais e espaciais. Todos esses movimentos também interagem e afetam uns aos outros. Os movimentos atmosféricos em todas as escalas – temporal e espacial – afetam o tempo e o clima em qualquer lugar, embora os padrões mundiais de tempo e clima sejam fundamentalmente controlados pela circulação geral da atmosfera. Os sistemas meteorológicos discutidos no próximo capítulo são, realmente, partes componentes da circulação da atmosfera. São sistemas de circulação caracterizados por tipos particulares de tempo.

Referências Bibliográficas

ATKINSON, B.W. The atmosphere. In: Bowen, D.Q. (Org.), *A Concise Physical Geography*, Londres, Hulton Educational Publications, 1972.

BARRY, R.G. Models in meteorology and climatology. In: Chorley, R.J. e Haggett, P. (Eds.), *Models in Geography*. Londres, Methuen, 1967.

BARRY, R.G. Modelos em meteorologia e climatologia. In: Chorley, R.J. e Haggett, P. (Orgs.), *Modelos Físicos e de Informação em Geografia*. Rio de Janeiro, Livros Técnicos e Científicos e EDUSP, 1975.

BARRY, R.G. e CHORLEY, R.J. *Atmosphere, Weather and Climate*. 3ª ed., Londres, Methuen, 1976.

CHANDLER, T.J. *The Air Around Us*. Londres, Aldus, 1967.

NIEUWOLT, S. *Tropical Climatology*. Londres, John Wiley, 1977.

PALMEN, E. The role of atmospheric disturbances in the general circulation. *Quart. Journ. Roy. Met. Soc., 77*: 337-354, 1951.

RIEHL, H. On the role of the tropics in the general circulation of the atmosphere. *Weather, 24*: 288-308, 1969.

RILEY, D. e SPOLTON, L. *World Weather and Climate*. Cambridge, Cambridge University Press, 1974.

ROSSBY, C.G. The scientific basis of modern meteorology. *U.S. Department of Agriculture Yearbook Climate and Man*, pp. 599-655, 1941.

CAPÍTULO 6
SISTEMAS PRODUTORES DE TEMPO

Introdução

Sistemas produtores de tempo são sistemas de circulação acompanhados por padrões e tipos característicos de tempo. Eles causam as variações diárias e semanais no tempo e são muitas vezes mencionados como sendo perturbações atmosféricas ou meteorológicas. Essas perturbações são extensas ondas, turbilhões ou vórtices de ar inseridos na circulação geral da atmosfera. Os mais importantes desses sistemas produtores de tempo são os ciclones e os anticiclones das latitudes médias, os ciclones tropicais e as monções. Essas e outras perturbações atmosféricas serão discutidas neste capítulo.

O tempo e o clima nas médias e altas latitudes são dominantemente determinados por uma série de ciclones e anticiclones móveis. Ciclone é o termo usado para descrever a distribuição da pressão atmosférica na qual há uma baixa pressão central em relação às áreas circundantes. Onde há uma alta pressão central em relação às áreas circunjacentes, usa-se o termo anticiclone. A circulação em torno do centro de um ciclone se dá no sentido anti-horário no hemisfério Norte e no sentido horário no hemisfério Sul, e o tempo aí geralmente é tempestuoso. Por outro lado, a circulação em torno do centro de um anticiclone se dá no sentido horário no hemisfério Norte e anti-horário no hemisfério Sul, enquanto que o tempo que o acompanha é geralmente estável e sereno.

Os ciclones móveis são de três tipos:

1. ciclones extratropicais típicos de médias e altas latitudes;

2. ciclones tropicais encontrados em baixas latitudes sobre áreas oceânicas e áreas continentais adjacentes; e
3. tufões, que quando ocorrem sobre o mar são chamados trombas d'água, e "remoinhos", nas regiões áridas quentes.

O ciclone extratropical é geralmente chamado de "depressão" e este termo é muitas vezes preferido para se evitar confusão com o ciclone tropical. A maior parte das depressões das latitudes médias são de origem frontal. As depressões que não são frontais são menos comuns e abrangem a depressão de ar polar, a térmica e a de sotavento. Porém, consideraremos em primeiro lugar a depressão frontal, que pode ser descrita como a motivadora do tempo nas médias e altas latitudes.

Massas de ar e frentes

As depressões frontais desenvolvem-se somente onde as massas de ar de propriedades diferentes existem para estimular a frontogênese – a formação ou intensificação das frentes. As frentes são zonas-limites que separam massas de ar de propriedades diferentes. A idéia de massa de ar foi introduzida pela primeira vez na meteorologia por T. Bergeron, em 1928, enquanto a de análise frontal foi introduzida pela primeira vez por F. e V. Bjerknes, no início da década de 20.

Uma massa de ar pode ser definida, segundo Hare (1963), como um grande corpo de ar horizontal e homogêneo deslocando-se como uma entidade reconhecível e tendo tanto origem tropical quanto polar. Uma classificação simples das massas de ar está inserida na Tabela 6.1. A situação é, todavia, mais complexa do que a apresentada nessa tabela. Isso ocorre, basicamente, porque a massa de ar sofre tanto modificações térmicas quanto dinâmicas assim que deixa sua área de origem. A modificação térmica resulta da influência das características térmicas da superfície sobre a qual se encontra a massa de ar, em seu deslocamento. A modificação dinâmica origina-se das relações da massa de ar com anticiclones e depressões próximas.

As massas de ar originam-se em áreas onde existem condições que favoreçam o desenvolvimento de vastos corpos de ar horizontais e uniformes. Tais áreas são geralmente extensas e fisicamente homogêneas.

Deve haver, também, em tais áreas suficiente estagnação da circulação atmosférica para permitir que a massa de ar adquira a umidade e as propriedades térmicas da superfície subjacente. Áreas de terreno

Tabela 6.1 – Classificação básica das massas de ar

Grupo principal	Subgrupo	Região de origem	Propriedades originais
Polar (P) (incluindo a Ártica A)	Polar Marítimo (mP)	Oceanos, além da latitude de 50°, em ambos os hemisférios	Fria, úmida e instável
	Polar Continental (cP)	1. Continentes em torno do Círculo Ártico 2. Antártica	Fria, seca e muito estável
Tropical (T) (incluindo a equatorial E)	Tropical Marítima (mT)	Oceanos dos trópicos e subtrópicos	Quente e úmida; bastante estável na porção leste do oceano, mas instável na porção oeste
	Tropical Continental (cT)	Desertos de baixa latitude, particularmente o Saara e os desertos australianos	Quente, muito seca e bastante estável

irregular ou áreas onde a terra e a água estão justapostas são inconvenientes. Da mesma forma, áreas com fluxo de ar predominantemente convergente não podem servir como regiões de origem de massas de ar. As principais áreas produtoras de massas de ar no mundo não são somente homogêneas, mas são caracterizadas por circulações anticiclônicas, que favorecem o desenvolvimento da uniformidade térmica horizontal exigida numa massa de ar (Trewartha, 1968). Como importantes fontes produtoras de massas de ar temos:

1. as planícies árticas, cobertas de neve, da América do Norte, Europa e Ásia;
2. os oceanos subtropicais e tropicais;
3. o deserto do Saara na África;
4. os interiores continentais da Ásia, Europa e América do Norte.

Quanto mais tempo uma massa de ar permanece em sua área de origem, antes de se deslocar, mais afetada ela será pelas características térmicas e hígricas da mesma. O grau em que uma massa de ar é afetada por sua área de origem também depende do grau das diferenças térmicas e hígricas entre o ar e a superfície subjacente. À medida que uma massa de ar se afasta de sua região de origem ela se modifica, de diversas maneiras, em suas características térmicas e hígricas. Primeiramente, é influenciada pela natureza da superfície sobre a qual ela se move. Se a superfície é mais fria que o ar sobre ela, a massa de ar será esfriada por baixo e tenderá a ficar estável com o desenvolvimento de uma inversão ou de uma camada isotérmica nas camadas mais baixas da massa de ar. Por outro lado, se a superfície é mais quente que a massa de ar, a taxa de queda da temperatura aumentará e a massa de ar ficará relativamente instável. Pode também haver um aumento ou uma diminuição na umidade como resultado de modificação térmica. Porém, se a superfície subjacente estiver quente e úmida, ou seca e quente, ocorrem variações significativas nas características hígricas. A massa de ar é, assim, modificada pelas diferentes quantidades de radiação e umidade que recebe. A massa de ar é também grandemente modificada pelo resfriamento e pelo aquecimento adiabáticos que ocorrem em seu meio. Tais processos envolvem não somente a condensação e a liberação de calor latente, mas também a ascensão e a subsidência de espessas camadas de ar no interior da massa de ar.

As massas de ar são muito importantes no estudo do tempo e do clima porque os influenciam diretamente na área na qual predominam. As características meteorológicas de uma massa de ar dependem de suas características térmicas e hígricas e da distribuição vertical desses elementos (isto é, taxas de queda). A taxa de queda térmica determinará a estabilidade ou não da massa de ar, enquanto o conteúdo de umidade indica a capacidade potencial da massa de ar para produzir precipitação.

As principais massas de ar do mundo estão registradas na Fig. 6.1. É evidente que enquanto as áreas tropicais são afetadas por duas ou três massas de ar, as médias e altas latitudes são afetadas por três ou mais massas de ar. Além disso, as massas de ar nas áreas extratropicais apresentam propriedades muito contrastantes, ao contrário das massas de ar tropicais que têm características térmicas mais ou menos semelhantes e só diferem significativamente em seu teor de umidade. Em parte por este motivo, o tempo nas médias e altas latitudes é mais variável que o tempo nos trópicos. Também não existem verdadeiras frentes nos trópicos e, por isso, não há depressões frontais. A variabilidade do tempo

Figura 6.1 – As principais massas de ar do globo (conforme Atkinson, 1972).

nas áreas extratropicais deve-se basicamente ao efeito de seqüências móveis de depressões frontais e de anticiclones.

Depressões frontais

Três condições devem se verificar para que a frontogênese (e daí as depressões frontais) possa ocorrer. Primeiramente, devem existir duas massas de ar adjacentes, de temperaturas diferentes. Em segundo lugar, deve haver uma circulação atmosférica com um forte fluxo convergente para transportar as massas de ar uma em direção à outra. Em terceiro lugar, deve haver uma suficiente força de Coriolis para garantir que o ar quente não permaneça sobre o ar frio. Sempre que as condições acima deixam de se verificar, as frentes se enfranquecem e desaparecem – um processo conhecido como frontólise. As principais áreas de frontólise são a Islândia e as ilhas Aleutas. A zona frontal do mundo situa-se mais ou menos entre os paralelos de 30° e 60° em ambos os hemisférios. Nessas zonas há fortes gradientes térmicos na direção dos pólos, durante todo o ano, mas esses gradientes são, aproximadamente, duas vezes mais fortes no inverno que no verão. Por isso, a frontogênese é mais freqüente e intensa no inverno que no verão.

De acordo com a teoria frontal de formação de depressões, estas geralmente se formam como ondas sobre superfícies frontais. A Fig. 6.2 mostra os seis estágios do ciclo vital de uma depressão frontal. O primeiro estágio é o estágio inicial no qual a frente não está perturbada. O segundo estágio marca o início da circulação ciclônica, com o desenvolvimento de uma onda de baixa amplitude sobre a frente. No terceiro estágio o setor quente é bem definido entre as frentes de setor frio e quente. A frente fria começa a alcançar a frente quente no quarto estágio, e no quinto estágio há uma oclusão. O setor quente está em ascensão e em vias de ser eliminado. O sexto estágio marca o estágio de desaparecimento da depressão. O setor quente foi eliminado e o que sobra é um vórtice de ar frio. O período de existência de uma depressão é de aproximadamente 4–7 dias.

No mapa sinótico, as depressões aparecem como células de baixa pressão com isóbaras elípticas. As depressões que estão bem desenvolvidas têm cerca de 1.950 quilômetros no eixo mais longo e 1.050 quilômetros no eixo mais curto. As depressões se movem de oeste para leste à razão de aproximadamente 50 quilômetros por hora no inverno, e 30 quilômetros por hora no verão. Um corte transversal de uma depressão matura está assinalado na Fig. 6.3. Há dois tipos de frentes – a frente quente e a frente fria. A frente quente é a zona onde há um resvalar ativo do ar quente mais leve sobre o ar frio mais denso. A frente fria é a zona onde há uma ascensão forçada do ar quente sobre o ar frio, como resultado da penetração em cunha do ar frio provocando a ascensão do ar quente. As frentes variam de 80 a 240 quilômetros de largura. As mudanças nos elementos do tempo são muito mais rápidas através das frentes do que no interior das próprias massas de ar. As frentes quentes e as frentes frias diferem-se de diversas maneiras. Ao longo da frente quente, a massa de ar quente substitui o ar mais frio, ao passo que a frente fria acarreta a chegada de ar mais frio. A inclinação da frente fria é muito mais acentuada que a da frente quente, variando de 1 em 40 a 1 em 80, enquanto que para a frente quente a inclinação varia de cerca de 1 em 80 a 1 em 200. As frentes se movem à razão de aproximadamente 50–80 quilômetros por hora. A frente fria é, todavia, mais rápida que a frente quente, um fato que se explica pela oclusão do setor quente no estágio avançado de uma depressão.

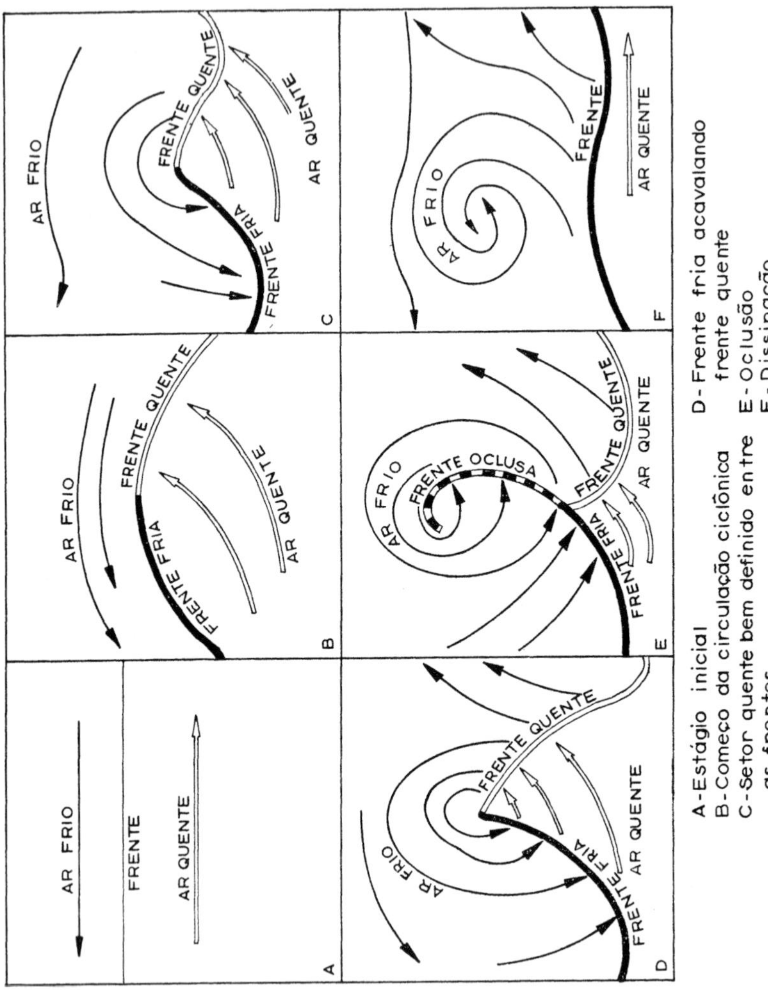

Figura 6.2 – Os estágios no ciclo da vida de uma depressão frontal.

As depressões geralmente não ocorrem como unidades separadas, mas em grupos de três ou quatro. Há a depressão original e primária que é sucedida pelas depressões secundárias, que se formam ao longo do rastro de avanço de uma frente fria ampliada. Cada nova depressão

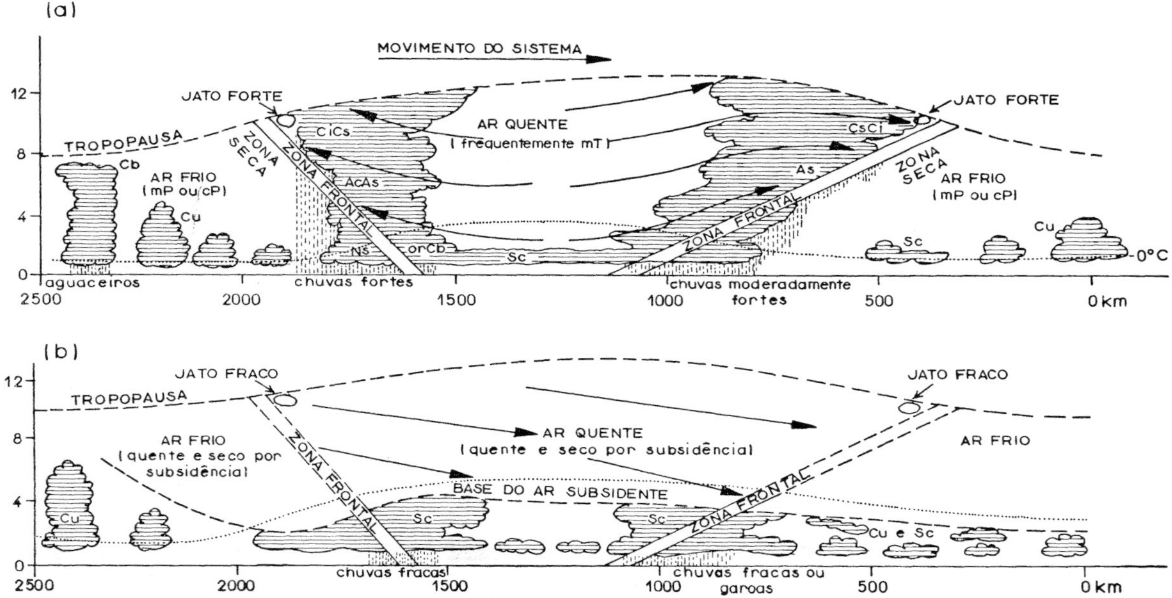

Figura 6.3 – Seções transversais em duas depressões frontais: (a) frentes Ana, quando o ar quente eleva-se relativamente às superfícies frontais originando espessas nuvens frontais; (b) frentes Kata, quando o ar superior desliza relativamente às superfícies frontais e a grandeza vertical das nuvens fica limitada pela inversão da subsidência (conforme Riley e Spolton, 1974).

segue uma trajetória que se situa ao sul da sua predecessora, à medida que o ar polar impulsiona do remoto sul para a retaguarda de cada depressão na família. Eventualmente, a frente segue para o sul e o ar frio polar forma uma cunha meridional de alta pressão, que termina a seqüência (Barry e Chorley, 1976). Depressões secundárias podem também se formar sobre a frente quente no ponto de oclusão, onde se forma uma onda separada, correndo à frente da depressão-matriz. Esse desenvolvimento é mais provável com ar muito frio na parte posterior da frente quente, e onde o movimento de oclusão, para leste, é dificultado por montanhas.

O movimento normal para leste de uma depressão pode também ser dificultado pelo desenvolvimento de anticiclones estáveis e estacionários, conhecidos como anticiclones bloqueadores. As depressões são forçadas a se mover em torno de tais altas bloqueadoras. A Escandinávia é uma importante área de bloqueio na Europa, particularmente na primavera. Uma outra área menos comum de alta bloqueadora na Europa é a Islândia. A localização de uma alta bloqueadora é de importância metereológica, uma vez que pode desviar a trajetória das depressões ou fazê-las estagnar sobre uma dada área. A ocorrência de padrões bloqueadores está associada com um fluxo meridional dominante, no qual a diferença de pressão ao longo do meridiano é pequena e o índice zonal é baixo (ver o Capítulo 5).

A passagem de uma depressão é caracterizada pela seqüência de tempo, descrita na Tabela 6.2. Na vanguarda da frente quente, a pressão atmosférica cai e o vento inflete sua direção e aumenta em velocidade. A temperatura mantém-se constante ou aumenta lentamente e há precipitação. No domínio da frente quente o vento muda de direção e diminui em velocidade. A temperatura sobe lentamente e há pouca ou nenhuma precipitação. Na retaguarda da frente quente há chuva intermitente ou chuvisco. O vento é agora contínuo e há pouca ou nenhuma variação na temperatura. Na dianteira da frente fria a pressão cai e o vento recua e aumenta. Há alguma chuva. No domínio da frente fria a pressão aumenta subitamente, enquanto que o vento também muda subitamente de direção. Há uma queda tanto na temperatura quanto na umidade. Há pesada precipitação acompanhada de granizo e trovoadas. Atrás da frente fria, um tempo bom sucede as chuvas, embora a estas possam se seguir outros aguaceiros. O vento recua lentamente e então se torna contínuo. A umidade é baixa e há lento e contínuo aumento na pressão.

Tabela 6.2 – Seqüência de tipos de tempo que acompanham a passagem de uma depressão

Elemento	Na vanguarda da frente	No domínio da frente	Na retarguarda da frente
Frente Quente			
Pressão	Diminuição constante	Cessa a diminuição	Pequena variação
Vento	Recua e aumenta a velocidade	Muda a direção, diminui a velocidade	Constante
Temperatura	Constante ou aumento gradual	Aumenta lentamente	Pequena variação
Umidade	Aumento gradual	Elevação rápida	Pequena variação
Nuvens	Ci, Cs, As, Ns em sucessão	Nimbus e stratus baixos	Stratus e stratocumulus
Tempo	Chuva contínua (ou neve no inverno)	A precipitação quase cessa	Boas condições ou chuvas ligeiras intermitentes ou chuvisco
Visibilidade	Boa, exceto nas chuvas	Ruim, neblina e nuvens baixas causam má visibilidade	Freqüentemente ruim, com nuvens baixas e neblina ou nevoeiro
Frente Fria			
Pressão	Diminuição	Elevação rápida	Elevação lenta, mas contínua
Vento	Recua e aumenta a velocidade	Mudanças súbitas, na direção, geralmente acompanhadas por rajadas	Com rajadas, e posteriormente estável
Temperatura	Constante; algumas vezes há quedas ligeiras durante as chuvas	Queda acentuada	Mudanças pequenas
Umidade	Sem mudanças significativas	Queda acentuada	Geralmente reduzida
Nuvens	Altocumulus e stratocumulus seguidas por cumulonimbus	Cumulonimbus, com fractocumulus ou baixos nimbostratus	Ascensões rápidas, mas podem-se desenvolver cumulus ou cumulonimbus
Tempo	Há alguma chuva, com possíveis trovoadas	Aguaceiros, geralmente acompanhados de granizo e trovoadas	Aguaceiros, de curta duração
Visibilidade	Ruim, com a possível presença de nevoeiros	Deterioração temporária; melhoria rápida	Muito boa

Essas características meteorológicas não são, obviamente, observadas em sua totalidade num dado local quando uma depressão passa por sobre a área e isso por duas razões. Em primeiro lugar, porque as carcaterísticas descritas acima e mostradas na Tabela 6.2 referem-se a uma depressão em fase matura e as depressões envelhecem com o tempo. Em segundo lugar, porque as depressões são sistemas dinâmicos em movimento constante. Isto significa, então, que uma dada depressão não permanecerá muito tempo sobre determinada localidade a fim de que todas essas características possam ser observadas. Além disso, as depressões se deslocam numa seqüência, que constitui uma "família" de depressões. Essas depressões são separadas por áreas de pressão mais elevadas, conhecidas como anticiclones. Sobre uma área podem passar até quatro depressões, em vários estágios de desenvolvimento, num período de 48 horas ou menos. Tal fato é responsável pela complexidade e pela variabilidade do tempo nas áreas extratropicais, particularmente no inverno, quando há depressões mais numerosas e vigorosas do que no verão.

Depressões não-frontais

Como se afirmou anteriormente, nem todas as depressões são de origem frontal. Algumas depressões são causadas por aquecimento solar, enquanto outras se formam em áreas de altas cadeias montanhosas. Os três tipos bem conhecidos de depressões não-frontais são as depressões térmicas, as de ar polar e as depressões de sotavento.

a. Depressões térmicas

Estas se formam como resultado de intenso e prolongado aquecimento solar da terra. O aquecimento causa uma expansão geral do ar e um fluxo ascendente para os níveis elevados, provocando a queda da pressão ao nível do solo. As depressões térmicas variam em escala. As monções asiáticas, por exemplo, podem ser consideradas como depressões térmicas de grande escala. As depressões térmicas atingem sua máxima profundidade à tarde e podem desaparecer completamente à noite. As depressões térmicas não causam mau tempo generalizado, a não ser que o ar esteja muito úmido. Nos desertos quentes, as depressões térmicas resultam em ventos convectivos quentes e secos. Nas latitudes médias elas estão sempre associadas a trovoadas, particularmente no verão. As depressões térmicas geralmente não se deslocam e não subsistem se sobrevém um tempo mais frio. Ocasionalmente elas se transformam em perturbações móveis quando absorvem frentes preexistentes.

b. Depressões de ar polar

Estas depressões desenvolvem-se completamente no ar instável, polar marítimo (mP) ou ártico (mA). Elas tendem a se formar ao sul do centro de uma depressão frontal antiga ou oclusa. As depressões de ar polar ocorrem principalmente no inverno. Elas são pequenos sistemas em escala sinótica, com duração de 1–2 dias, e são altamente erráticas em seu movimento. As depressões de ar polar geralmente trazem chuvas, tempo instável, mas sem áreas marcadamente chuvosas. Algumas das piores tempestades da Grã-Bretanha estão associadas às depressões de ar polar (Hare, 1963).

c. Depressões de sotavento

Estas depressões estão associadas a altas cadeias montanhosas como os Alpes, as Montanhas Rochosas e os Apalaches. Quando, por exemplo, uma massa de ar de oeste é forçada a ultrapassar uma barreira montanhosa que se estenda no sentido norte–sul, podem-se desenvolver talvegues de ondas a sotavento de tais montanhas, por causa da tendência para a convergência e para a curvatura ciclônica. A partir desses talvegues pode-se desenvolver um sistema fechado de baixa pressão, dependendo das características da massa de ar e do tamanho da barreira montanhosa. Mais da metade das depressões que afetam a área mediterrânea da Europa meridional e do norte da África são depressões de sotavento. Tais depressões ocorrem mais freqüentemente no inverno, no sul dos Alpes e nas Montanhas Atlas, quando essa área está sob a influência de corrente aérea fria de noroeste. Embora possam ocorrer frentes nessas depressões, as depressões se formam como ondas ao longo das zonas frontais, como no caso das depressões frontais descritas anteriormente.

Anticiclones

Há dois tipos de anticiclones. os anticiclones relativamente estacionários e os anticiclones móveis. Os anticiclones estacionários são também conhecidos como anticiclones quentes, porque possuem um centro aquecido. A temperatura em toda a troposfera é excepcionalmente elevada e o calor de tais anticiclones é mantido através de subsidência dinâmica. Um anticiclone quente intensifica-se com a altitude. Por outro lado, um anticiclone frio se enfraquece com o aumento em elevação e é substituído nas alturas por baixa pressão. Os anticiclones móveis são anticiclones frios e caracterizados por ar excepcionalmente frio na troposfera inferior. Estes anticiclones movem-se rapidamente, têm curta duração e são pouco profundos, ao contrário dos anticiclones quentes, que são estáveis e de movimentação lenta.

Os anticiclones frios formam-se em zonas de alta latitude, no ar polar continental ou ártico. Por outro lado, os anticiclones quentes ocorrem principalmente na zona subtropical, especialmente sobre os oceanos. Nossa preocupação maior é para com os anticiclones móveis, pois podem ser considerados como os constituintes dos sistemas meteorológicos.

Um anticiclone móvel é normalmente uma célula de alta pressão, o oposto dinâmico de uma depressão. Ao contrário de uma depressão, um anticiclone está geralmente associado a tempo bom e calmo, mas às vezes é afetado, particularmente no inverno, por nevoeiro ou por nuvens baixas stratocumulus. Tais condições de nebulosidade são às vezes chamadas de escuridão anticiclônica. Pode cair alguma precipitação, principalmente chuvisco, de tais nuvens. No verão, entretanto, o tempo em um anticiclone tende a ser seco, ensolarado e quente.

Os anticiclones são grandes sistemas meteorológicos, geralmente maiores que as depressões, e caracterizados por uma região central de ventos leves e de subsidência. Não há movimento ascendente pronunciado, necessário à formação de nuvens. Por isso, eles não causam tempo com tempestades, como o fazem as depressões.

Outros sistemas

Além das depressões e dos anticiclones, há outros modelos ou sistemas de pressão que são de significado meteorológico, particularmente nas médias e altas latitudes. Estes incluem cristas, talvegues e colos. Uma crista é uma região de alta pressão na qual as isóbaras têm a forma de um V invertido entre duas depressões. Uma crista é semelhante a um esporão num mapa de relevo. O tempo associado a uma crista é muito semelhante ao associado a um anticiclone. As cristas trazem tempo bom, embora de duração muito menor do que o verificado num anticiclone.

Um talvegue barométrico é o oposto de uma crista e é comparável a um vale num mapa topográfico. As isóbaras têm a forma em V. Um talvegue é uma protuberância de um centro de baixa pressão e, assim, está geralmente associado com tempo chuvoso.

Um colo atmosférico é uma região de baixo gradiente de pressão, localizado entre duas depressões e dois anticiclones. Os ventos num colo são geralmente muito ligeiros. O tempo que está associado a um colo é variável, sendo dependente da história passada do ar que está no colo e do caráter dos sistemas de pressão adjacentes.

Sistemas meteorológicos tropicais

Até a década de 40, o ciclone tropical era o único sistema meteorológico tropical reconhecido. Medições feitas durante a Segunda Guerra Mundial em muitas partes dos trópicos indicam a existência de outros sistemas meteorológicos. Com o advento dos satélites meteorológicos na década de 60, nosso conhecimento das várias categorias de sistemas meteorológicos tropicais tem-se aperfeiçoado consideravelmente.

Os sistemas meteorológicos ou as perturbações tropicais podem ser classificados em cinco categorias, de acordo com suas escalas espaciais e temporais (Barry e Chorley, 1976). O menor sistema meteorológico é o cumulus individual, com somente poucas horas de existência. As nuvens cumulus são geralmente paralelas à direção do vento, em vez de serem distribuídas ao acaso. Tais nuvens cumulus podem auxiliar no desenvolvimento de uma perturbação maior, se a convecção for intensificada por correntes de ar ascendentes e descendentes durante períodos com condições meteorológicas perturbadas.

A segunda categoria é o sistema em mesoescala, que está associado particularmente aos limites terra-mar, às ilhas oceânicas aquecidas, ou à topografia. Sistemas de mesoescala são intermediários em tamanho e em tempo de existência entre as perturbações sinóticas e as células cumulonimbus individuais. Eles incluem os sistemas de tempestades e sistemas convectivos organizados, como as linhas de borrasca.

A terceira categoria é o agrupamento de nuvens, uma característica que distingue os trópicos e que foi identificada a partir das imagens de satélites. O agrupamento de nuvens é de escala sub-sinótica e pode persistir por 1–3 dias.

A quarta categoria inclui as perturbações de ondas de escala sinótica (por exemplo, as ondas de leste das ilhas do Caribe) e os vórtices ciclônicos (por exemplo, furacões e depressões monçônicas). A quinta e última categoria de perturbações tropicais é a onda planetária. Essas ondas são muito amplas, com um comprimento da ordem de 10.000 a 40.000 quilômetros e ocorrem na troposfera superior e nas estratosferas equatoriais (dois tipos). As ondas, contudo, não parecem influenciar o tempo diretamente, embora possam interagir com sistemas troposféricos mais baixos.

Neste livro são discutidos somente os sistemas que determinam dominantemente o tempo perturbado dos trópicos. Deve-se enfatizar também que nosso conhecimento desses vários sistemas meteorológicos ainda está incompleto. Muitos aspectos de seu desenvolvimento e de seu papel na determinação do tempo e do clima ainda deverão ser investigados.

a. Ciclones tropicais

Um ciclone tropical é um centro ciclônico quase circular, com pressão extremamente baixa, no qual os ventos giram em espiral. O diâmetro do ciclone varia de 160 a 650 quilômetros e a velocidade dos ventos varia de aproximadamente 120 até 200 quilômetros por hora. O tempo de duração de um ciclone tropical é de cerca de uma semana e o ciclone desloca-se à razão de 15–30 quilômetros por hora. Cerca de cinqüenta ciclones por ano ocorrem no hemisfério Norte. O ciclones tropicais são muito famosos por causarem danos generalizados e por constituírem um sério perigo à navegação e à aviação.

Os ciclones tropicais nunca se originam sobre superfícies terrestres. De fato, eles enfraquecem quando se movimentam sobre o continente e sobre superfícies aquáticas frias. Eles se formam sobre todos os oceanos tropicais, exceto sobre o Atlântico Sul. Como se mostra na

Tabela 6.3 – Onde e quando os ciclones tropicais ocorrem

Área	Estação	Nome local
Ilhas do Caribe, costa pacífica do México, Flórida e costa atlântica meridional dos EUA, Golfo do México	junho–outubro	furacões
Mar da China, Filipinas, sul do Japão	julho–outubro	tufões
Oceano Índico setentrional – Baía de Bengala e sul da Índia	abril–dezembro	ciclones
Oceano Índico meridional – Madagascar	novembro–abril	ciclones
Oceano Pacífico meridional, costa do norte da Austrália	dezembro–abril	*willy-willies*

Tabela 6.3, os ciclones tropicais são conhecidos com diferentes nomes em várias partes dos trópicos e dos subtrópicos, onde ocorrem. Mas, onde quer que ocorram, tendem a surgir no verão – a estação quente. Embora a origem do ciclone tropical não seja clara, as seguintes condições favorecem seu desenvolvimento:

1. uma grande área oceânica com temperatura superficial acima de 26,7°C para assegurar que o ar acima dela seja quente e úmido;
2. uma força de Coriolis de grandeza suficiente para causar uma circulação em vórtice do ar; por esta razão os ciclones não se formam entre os paralelos de 5–8° ao sul e ao norte do Equador;
3. um cisalhamento vertical fraco na corrente básica – por esta razão os ciclones se formam somente em latitudes abaixo da do *jet stream* subtropical, caracterizado por intenso cisalhamento do vento;
4. um fluxo de nível mais elevado, acima da perturbação superficial. Muitos ciclones desenvolvem-se também a partir de algumas perturbações tropicais fracas preexistentes.

As isóbaras num ciclone tropical são quase circulares e os gradientes de pressão são extremamente acentuados. A pressão em torno do centro do ciclone pode ser de até 914 mb, valor bastante baixo. A distribuição térmica em torno do centro do ciclone é mais ou menos semelhante em todas as direções. Não há frentes ou massas de ar contrastantes envolvidas na formação do ciclone tropical. A fonte de energia para a manutenção de um ciclone tropical é o calor latente de condensação. Por isso, o ciclone se enfraquece quando se movimenta sobre o continente e sobre superfícies aquáticas frias. A maior parte dos anticiclones originam-se nas latitudes de 20° ao sul e ao norte do Equador, excluindo a zona equatorial, onde a força de Coriolis é pequena. Eles então se movem em direção oeste ou noroeste (sudoeste, no hemisfério Sul). No hemisfério Norte os ciclones podem virar para a direção nordeste na latitude de aproximadamente 30–35°. Os ciclones tropicais caracterizam-se por apresentarem ventos violentos e chuvas pesadas. No mar, há uma formação de ondas que chegam a pôr em risco a navegação. Na terra as chuvas pesadas freqüentemente causam inundação e estragos a pontes, povoados e fazendas.

Em sua estrutura, o ciclone tropical consiste de dois vórtices separados por uma área central de calmaria conhecida como "olho". Por esta razão, o tempo ciclônico, caracterizado por ventos violentos e por pesada precipitação, é experimentado duas vezes. O tempo calmo e relativamente menos nublado do "olho" pode iludir os desprevenidos, que chegam a pensar que o temporal terminou, quando de fato ainda não acabou (ver Fig. 6.4).

b. Furacões

Um furacão é um vórtice extremamente intenso de pequena extensão horizontal (geralmente menor que 0,5 quilômetro) que se estende por baixo a partir de uma nuvem tempestuosa. A circulação do vento em torno de um furacão se dá geralmente numa direção anti-horária (ciclônica). As velocidades dos ventos são muito elevadas (cerca de 100 m/s) e somente são calculadas a partir dos danos causados, uma vez que nenhum anemômetro agüenta a passagem de um furacão violento. A passagem de um furacão é também acompanhada por uma súbita queda de 25 mb na pressão, que bem poucos prédios podem suportar.

O intenso diferencial de pressão entre o exterior e o interior das construções faz com que os prédios "explodam", ao invés de serem "soprados" pelos ventos em alta velocidade. Os furacões são, sem dúvida, as mais violentas das tormentas terrestres.

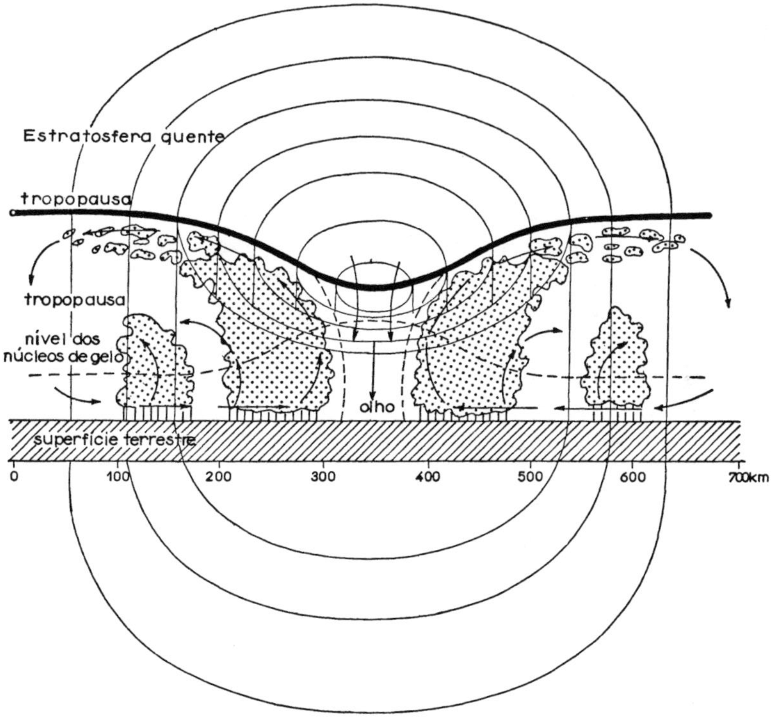

Figura 6.4 – Seção transversal através de um ciclone tropical (conforme Chandler, 1972).

A origem precisa dos furacões não é conhecida, mas geralmente ocorrem em combinação com tempestades violentas, linhas de borrascas ou com frentes frias intensas. Os furacões que ocorrem em combinação com tempestades isoladas são geralmente de curta duração e apresentam trajetórias irregulares. Os que ocorrem em conexão com linhas de borrascas ou com frentes frias intensas têm um período de existência maior e possuem trajetórias mais regulares e mais longas. Embora espetaculares e altamente destrutivos ao longo de seus percursos, os furacões são aspectos do clima da Terra relativamente sem importância. Os furacões ocorrem freqüentemente a leste das Montanhas Rochosas, na bacia do Mississípi, nos EUA, no leste da Índia e nos Andes orientais.

Eles podem ocorrer em outras partes do mundo, exceto nas regiões polares e nos continentes setentrionais frios no inverno. Quando os furacões ocorrem sobre o mar, onde são conhecidos como "trombas d'água", constituem um sério perigo à navegação. Em áreas desérticas quentes, os furacões somente levantam poeira, em vez de produzir precipitação, e são apropriadamente chamados aí de "remoinhos". Os furacões não estão restritos aos trópicos e subtrópicos, embora nessas áreas ocorram mais freqüentemente.

Os satélites meteorológicos, desde o início da década de 60, têm fornecido informações úteis sobre tempestades destruidoras, como os ciclones tropicais, particularmente no que tange a sua ocorrência (distribuição), estrutura e ciclo vital. Tais informações, geralmente na forma fotográfica, têm auxiliado na previsão do desenvolvimento e da trajetória dos furacões. Os satélites meteorológicos têm sido menos úteis no caso dos tornados, por causa de suas pequenas dimensões. Tem-se mais confiança nas informações das estações meteorológicas convencionais, equipadas com radares detectores de tempestades, além de outros instrumentos meteorológicos.

c. Depressões monçônicas

Nem todos os sistemas ciclônicos nos trópicos são do tipo furacão. A depressão monçônica que afeta o sul da Ásia no verão é um tipo menos intenso de vórtice ciclônico encontrado nos trópicos. Porém, é fenômeno meteorológico muito importante, visto que produz grande parte, 80% ou mais, da precipitação anual do subcontinente indiano. As depressões monçônicas geralmente se movem através da Índia, para oeste ou noroeste, dirigidas pelos "ventos de leste" superiores (Barry e Chorley, 1976). Essas depressões ocorrem cerca de duas vezes por mês, quando um talvegue barométrico superior se superpõe a uma perturbação superficial na Baía de Bengala. As chuvas de monção são altamente variáveis de ano para ano, fato que testemunha o papel desempenhado pelas perturbações na produção de precipitação nos "ventos de oeste" úmidos do sul. Também ocorrem interrupções nas chuvas de monção quando o *jet stream* avança em direção sul, enfraquecendo o anticiclone tibetano ou deslocando-o para norte. As depressões monçônicas da Ásia são não somente de origem térmica, mas resultam da interação tanto de fatores planetários quanto regionais na superfície e na troposfera superior.

d. Ondas dos ventos de leste (easterly waves)

Diversos tipos de ondas deslocam-se em direção oeste nos *easterlies* troposféricos equatoriais e tropicais, com comprimentos de onda de 2.000–4.000 quilômetros e duração de 1–2 semanas. Mas o primeiro tipo de onda dos trópicos a ser descrita e a mais bem conhecida é a onda de *easterlies* das ilhas do Caribe (ver Fig. 6.5). A onda é caracterizada por um fraco talvegue barométrico que, com a altura, geralmente se inclina para leste. Nuvens cumulonimbus e tempestades ocorrem atrás da linha do talvegue. As ondas de *easterlies* deslocam-se à razão de 15–20 quilômetros por hora. Elas tendem a se desenvolver quando a inversão dos alísios é fraca ou ausente no verão e no inverno. A penetração de

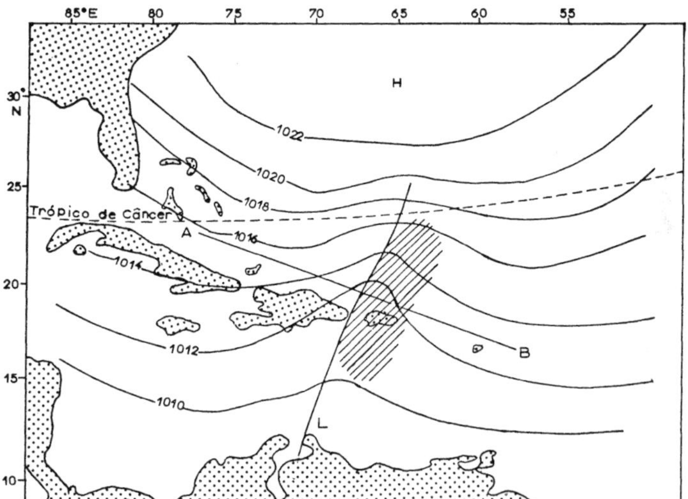

Figura 6.5 – As ondas de leste (*easterly waves*) nas ilhas do Caribe. A área hachurada indica as principais zonas de chuvas (conforme Nieuwolt, 1977).

frentes frias em baixas latitudes pode também iniciar seu desenvolvimento (Barry e Chorley, 1976). Elas são mais freqüentes durante o final do verão, quando então ocorrem, na área do Caribe, a cada 3–5 dias. Isto porque, nessa área, a inversão dos alísios é enfraquecida pelas altas temperaturas da superfície da água.

A passagem das ondas de *easterlies* é caracterizada pela seguinte seqüência de tempo (Barry e Chorley, 1976): na extremidade posterior do talvegue, o tempo está bom, com algumas nuvens cumulus isoladas e um pouco de névoa. Perto da linha do talvegue há chuvas ocasionais das nuvens cumulus bem desenvolvidas. Essas chuvas ajudam a melhorar a visibilidade, depois de terem caído. Atrás do talvegue, o vento muda de direção. Há tempestades moderadas e fortes causadas pelas pesadas nuvens cumulus e cumulonimbus. Há uma queda na temperatura.

As ondas de *easterlies* são importantes por duas razões. Em primeiro lugar produzem precipitação nas áreas que são geralmente secas durante o período em que os alísios permanecem não-perturbados. O máximo de precipitação do final do inverno nas ilhas do Caribe e na porção oeste do Pacífico se deve às ondas de *easterlies*.

Em segundo lugar, as ondas de *easterlies* ocasionalmente se transformam em ciclones tropicais e, assim, merecem um estudo detalhado.

e. Sistemas lineares

Os sistemas lineares consistem de diversas tempestades organizadas em linhas ou faixas e que se movem como sistemas organizados. Dois sistemas lineares bem conhecidos nos trópicos são as *linhas de perturbação* da África Ocidental e os *sumatras* da Malásia. Esses sistemas são também às vezes chamados de "linhas de borrasca". Em áreas costeiras, a brisa marítima às vezes se desenvolve contra a direção geral e principal do vento para criar um sistema linear chamado de "frente de brisa marítima". Apesar das variações regionais e sazonais, a origem desses sistemas lineares é semelhante, e deve-se, geralmente, à combinação de vários fatores, dos quais os principais são a convergência e a convecção.

As linhas de perturbação da África Ocidental foram estudadas por Hamilton e Archbold (1945) e por Eldridge (1957), entre outros. Elas são responsáveis pela maior parte da precipitação nas porções interiores da região da África Ocidental e pela precipitação no início e no final da estação chuvosa (monçônica) nas áreas costeiras. Em outras palavras, a contribuição das chuvas monçônicas de verão para perfazer o total anual de precipitação na África Ocidental diminui em direção ao norte, enquanto a das linhas de perturbação aumenta nessa mesma direção. Em 1955, por exemplo, as linhas de perturbação contribuíram com cerca de 30% do total anual de precipitação sobre as áreas costeiras de Gana e com cerca de 90% no norte do país.

Uma linha de perturbação típica tem geralmente 120–240 quilômetros de comprimento, com seu eixo orientado aproximadamente no sentido norte-sul e se movimenta à razão de 50 quilômetros por hora numa direção oeste-sudoeste. À frente da linha de perturbação, os ventos superficiais são dominantemente de sudoeste. À medida que ela se aproxima, uma nuvem escura cumulonimbus pode ser observada a leste. Conforme a linha de perturbação passa, há uma súbita mudança na direção dos ventos, com fortes ventos borrascosos provenientes da direção leste. Por uma hora ou duas, os ventos *easterlies* predominam em lugar dos de sudoeste. Há uma pesada queda de chuva, geralmente acompanhada de ventos fortes e de trovoadas. As chuvas são, inicialmente, de intensidade muito grande e em uma hora ou duas as chuvas podem parar e os ventos superficiais tornam-se de direção sudoeste.

Linhas de perturbação são geralmente produzidas pela convecção sobre áreas elevadas e tendem a ocorrer à tarde. Elas se dissipam sobre as áreas marítimas frias do Atlântico Norte. Os reais mecanismos que estão por trás da formação de linhas de perturbação não são ainda completamente conhecidos. Teorias frontais, tais como a de Kendrew (1961), têm sido criticadas. Kendrew sugeriu que as linhas de perturbação são perturbações frontais lineares resultantes da interação de ar monçônico e dos alísios equatoriais quentes e úmidos. Alguns também acreditaram, principalmente Hare (1963) e Abdul (1966), que as linhas de perturbação estão provavelmente relacionadas às ondas dos alísios, uma vez que esses dois sistemas meteorológicos são acompanhados por tempo semelhante.

Os sumatras do sudoeste da Malásia são um outro tipo de sistema linear causado por aquecimento solar e pelo efeito da orografia. Eles se desenvolvem durante a estação de monção de sudoeste (isto é, aproximadamente de maio a setembro), normalmente durante a noite, sobre os estreitos de Málaca, e movimentam-se em direção à costa da Malásia aí chegando de madrugada ou no início da manhã. Os sumatras consistem de uma faixa de nuvens cumulus e cumulonimbus, medindo

200–300 quilômetros de comprimento. Tal como as linhas de perturbação da África Ocidental, produzem forte precipitação de alta intensidade, mas relativamente de curta duração (aproximadamente 1–2 horas). Essas chuvas são acompanhadas por rajadas de ventos que podem atingir velocidades de até 70 quilômetros por hora.

Como no caso das linhas de perturbação da África Ocidental, a origem dos sumatras não está relacionada a nenhuma frente, pois se formam geralmente dentro de uma corrente de ar. De acordo com Nieuwolt (1977) os seguintes fatores auxiliam em seu desenvolvimento:

1. o aquecimento da monção de sudoeste durante o dia torna o ar conveccionalmente instável e essa instabilidade é intensificada à noite pelas perdas de radiação do topo da nuvem, quando a monção de sudoeste está situada sobre o estreito de Málaca;
2. a massa de ar é soerguida orograficamente ao atingir a costa sudoeste da Malásia;
3. as brisas terrestres da Malásia e de Sumatra tendem a convergir ao longo do estreito de Málaca, particularmente quando elas são de pequena largura. Por essa razão os sumatras ocorrem mais freqüentemente nas porções meridionais do estreito de Málaca.

Os sumatras são muito importantes por causa da precipitação que produzem. Um único sumatra pode, por exemplo, produzir 80 mm de precipitação. A proporção total de precipitação pela qual os sumatras são responsáveis no sudoeste da Malásia é, assim, considerável (Nieuwolt, 1977).

Tempestades

As tempestades ocorrem praticamente em todos os lugares do globo, mas são mais freqüentes nos trópicos (ver Fig. 6.6). A intensidade das tempestades tropicais é também muito maior que a das médias e altas latitudes. Elas são, assim, de considerável importância climatológica nos trópicos.

As tempestades são fenômenos meteorológicos altamente localizados, pois seus diâmetros são geralmente menores que 25 quilômetros. Sua duração normalmente varia de uma a duas horas. As tempestades desenvolvem-se onde há massas de ar úmidas, quentes e instáveis em camadas verticais consideráveis, de aproximadamente 8.000 metros. A maior parte das tempestades são de origem convectiva e resultantes de

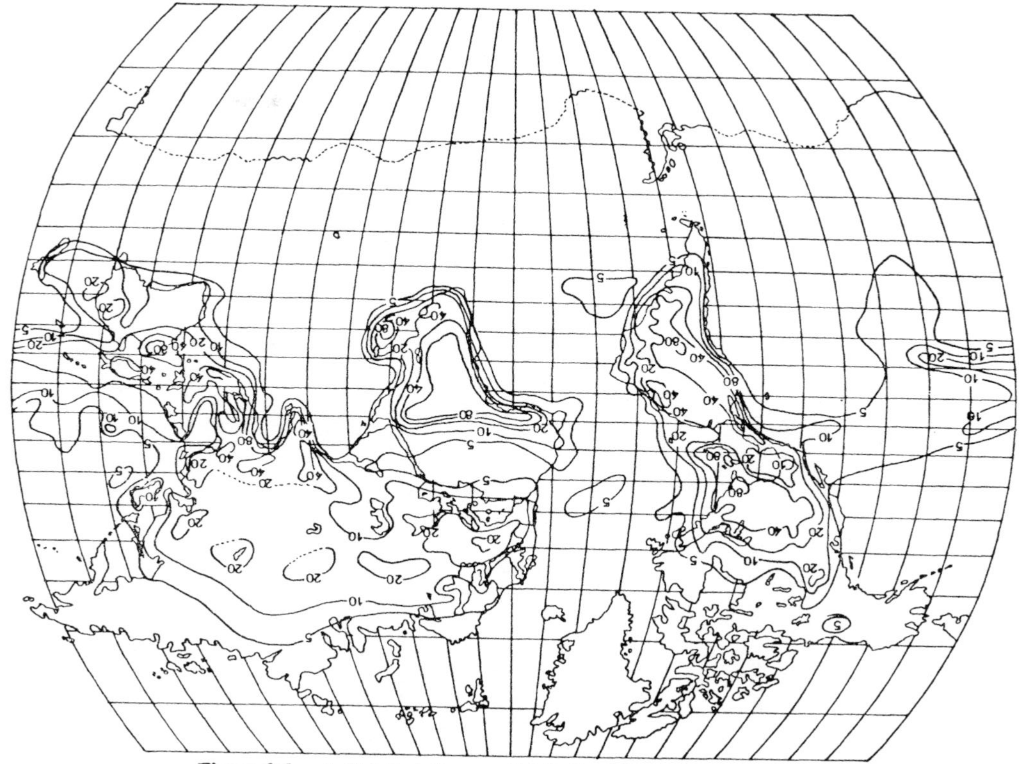

Figura 6.6 – A distribuição mundial da freqüência das tempestades.

intenso aquecimento solar, porém algumas são causadas por brisas marítimas e terrestres. A ascensão orográfica ao longo de cadeias montanhosas pode fazer com que as tempestades se distribuam em faixas ou linhas chamadas "linhas de borrascas", que podem novamente se organizar em sistemas lineares, como as linhas de perturbação anteriormente descritas. Os aguaceiros são esporádicos, de curta duração, mas de intensidade muito elevada. Os aguaceiros são acompanhados por ventos fortes e, naturalmente, por raios e trovoadas.

O raio é o clarão de luz que acompanha uma descarga de eletricidade atmosférica, ao passo que o trovão é o barulho resultante do súbito aquecimento e da repentina expansão do ar ao longo da trajetória do raio. A origem do raio não é ainda completamente conhecida. Nós sabemos, contudo, que a superfície da Terra apresenta carga negativa enquanto a atmosfera superior tem carga positiva. A descarga elétrica em tempo normal sereno ocorre da atmosfera para a superfície terrestre. Numa nuvem de trovoada, cargas positivas e negativas tendem a se concentrar em lugares diferentes à medida que as gotas de chuva e os cristais de gelo se fracionam em gotículas/fragmentos menores, possuindo cargas diferentes. Quando uma diferença potencial de 100 milhões de volts ou mais é atingida, há uma descarga de faísca entre os centros das cargas. A descarga do raio pode ser da nuvem para o solo ou de uma parte da nuvem para outra. Ao longo da trajetória da descarga do raio o ar expande-se tão rapidamente que são geradas ondas sonoras. Uma vez que a luz se propaga mais rapidamente que o som (300.000 quilômetros por segundo para a luz e somente 330 metros por segundo para o som), ouve-se o trovão depois de se ver o raio. Esta diferença de tempo pode ser utilizada para se calcular a que distância a tempestade se encontra do observador. Se, por exemplo, o trovão é ouvido 5 segundos depois do raio, a tempestade está a aproximadamente 2 quilômetros de distância, e se ouvido 10 segundos depois o raio está a 4 quilômetros de distância, e assim por diante, naquela proporção.

O ciclo vital de uma tempestade é muito curto – cerca de 1 a 2 horas. Podem-se verificar três estágios, cada um durando de 20 a 40 minutos (ver Fig. 6.7). No estágio de desenvolvimento, fortes correntes de ar ascendentes predominam na célula da tempestade. As nuvens cumulus crescem rapidamente para cima até cerca de 8.000 metros. Há pouca ou nenhuma precipitação e trovoadas dificilmente ocorrem. No estágio de maturidade, a tempestade está em sua intensidade máxima. Há algumas correntes de ar descendentes, mesmo que as correntes

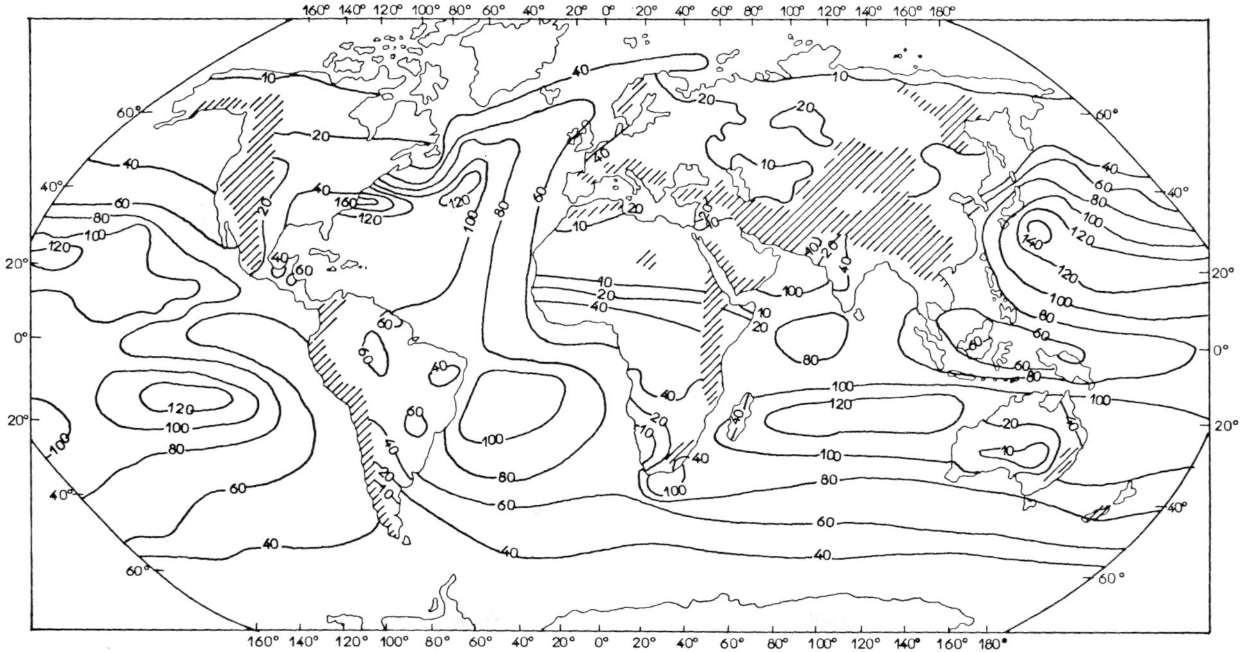

Figura 6.7 – Os ciclos na vida de uma tempestade (conforme Byers e Braham, 1949). Na esquerda, o estágio de desenvolvimento da ascendência inicial; no centro, o estágio de maturidade, com ascendências e movimentos descendentes; e, na direita, o estágio de dissipação.

ascendentes ainda sejam fortes. Há intensa precipitação, embora altamente localizada, acompanhada de trovoada. As nuvens cumulonimbus podem atingir até 18.000 metros e muitas vezes formam uma "cabeça de bigorna" causada por ventos troposféricos superiores (Nieuwolt, 1977). No estágio de dissipação, as correntes de ar descendentes predominam. A nuvem então esgota sua umidade à medida que a intensidade da precipitação diminui. Eventualmente, a nuvem se dissolve ou se desintegra em nuvens estratiformes.

As tempestades ocorrem em padrões distintos, dando origem à classificação convencional de tempestades em três tipos: tempestades de massa de ar, tempestades em linha e tempestades frontais.

1. as tempestades de massa de ar são isoladas em sua distribuição mas ocorrem dentro da mesma massa de ar. Elas se desenvolvem localmente onde a taxa de queda adiabática foi aumentada pelo intenso aquecimento solar. Geralmente ocorrem à tarde e no verão, nas latitudes médias;
2. as tempestades em linha são aquelas organizadas em zonas ou faixas na direção dos ventos, nos baixos níveis. Tais tempestades em linha geralmente resultam da elevação mecânica de uma massa de ar instável condicional ou convectivamente sobre montanhas, embora o aquecimento solar possa desempenhar um papel adicional em sua formação. Tais tempestades são às vezes chamadas de orográficas e, como as tempestades de massa de ar, ocorrem tanto em baixas quanto em médias latitudes e geralmente à tarde;
3. as tempestades frontais ocorrem em qualquer período do dia ou da noite, mas somente nas latitudes médias ao longo das frentes, particularmente de frentes frias. Elas ocorrem quando o ar condicional ou convectivamente instável é forçado a se elevar por sobre ar mais frio e mais denso. Embora as tempestades frontais possam ser isoladas, elas se movimentam com as frentes e são organizadas em sua distribuição geral.

A zona de convergência intertropical (ZCIT)

Ao concluir este capítulo, é necessário deter-se um pouco na natureza e no significado climatológico da ZCIT, que é às vezes erroneamente considerada um sistema meteorológico tropical. Na maior parte dos trópicos, a estrutura da baixa troposfera é caracterizada por duas principais correntes de ar: uma corrente meridional geralmente úmida, mas bastante fria, com um componente de sudoeste, com o qual forma uma cunha sob um ar quente e relativamente seco com um componente de nordeste. A zona-limite entre essas duas correntes de ar tem recebido vários nomes dos analistas de climas tropicais. Os termos usados refletem a diversidade de pontos de vista sobre a estrutura e o comportamento dessa zona-limite em várias partes dos trópicos, particularmente entre as áreas terrestres e as oceânicas. Termos tais como "frente intertropical" (FIT), "zona de convergência intertropical" (ZCIT), "confluência intertropical" (CIT), "frente equatorial e descontinuidade intertropical" (DIT) têm sido usados para descrever esse aspecto do clima tropical.

É agora certo que a zona limítrofe que separa as massas de ar dos hemisférios Sul e Norte, respectivamente, não é nem frontal e nem sempre convergente. As duas correntes de ar são semelhantes demais, particularmente em suas propriedades térmicas, para que se forme entre elas uma autêntica frente. A convergência entre as duas correntes de ar também é evidente, geralmente sobre os oceanos, de modo que sobre o continente a zona limítrofe entre as duas correntes de ar não é nada mais que um gradiente de umidade. O termo "descontinuidade intertropical" foi proposto pela Organização Meteorológica Mundial em seu *Provisional Guide to Metereological Practices*, para descrever o limite hígrico, particularmente no continente, enquanto sobre a superfície oceânica o termo "ZCIT" parece mais apropriado.

A ZCIT/DIT é característica bastante permanente dos trópicos, cuja posição é assinalada por uma ou mais faixas de nuvens nas fotografias de satélites, embora às vezes a nebulosidade possa estar ausente. A estrutura e as características da ZCIT/DIT variam de região para região, dependendo de fatores tais como a topografia e a distribuição das superfícies terrestres e marítimas, entre outros. Ela se movimenta para o norte durante o verão, no hemisfério setentrional, e para o sul durante o verão, no hemisfério meridional, estando sua posição média pouco acima do Equador.

A amplitude de movimentação da ZCIT sobre os oceanos é pequena, mas é grande sobre o continente.

Na região da África Ocidental, a DIT assume sua posição mais setentrional em torno da latitude de 20°N, em agosto. Isso assinala o pico da estação chuvosa na África Ocidental, estando virtualmente toda a região sob a influência da monção úmida de sudoeste, proveniente do

Oceano Atlântico. Em janeiro a DIT atinge sua posição mais meridional em torno da latitude de 6°N. Esse é o pico da estação seca na África Ocidental, com todas as áreas, exceto as áreas costeiras, sob a influência dos alísios de nordeste secos do deserto do Saara. Não há nenhuma atividade meteorológica particular associada à posição superficial da DIT sobre a África Ocidental, como tal. Seu significado climatológico reside no fato de que ela oferece um padrão referencial para analisar os movimentos sul–norte dos ventos monçônicos de sudoeste produtores de chuva, cuja profundidade e movimento influenciam a quantidade, a duração e a distribuição das precipitações. Todas as principais atividades meteorológicas ocorrem na porção de direção equatorial da DIT, em áreas localizadas a alguma distância da posição da superfície.

Ao contrário, sobre a região da África Oriental, tanto as monções de verão quanto as de inverno são predominantemente secas por causa de sua origem continental e do predomínio de divergência de baixo nível durante ambas as estações de monção. A maior parte da precipitação na África Oriental ocorre nos períodos de transição entre as monções, quando a divergência de baixo nível é temporariamente substituída pelas tendências mais convergentes na área em torno da DIT. Conseqüentemente, a maior parte da África Oriental apresenta duas estações chuvosas, em abril–maio e em outubro–novembro, quando a DIT se move sobre aquela região. Assim, ao contrário da África Ocidental ou da Ásia de monção, onde uma ou ambas monções produzem a maior parte da precipitação, a precipitação é mais forte na África Oriental quando as monções são mais fracas.

Referências Bibliográficas

ABDUL, M.O. *Summer Climate of West Africa.* Tese não publicada. University of London, 1966.

ALKINSON, B.W. The atmosphere. In: Bowen, D.Q. (Ed.), *A Concise Physical Geography.* Londres, Hulton Educational Publications, 1972.

BARRY, R.G. e CHORLEY, R.J. *Atmosphere, Weather and Climate.* 3ª ed. Londres, Methuen, 1976.

BYERS, H.R. e BRAHAM, R.R. *The Thunderstorm.* U.S. Government Printing Office, 1949.

CHANDLER, T.J. *Modern Meteorology and Climatology.* Londres, Thomas Nelson, 1972.

ELDRIDGE, R.H. A synoptie study of West African disturbance lines. *Quart. J. Royal Met. Soc., 83:* 303-314, 1957

HAMILTON, R. A. e ARCHBOLD, J. W. Meteorology of Nigeria and adjacent territory. *Quart. J. Royal Met. Soc., 71:* 231-262, 1945.

HARE, F. K. *The Restless Atmosphere.* 8ª ed., Londres, Hutchinson, 1953.

KENDREW, W. G. *The Climates of the Continents.* 5ª ed., Oxford, Clarendon Press, 1961.

NIEUWOLT, S. *Tropical Climatology.* Londres, John Wiley, 1977.

RILEY, D. e SPOLTON, L. *World Weather and Climate.* Cambridge, Cambridge University Press, 1974.

TREWARTHA, G. T. *Introduction to Climate.* 4ª ed., Nova Iorque, McGraw-Hill, 1968.

CAPÍTULO 7
UMIDADE ATMOSFÉRICA

Significado da umidade atmosférica

Embora o vapor d'água represente somente 2% da massa total da atmosfera e 4% de seu volume, ele é o componente atmosférico mais importante na determinação do tempo e do clima. Como foi mostrado no Capítulo 2, a quantidade de vapor d'água contido na atmosfera varia de lugar para lugar e no transcurso do tempo, em determinada localidade. Ela pode variar de quase zero, em área quentes e áridas, até um máximo de 3% nas latitudes médias e 4% nos trópicos úmidos.

O vapor d'água é de grande significado por diversas razões, de modo que os meteorologistas e os climatólogos estão interessados em sua quantidade e em sua distribuição no tempo e no espaço. Em primeiro lugar, o vapor d'água é a origem de todas as formas de condensação e de precipitação. A quantidade de vapor d'água num certo volume de ar é uma indicação da capacidade potencial da atmosfera para produzir precipitação. Em segundo lugar, o vapor d'água pode absorver tanto a radiação solar quanto a terrestre e, assim, desempenha o papel de regulador térmico no sistema Terra-atmosfera. Em particular, ele exerce um grande efeito sobre a temperatura do ar. Em terceiro lugar, o vapor d'água contém calor latente e essa energia é liberada quando o vapor se condensa. O calor latente contido no vapor d'água é importante fonte de energia para a circulação atmosférica e para o desenvolvimento de perturbações atmosféricas. Em quarto lugar, por conter o vapor d'água calor latente, sua quantidade e distribuição vertical na atmosfera indiretamente afeta a estabilidade do ar. Em quinto lugar, a quantidade de vapor d'água no ar é importante fator que influencia a taxa de evaporação e de evapotranspiração. É, assim, um importante fator que determina a temperatura sentida pela pele humana e, em decorrência, o conforto humano. Em sexto lugar, o vapor d'água, ao contrário dos outros gases atmosféricos, pode passar para a forma líquida ou sólida no nível das temperaturas atmosféricas normais. O vapor d'água constantemente muda de fase no sistema Terra-atmosfera.

Evaporação e evapotranspiração

A atmosfera recebe umidade da superfície terrestre, através da evaporação da água do solo nu, das superfícies aquáticas e através da transpiração das plantas. A evaporação é o processo pelo qual a umidade, em sua forma líquida ou sólida, passa para a forma gasosa – o vapor d'água. Faz-se geralmente uma distinção entre evaporação e evapotranspiração. O primeiro termo é usado para descrever a perda de água das superfícies aquáticas ou de solo nu, enquanto o último é usado para descrever a perda de água das superfícies com vegetação, onde a transpiração é de fundamental importância. Em outras palavras, a evapotranspiração é um processo combinado de evaporação e transpiração.

A taxa de evaporação ou de evapotranspiração em uma dada área é determinada por dois principais fatores. Um é a disponibilidade de umidade na superfície onde há evaporação, enquanto o outro é a capacidade da atmosfera de vaporizar a água, remover e transportar o vapor para cima. Se houver sempre umidade disponível na superfície onde ocorre evaporação (isto é, superfície não limitante), então a evaporação e a evapotranspiração ocorrerão na razão máxima possível para aquele ambiente. Isso originou o conceito de *evapotranspiração potencial,* discutido posteriormente neste livro. Entretanto, quase nunca há umidade disponível em quantidade suficiente na superfície onde há evaporação, de modo que a evaporação e a evapotranspiração freqüentemente ocorrem em taxas menores que as que se verificariam caso houvesse sempre água disponível. Isso deu origem à idéia de *evapotranspiração real.*

O segundo principal fator de evaporação e evapotranspiração está em função de diversos outros fatores, incluindo a radiação solar, a temperatura, a velocidade do vento e a umidade. Necessita-se de energia para vaporizar a água (cerca de 590 calorias por grama) e a disponibilidade de energia é indicada pela temperatura do ar, na ausência de dados sobre a radiação. A turbulência do ar (velocidade do vento) faz com que o ar úmido que esteja sobre a superfície onde ocorre evaporação seja deslocado e substituído por ar fresco e relativamente seco, para manter o processo de evaporação. O grau de umidade do ar exerce influência sobre a taxa de evaporação porque é este fator que determina a capacidade do ar de conservar umidade. Quanto menor a umidade maior é a capacidade do ar para conservá-la. Deve haver, também, um gradiente de pressão evaporífica entre a superfície onde ocorre evaporação e o ar sobre ela, já que a evaporação somente pode ocorrer se a pressão do vapor na superfície for maior que a do ar acima dela. Conseqüentemente, baixa umidade favorece a evaporação, enquanto alta umidade a faz desaparecer.

Os dados disponíveis sobre as taxas de evaporação são poucos e não confiáveis. A evaporação é medida com o auxílio de um tanque de evaporação, cujos tamanhos e formas variam. O Tanque Classe A do Departamento de Meteorologia dos EUA foi adotado pela OMM como o recipiente padrão para se medir a evaporação. Este é um recipiente branco e cilíndrico, de cerca de 1.200 mm de diâmetro e 250 mm de profundidade. Enche-se o mesmo de água até 50 mm da borda e coloca-se-o sobre uma plataforma de madeira sobre o chão, de modo que a superfície da água esteja a aproximadamente 300 mm acima do solo. Por causa da sua área relativamente pequena, da absorção da radiação pelas paredes do recipiente e do fato de que o recipiente cria seu próprio ambiente aerodinâmico ao ficar exposto acima do solo, os valores de evaporação obtidos são levemente exagerados. Esse fenômeno é chamado de "efeito de oásis", significando que os tanques de evaporação se comportam como oásis em seu ambiente, de modo que a maior parte da energia disponível ao redor é usada para vaporizar a água dos recipientes.

Calcula-se que a evaporação das grandes superfícies hídricas corresponda a aproximadamente 70–75% daquela de um tanque de Classe A, no mesmo ambiente. Do mesmo modo, estima-se que a evaporação de um solo nu e úmido seja cerca de 90% da de uma superfície hídrica aberta, uma vez que a água é, em comparação com esta, menos facilmente liberada pelo solo para evaporação.

As taxas de evaporação e de evapotranspiração podem ser estimadas usando-se fórmulas. Muitas dessas fórmulas são empíricas e não permitem estimativas razoáveis em áreas fora dos locais ou em locais diferentes daqueles para os quais elas foram deduzidas. As fórmulas, que são teóricas por natureza, são aplicáveis em qualquer lugar, embora tenham suas próprias limitações. As fórmulas teóricas de evaporação se baseiam em duas abordagens fundamentais – a abordagem aerodinâmica e a abordagem do balanço energético. Na abordagem aerodinâmica, o fluxo do vapor que advém de uma superfície onde ocorre evaporação está relacionado a processos de difusão turbulenta. A evaporação é expressa como uma função da velocidade do vento e do gradiente de pressão vaporífica sobre a superfície onde há evaporação. Isso exige a árdua e difícil tarefa de medir a velocidade do vento e a pressão do vapor na superfície onde ocorre evaporação ou perto dela e, num outro nível, acima dela. Um bom exemplo de tal fórmula de evaporação aerodinâmica é a de Thornthwaite e Holzman (1939), que se apresenta assim:

$$E = \frac{17{,}1\,(e_1 - e_2)(\mu_2 - \mu_1)}{T + 459{,}4}$$

em que E é a evapotranspiração de uma vegetação rasteira, e_1 e e_2 são pressões do vapor em mm de mercúrio (em Hg) na altura de 61 centímetros e 80,72 metros acima do solo, μ_1 e μ_2 são as velocidades do vento em quilômetros por hora nos dois níveis anteriores, e T é a temperatura do ar em °F.

Na abordagem de balanço energético, o problema se resolve determinando-se a quantidade de radiação líquida utilizada para vaporizar a água. Se nós desconhecemos os outros componentes da equação do balanço energético, como o calor utilizado para aquecer o solo e para a fotossíntese, a radiação líquida pode ser dividida entre calor sensível e calor latente de evaporação, utilizando-se a seguinte fórmula de Bowen (1926):

$$\beta = \frac{H}{LE} = 0{,}659\left(\frac{Kh}{Ke}\right)\left(\frac{Ts - Ta}{es - ed}\right)$$

onde β = razão de Bowen, H é o calor sensível (isto é, o fluxo de calor para o ar), LE é a energia usada para a evapotranspiração, Kh e Ke são, respectivamente, a difusão turbulenta para o calor e para o vapor, Ts e es são a temperatura e a pressão do vapor na superfície em que há evaporação, e Ta e ed são a temperatura do ar e a pressão do vapor, respectivamente. Se supusermos que $Kh = Ke$, β pode ser encontrado através de medições da temperatura e dos gradientes de pressão vaporífica. A quantidade de evaporação ou de evapotranspiração pode ser calculada a partir da equação da forma:

$$E = \frac{Rn - H}{1 + \beta}$$

onde E é a evapotranspiração, Rn é a radiação líquida. β e H foram anteriormente definidos.

Essa fórmula apresenta algumas limitações. Em primeiro lugar, ignora-se os outros componentes da equação do balanço energético, principalmente o fluxo térmico para o solo e o calor para a fotossíntese. Em segundo lugar, a suposição de que $Kh = Ke$ não corresponde à realidade, particularmente sob condições de instabilidade (Chang, 1964). Em terceiro lugar, a razão de Bowen é difícil de se determinar, por isso exige medições contínuas de perfis de temperaturas e de pressão de vapor (umidade) sobre a superfície onde ocorre evaporação, como no caso da fórmula de evaporação aerodinâmica.

Penman (1948) elaborou uma fórmula que se baseia numa combinação inteligente das abordagens do balanço energético e aerodinâmico e não exige as medições bastante difíceis dos perfis de temperatura e umidade sobre a superfície em que há evaporação. A fórmula de Penman é apresentada da seguinte forma:

$$E_o = \frac{\Delta Rn + \gamma Ea}{\Delta + \gamma}$$

onde E_o é a evaporação da água, Rn é a radiação líquida, Δ é a inclinação da curva da pressão vaporífica de saturação para a água na temperatura média do ar em mm Hg/°F, γ é a constante da equação do psicômetro de bulbo úmido e seco (0,27 mm Hg/°F) e Ea é um termo aerodinâmico. O termo é computado pelo uso da equação:

$$Ea = 0{,}35\,(ea - ed)\,(1 + \mu_2/100)$$

onde ea é a pressão vaporífica de saturação da água na temperatura média do ar, e μ_2 é a velocidade do vento em quilômetros por dia, a dois metros acima do solo.

A fórmula de evaporação de Penman é largamente utilizada, e geralmente é reconhecida como sendo a melhor existente. Contudo, para grandes massas hídricas, deve-se levar em conta o armazenamento de calor nas mesmas, caso contrário a fórmula subestimará as taxas de evaporação. Os valores da evapotranspiração potencial (*EP*) podem também ser obtidos usando-se a fórmula acima, multiplicando-se os valores computados de E_o por um fator de redução sazonal (*f*) cujo valor varia de 0,6 até 0,8 (ver Tabela 7.1).

A maior desvantagem da fórmula de Penman é que ela exige muitos dados que não podem ser prontamente obtidos, particularmente nos países em desenvolvimento dos trópicos. Os dados de radiação líquida são particularmente raros e muitas vezes têm que ser estimados, utilizando-se empiricamente fórmulas derivadas, aumentando assim a margem de erro nas estimativas finais de evaporação. Por estas razões, a fórmula de Thornthwaite é muitas vezes utilizada em lugar da fórmula de Penman, que é mais precisa e mais teoricamente fundamentada.

Tabela 7.1 – Valores do fator de conversão sazonal (*f*) para calcular os valores de evapotranspiração potencial (*EP*) a partir dos dados da evaporação da água (E_o).
(segundo Penman, 1948)

	f
maio – agosto	0,8
setembro e outubro	0,7
novembro – fevereiro	0,6
março e abril	0,7
ano	0,75

A fórmula de Thornthwaite (1948) é, na verdade, para calcular valores de evapotranspiração potencial. A fórmula é altamente empírica, desprovida de elegância matemática e, sem um nomógrafo, seria muito difícil de ser aplicada. A fórmula supõe que a evaporação é zero quando a temperatura média do ar é menor que 0°C – uma suposição muito questionável. Controles meteorológicos fundamentais das taxas de evaporação e de evapotranspiração, tais como a radiação, a umidade e a velocidade do vento não são incluídos na fórmula. Na fórmula de Thornthwaite, a evapotranspiração potencial é expressa como uma função exponencial da temperatura média mensal do ar. O fator "duração do dia" é então aplicado para corrigir as diferenças de estação de latitude, da seguinte maneira:

$$EP^* = 1.6\,(10\,T/I)^m$$

onde EP^* é a evapotranspiração potencial não-ajustada, com base num dia de 12 horas e num mês de 30 dias, T é a temperatura média mensal do ar em °F, I é o índice térmico anual e m é uma função cúbica de I, empiricamente determinada*. O índice de temperatura anual (I) é uma soma dos valores do índice de temperatura mensal (i). Assim:

$$I = \sum_{i=1}^{12} i \qquad \text{e} \qquad i = \left(\frac{T}{5}\right)^{1.514}$$

onde T é a temperatura média mensal em °C. Finalmente, um ajustamento é feito para a duração real do dia (h) e para o número de dias do mês (D), uma vez que a duração do dia varia com a estação e com a latitude e o mês nem sempre tem 30 dias. A fórmula final é:

$$EP = EP^* \left(\frac{h}{12}\right)(D/30)$$

Diversas modificações foram sugeridas por vários autores para aumentar a precisão da fórmula de Thornthwaite no cálculo de valores de evapotranspiração potencial (ver Garnier, 1956 e Sibbons, 1962). Essas modificações procuram incluir o fator umidade na equação. Por causa da falta deste fator na equação, a fórmula tende a subestimar valores de evapotranspiração potencial em áreas áridas e semi-áridas e, durante a estação seca, em ambientes sazonalmente úmidos.

Distribuição da evaporação

Considerando-se o importante papel do suprimento de energia e da disponibilidade de água na determinação das taxas de evaporação,

* $m = (0{,}6751^3 - 771^2 - 129{,}201 + 492{,}390) \times 10^{-6}$ (ver equação da EP).

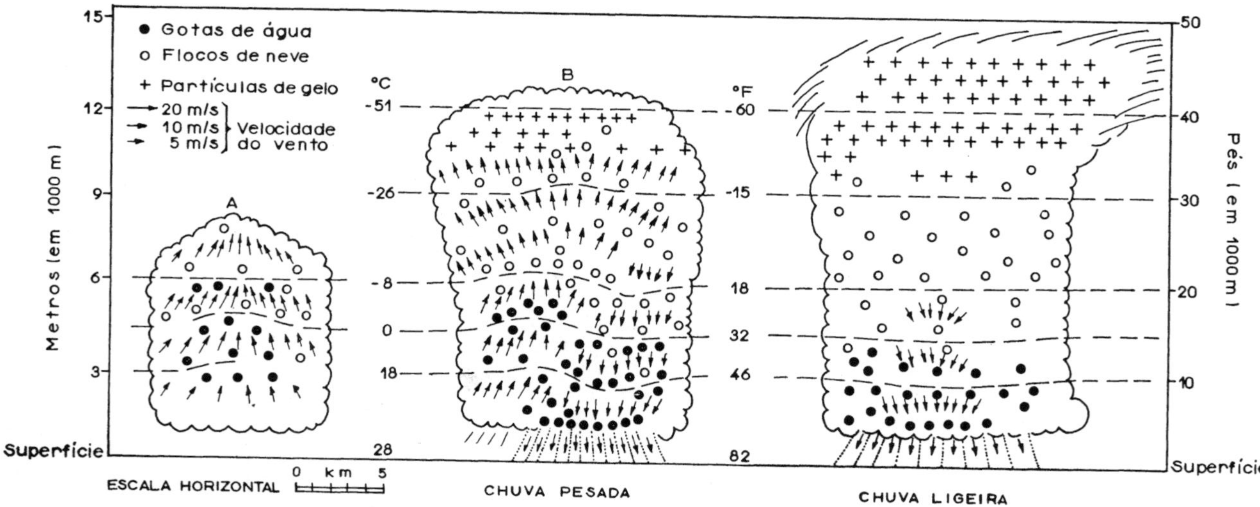

Figura 7.1 (a) – Distribuição mundial da evaporação média anual (conforme Barry e Chorley, 1976).

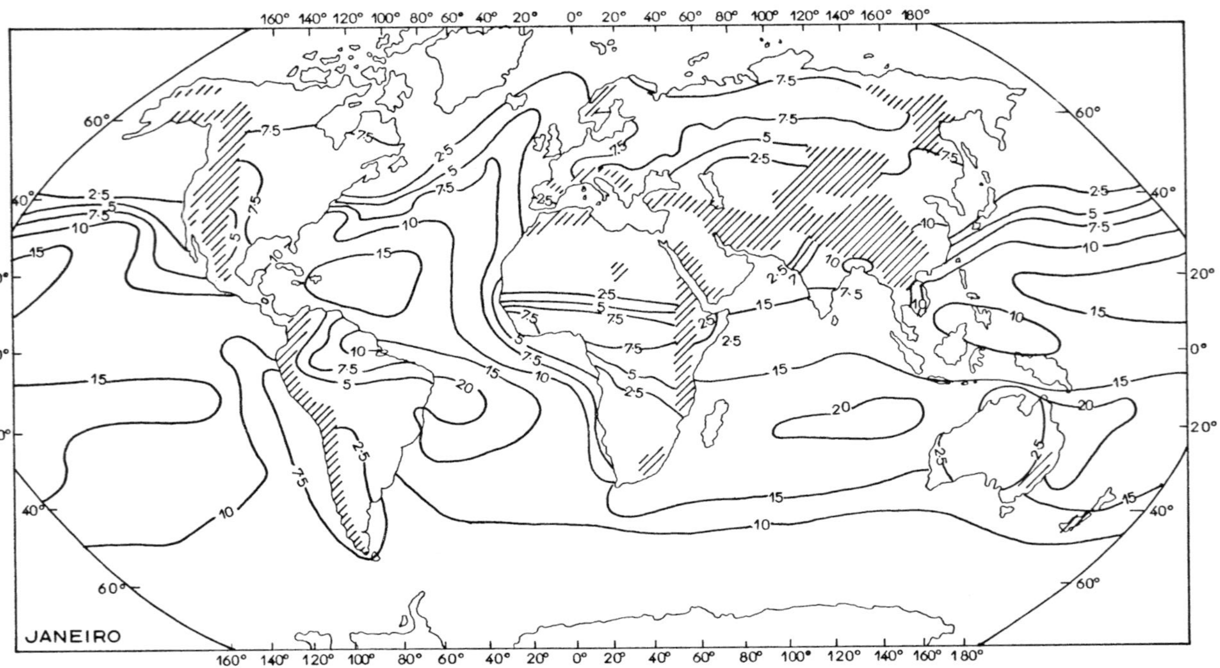

Figura 7.1 (b) – Distribuição mundial da evaporação média em janeiro (conforme Barry e Chorley, 1976).

Figura 7.1 (c) – Distribuição mundial da evaporação média em julho (conforme Barry e Chorley, 1976).

não é de surpreender que a evaporação seja maior sobre os oceanos que sobre a terra e maior, também, nas baixas latitudes que nas médias e altas latitudes (ver Fig. 7.1). No conjunto do ano, as perdas máximas por evaporação ocorrem sobre os oceanos localizados em torno de 15 – 20°N e de 10 – 20°S, na zona de ventos alísios. As taxas de evaporação sobre os oceanos, na zona equatorial, são ligeiramente mais baixas por três razões. Em primeiro lugar, os ventos da zona equatorial (zona de *doldrums*) têm velocidade menor que os alísios. Em segundo lugar, o ar equatorial apresenta uma pressão vaporífica próxima do ponto de saturação, de modo que a umidade relativa é alta. Em terceiro lugar, a insolação em torno da zona equatorial é menor que na zona dos ventos alísios, devido a cobertura de nuvens ser aí mais freqüente e maior.

Os valores máximos de evaporação sobre os continentes ocorrem, entretanto, em torno do Equador, devido aos valores relativamente elevados de insolação e por causa das grandes perdas de água, por transpiração da luxuriante vegetação. As perdas por evaporação nos continentes, nas latitudes médias, são também consideráveis, devido aos fortes ventos predominantes de oeste (Barry e Chorley, 1976).

A Fig. 7.2 mostra a distribuição latitudinal anual média de evaporação (E), precipitação (r), escoamento superficial total. Ela indica que a precipitação excede a evaporação, acima de 40° e entre 10°N e 10°S. O escoamento superficial resultante dessas regiões deve compensar a evaporação excedente das zonas subtropicais. Embora haja ainda algumas dúvidas decorrentes do parco conhecimento das taxas de precipitação e de evaporação nas baixas latitudes, três aspectos do padrão global de transferência de vapor podem ser identificados (ver a Fig. 7.3):

1. o fluxo de vapor ocorre ao norte de 20°N e ao sul de 20°S em direção dos pólos;
2. a magnitude do fluxo de vapor entre 35° e 40°S é cerca de 50% maior que entre 35° e 45°N;
3. há um fluxo líquido de vapor d'água na zona de convergência intertropical (ZCIT) tanto ao norte quanto ao sul.

Umidade

Umidade é o termo usado para descrever a quantidade de vapor d'água contido na atmosfera. Ele não abrange as outras formas nas

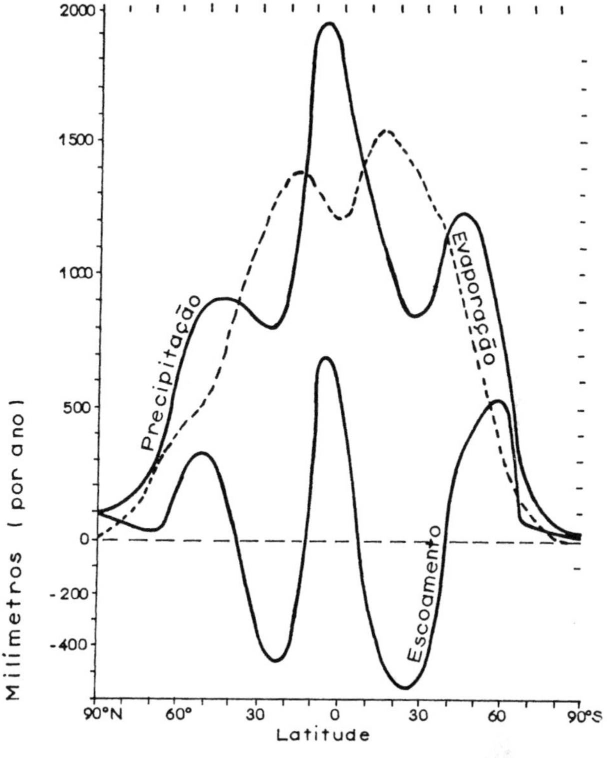

Figura 7.2 – Distribuição latitudinal média anual da evaporação, precipitação e escoamento (conforme Sellers, *Physical Climatology,* 1965).

quais a água pode estar presente na atmosfera, como na forma líquida (gotículas d'água) e na forma sólida (gelo). O vapor d'água atmosférico se origina a partir da superfície terrestre pela evaporação e transpiração. Ele está, assim, fortemente concentrado nas baixas camadas da atmosfera. De fato, quase metade do vapor d'água total na atmosfera se encontra abaixo de 2.000 metros. Há, geralmente, uma contínua diminuição na quantidade da umidade contida na atmosfera, com o aumento em altura. Além da troposfera, o vapor d'água está virtualmente ausente. A Tabela 7.2 mostra a distribuição vertical do vapor d'água nas latitudes médias. Para os trópicos não há uma quantidade semelhante de dados disponíveis, por causa do pequeno número de

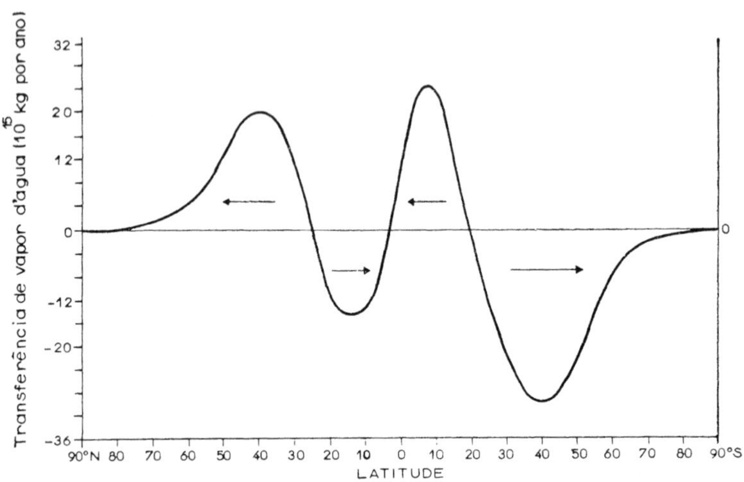

Figura 7.3 – Distribuição latitudinal de transferência meridional média anual do vapor d'água na atmosfera (conforme Sellers, 1965).

estações de radiossondas. Os padrões de distribuição mundial da quantidade média de vapor d'água atmosférico em janeiro e julho são mostrados na Fig. 7.4. A Fig. 7.4 (a) mostra que, em janeiro, o conteúdo de vapor da atmosfera é máximo na zona equatorial, particularmente sobre os oceanos, e diminui gradativamente em direção ao sul, porém mais rapidamente em direção ao pólo Norte. O mapa de junho mostra um padrão de distribuição semelhante, excetuando-se o fato de que as latitudes médias no hemisfério Norte apresentam mais vapor d'água que locais de latitude semelhante no hemisfério Sul, que então se encontra em sua estação de inverno. Os padrões mostrados na Fig. 7.4 não são surpreendentes, em vista do fato de que a capacidade de um dado volume de ar conservar a umidade diminui com o aumento da temperatura (ver a Tabela 7.3). Conseqüentemente, a não ser que haja água disponível para a evaporação e que o ar seja quente, o conteúdo de vapor d'água da atmosfera será elevado. Por outro lado, se a superfície subjacente é seca e/ou o ar frio, o conteúdo de vapor d'água da atmosfera será pequeno. Na Fig. 7.4, os valores mais elevados de vapor atmosférico de 5–6 cm vão ser encontrados sobre a Ásia meridional durante o verão, sendo os mesmos menores que 2 cm no Saara e em outros

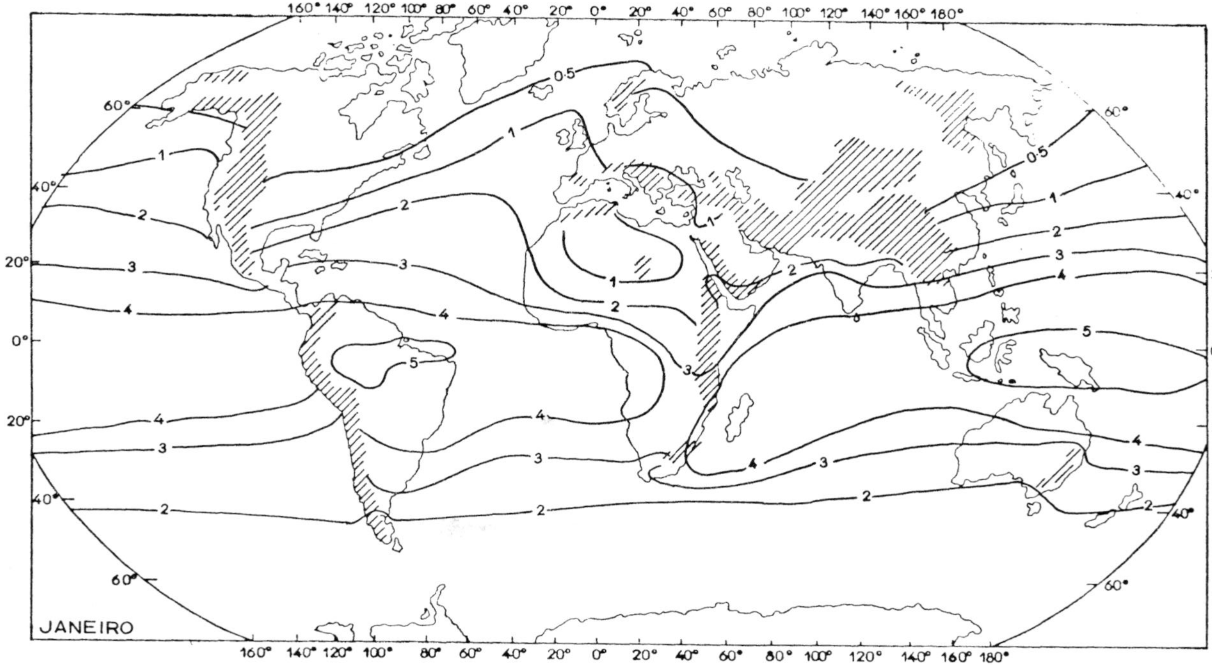

Figura 7.4 (a) – Quantidade média do vapor d'água atmosférico sobre o globo, em janeiro (conforme Barry e Chorley, 1976).

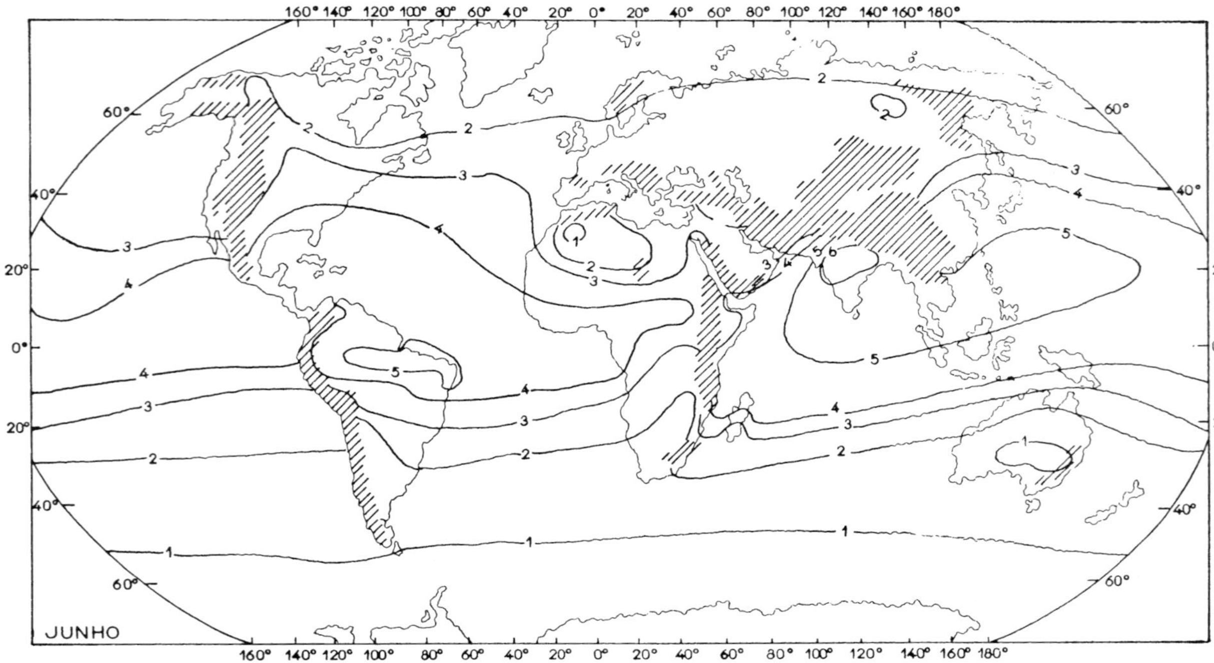

Figura 7.4 (b) – Quantidade média do vapor d'água atmosférico sobre o globo, em junho (conforme Barry e Chorley, 1976).

Tabela 7.2 – Distribuição vertical média do vapor d'água nas latitudes médias (conforme Landsberg, 1966)

Altitude (em km)	Vapor d'água (% do volume)
0,0	1,30
0,5	1,16
1,0	1,01
1,5	0,81
2,0	0,69
2,5	0,61
3,0	0,49
3,5	0,41
4,0	0,37
5,0	0,27
6,0	0,15
7,0	0,09
8,0	0,05

desertos, durante a mesma estação. Os valores mais baixos, de menos de 5 mm, vão ser encontrados sobre altas latitudes e nos interiores continentais do hemisfério Norte, no inverno.

Há várias maneiras de se medir o conteúdo de umidade da atmosfera. Os índices de umidade geralmente utilizados são os seguintes:

1. *Umidade absoluta,* que é expressa em gramas por metro cúbico de ar e é a massa total de água num dado volume de ar.
2. *Umidade específica* é a massa de vapor d'água por quilograma de ar.
3. *Índice de massa* ou *índice de umidade* é a massa de vapor d'água por quilograma de ar seco.
4. *Umidade relativa* é a razão entre o conteúdo real de umidade de uma amostra de ar e a quantidade de umidade que o mesmo volume de ar pode conservar na mesma temperatura e pressão quando saturado. É geralmente expressa na forma de porcentagem.
5. *Temperatura do ponto de orvalho* é a temperatura na qual ocorrerá saturação se o ar se esfriar a uma pressão constante, sem aumento ou diminuição de vapor d'água.
6. *A pressão vaporífica* é a pressão exercida pelo vapor contido na atmosfera em milibares.

Tabela 7.3 – Valores de conteúdo de umidade no ponto de saturação, para temperaturas dadas (segundo Gates, 1972)

Temperatura (°C)	Conteúdo de umidade (g/m^3)
–15	1,6
–10	2,3
– 5	3,4
0	4,8
10	9,4
15	12,8
20	17,3
25	22,9
30	30,3
35	39,6
40	50,6

A umidade relativa é a medida de umidade do ar mais popularmente usada, porque é facilmente obtida e computada, usando-se termômetros de mercúrio, de bulbo seco e de bulbo úmido. Além disso, ela indica o grau de saturação do ar. A umidade relativa é, todavia, grandemente influenciada pela temperatura do ar. O valor pode variar se houver uma mudança na temperatura do ar, mesmo que não tenha havido nenhum aumento ou diminuição em seu conteúdo de umidade. Por exemplo, a umidade relativa do ar varia inversamente com a temperatura, sendo mais baixa no começo da tarde e mais elevada à noite. É sempre importante lembrar que a umidade relativa não oferece, na verdade, informação sobre a quantidade de umidade na atmosfera, mas informa quão próximo o ar está da saturação.

Nos trópicos, onde as variações diurnas na temperatura são grandes, há variações consideráveis na umidade ao longo do dia. Em muitas partes dos trópicos úmidos, particularmente nas áreas costeiras, a umidade relativa pode muitas vezes estar próxima de 100% à noite, durante a estação chuvosa. A umidade relativa atinge seu valor mínimo à tarde durante a estação seca, nos interiores continentais dos trópicos. Há também variações sazonais nos valores da umidade relativa nas baixas latitudes. As variações sazonais são mínimas no Equador e crescem com o aumento em latitude.

Por causa da dependência dos valores de umidade relativa da temperatura do ar, os dados sobre a umidade relativa provindos de diferentes estações não são estritamente comparáveis, a menos que tenham sido obtidos aproximadamente na mesma hora do dia e quando as temperaturas do ar não forem muito diferentes. Para comparação, devem ser utilizados outros indicadores da umidade atmosférica, tais como a pressão vaporífica ou a umidade absoluta. Essas medidas, ao contrário da umidade relativa, não são excessivamente influenciadas pelas temperaturas do ar.

Condensação

A condensação é o processo pelo qual o vapor d'água é transformado em água líquida. A condensação ocorre sob condições variáveis, associadas a mudanças em um ou mais dos seguintes fatores: volume de ar, temperatura, pressão ou umidade. A condensação então acontece (segundo Barry e Chorley, 1976):

1. quando o ar se esfria até seu ponto de orvalho, ainda que o volume permaneça constante;
2. se o volume do ar aumenta sem que haja aumento de calor, esfriando-se o ar por expansão adiabática;
3. quando uma variação conjunta na temperatura e no volume reduz a capacidade de retenção de umidade do ar, abaixo do conteúdo hígrico existente.

Na atmosfera, a condensação geralmente ocorre quando o ar se esfria além de seu ponto de orvalho. Como se mencionou anteriormente, a capacidade do ar de reter a umidade em forma de vapor diminui com o decréscimo em sua temperatura. O resfriamento do ar é o método normal para se atingir a saturação e, daí, a condensação. Tal resfriamento pode acontecer em qualquer uma das seguintes maneiras:

1. perda de calor por condução para uma superfície fria, processo conhecido como resfriamento por contato;
2. mistura com o ar mais frio;
3. resfriamento adiabático devido à elevação do ar.

O resfriamento por contato causará o orvalho, a névoa ou a geada quando o vapor d'água se condensar. Esses fenômenos de condensação serão comentados no final deste capítulo. O resfriamento por contato é normalmente produzido no ar úmido e quente, quando este passa sobre uma superfície terrestre fria ou mesmo sobre uma superfície aquática fria. A freqüente incidência de névoa ao longo das costas de Gana e da Namíbia, na África, se deve ao ar úmido e quente que se move por sobre as superfícies marítimas relativamente frias nessas áreas. O resfriamento por contato também ocorre no ar, em noites claras e calmas, quando então há condições favoráveis para uma forte radiação terrestre. Como resultado disso, a superfície do continente é rapidamente resfriada e este resfriamento superficial eventualmente se estenderá ao ar que está sobre ele. Se o ar é bastante úmido e o resfriamento vai além do ponto de orvalho, a condensação ocorre na forma de orvalho, névoa ou geada, dependendo da quantidade de umidade na camada de ar, da espessura da camada de ar em resfriamento e do valor do ponto de orvalho (Barry e Chorley, 1976).

O resfriamento pode também acontecer quando massas de ar de diferentes temperaturas se misturam ou quando há a mistura de diferentes camadas dentro de uma mesma massa de ar. Pode resultar daí névoa ou nuvens stratus baixas. Se a nuvem é bastante espessa, podem cair alguns chuviscos. O mais efetivo mecanismo de resfriamento é, contudo, o processo dinâmico de resfriamento adiabático que acompanha a ascensão da massa de ar. Um dado volume de ar pode se elevar, se este for quente e leve (isto é, mais leve do que o ar circundante). Alternadamente, ele pode ser forçado a se elevar em uma ou em ambas as formas. Pode ser forçado a subir por efeito da barreira orográfica ou pelo efeito do ar mais frio, que nas frentes empurra o ar quente para cima.

O resfriamento do ar além de seu ponto de orvalho não é suficiente para provocar a condensação na atmosfera. Isto porque a condensação ocorre com maior dificuldade caso o ar esteja límpido. A umidade necessita de uma superfície adequada sobre a qual possa se condensar. Experiências têm mostrado que se o ar puro é resfriado além de seu ponto de orvalho, apenas torna-se supersaturado. A condensação pode não ocorrer ainda que a umidade relativa seja maior que 100%. Por outro lado, se existem superfícies adequadas nas quais a umidade pode se condensar, a condensação pode começar antes que o ar esteja saturado. Essas superfícies podem ser terrestres ou com vegetação, como no caso do orvalho ou da geada. Mas na atmosfera livre a condensação do ar começa em torno dos núcleos higroscópicos. Estes são partículas microscópicas de substâncias como a fumaça, a poeira, o bióxido de enxofre ou sais (cloreto de sódio), que têm a propriedade de umectabilidade. A condensação começa nestas substâncias, antes que o ar esteja saturado e, no caso do cloreto de sódio, quando a umidade relativa do ar é de aproximadamente 78%.

Os núcleos higroscópicos são abundantes na atmosfera e por isso a condensação facilmente ocorre quando o ar for suficientemente esfriado por quaisquer dos mecanismos anteriormente mencionados. Estes núcleos variam em tamanho havendo desde aqueles com raio de 0,001 μm, que são pouco eficazes, uma vez que o ar precisa ser altamente supersaturado para ocorrer a condensação, até aqueles com raio acima de 10 μm, que não permanecem em suspensão por muito tempo (Barry e Chorley, 1976). Os núcleos que mais favorecem a condensação são aqueles que se situam entre estes dois extremos. O processo dinâmico de resfriamento adiabático é importante para a formação de nuvens e para a precipitação. Ele, portanto, merece ser discutido com mais detalhes.

a. Variações adiabáticas da temperatura

Quando um volume de ar, por qualquer razão, é deslocado verticalmente, ocorrem algumas mudanças. Em virtude do volume de ar encontrar pressão mais baixa e de não haver nenhuma troca de calor com o ar circundante, o volume do ar deslocado verticalmente aumenta, seguindo a expansão. Este processo envolve trabalho e consumo de energia. Desse modo, o calor disponível por unidade de volume de ar diminui e há uma queda na temperatura. Uma vez que tal variação térmica não envolve ganho ou perda de energia para o ambiente, ela é chamada de *adiabática.*

A proporção na qual a temperatura diminui num volume de ar em ascensão e expansão é conhecida como *razão adiabática.* Até decorrer a condensação, a temperatura cairá à razão de aproximadamente 9,8°C por quilômetro. Isto é conhecido como a *razão adiabática seca.* As contínuas quedas na temperatura levarão à condensação quando a temperatura do ponto de orvalho do volume do ar for atingida. O calor latente será liberado pelo processo de condensação e este diminuirá o índice de queda de temperatura no volume de ar em ascensão. O ar então se esfriará num ritmo mais lento, conhecido como *razão adiabática saturada.* A razão adiabática saturada não é constante como a razão adiabática seca. Ela varia com a temperatura. Por ser uma massa de ar quente capaz de conter mais umidade do que uma massa mais fria, maior quantidade de calor latente será liberada na condensação. Por isso, para uma alta temperatura, a razão adiabática saturada é baixa (cerca de 4°C por quilômetro) e aumenta com a diminuição da temperatura, atingindo cerca de 9°C por quilômetro quando a temperatura é de –40°C.

Além dessas duas razões dinâmicas, nós temos a razão estática. Esta é a *razão ambiental,* que é a diminuição normal da temperatura com a altura dentro da troposfera (ver Capítulo 2). Esta não é uma razão adiabática, a razão que depende das condições de temperatura do ar local. As propriedades variáveis dos volumes de ar em movimento podem ser expressas graficamente num tefigrama. O tefigrama pode também ser usado para determinar, entre outras coisas, o seguinte:

1. o nível no qual um volume de ar torna-se saturado se forçado a se elevar, isto é, o nível de condensação;
2. o acamadamento ou a estabilidade da atmosfera em vários níveis (ver Capítulo 9).

b. Estabilidade e instabilidade do ar

Um volume ou uma massa de ar é considerado estável, neutro, ou instável se, quando submetido a algum impulso perturbador, respectivamente, retorna a sua posição original, permanece em sua posição perturbada ou se afasta de sua posição original quando desaparecer o impulso de perturbação. Num volume ou massa de ar *estável* a *razão ambiental* é menor do que a razão adiabática seca. Isto significa que se o ar é forçado a elevar-se ele será sempre mais frio e mais denso do que o ar circundante e tenderá a retornar a seu nível original. Se tal ar é também forçado a descer, ele ganhará temperatura na razão adiabática seca e sempre mais quente e menos denso que o ar circundante. Desse modo, tenderá a retornar a sua posição anterior, a menos que seja impedido de fazê-lo por alguma razão.

Em contraste, quando ou onde a razão ambiental for maior que a razão adiabática seca, o ar será sempre mais quente que o ar circundante e, por isso, instável. Se o volume de ar é forçado para baixo sob esta condição, ele será sempre mais frio que o ar circundante. A característica do ar instável é sua tendência de continuar se movendo a partir de sua posição original, uma vez iniciado o movimento.

Há dois outros tipos de condição de instabilidade, conhecidos como *instabilidade condicional* e *potencial*. Um volume de ar pode ser estável em suas camadas mais baixas e, quando forçado a elevar-se pelo aquecimento convectivo ou pela barreira orográfica, torna-se mais quente do que o ar circundante e se eleva livremente. Esta situação é conhecida como *instabilidade condicional*, porque o desenvolvimento da instabilidade é dependente da umidade relativa do ar. O estado de instabilidade condicional ocorre freqüentemente, uma vez que a razão ambiental está muitas vezes entre as razões adiabáticas secas e saturadas. Se, depois da elevação, um volume de ar torna-se condicionalmente instável, considera-se que o mesmo esteve no estado de *instabilidade convectiva* ou *potencial.*

Finalmente, um volume ou uma massa de ar é considerado *neutro* se, quando forçado para cima ou para baixo, tem a tendência de permanecer em sua posição perturbada, no momento em que desaparecer a força motivadora. Esta situação ocorre quando a razão adiabática seca e a ambiental são iguais. A determinação da condição de estabilidade num volume ou numa massa de ar, com o auxílio da análise do tefigrama, será discutida no Capítulo 9.

Nuvens

As nuvens são agregados de gotículas d'água muitíssimo pequenas, de cristais de gelo, ou uma mistura de ambos, com suas bases bem acima da superfície terrestre. As nuvens são formadas principalmente por causa do movimento vertical de ar úmido, como na convecção, ou em ascensão forçada sobre áreas elevadas, ou no movimento vertical em larga escala, associado a frentes e depressões.

As nuvens são normalmente classificadas em tipos com base em dois critérios. São estes:

1. aspecto, estrutura e forma ou aparência da nuvem;
2. a altura na qual a nuvem ocorre na atmosfera.

Utilizando o primeiro critério, temos os seguintes tipos principais de nuvens:

1. nuvens cirriformes, com aparência fibrosa;
2. nuvens estratiformes, que se apresentam em camadas;
3. nuvens cumuliformes, que aparecem empilhadas.

Utilizando o segundo critério, podemos identificar as nuvens baixas, médias e altas. A altura da base da nuvem, contudo, varia com a latitude, como se mostra na Tabela 7.4. Ela também varia com a aparência ou com a forma da nuvem. Por exemplo, as nuvens cirriformes tendem a ser nuvens altas, enquanto as nuvens cumulus apresentam tal desenvolvimento progressivo vertical que não podem ser significativamente classificadas pela altura da base das nuvens. Os dez tipos básicos de nuvens que são reconhecidos de acordo com a altura e a forma são mostrados na Fig. 7.5 e na Tabela 7.5.

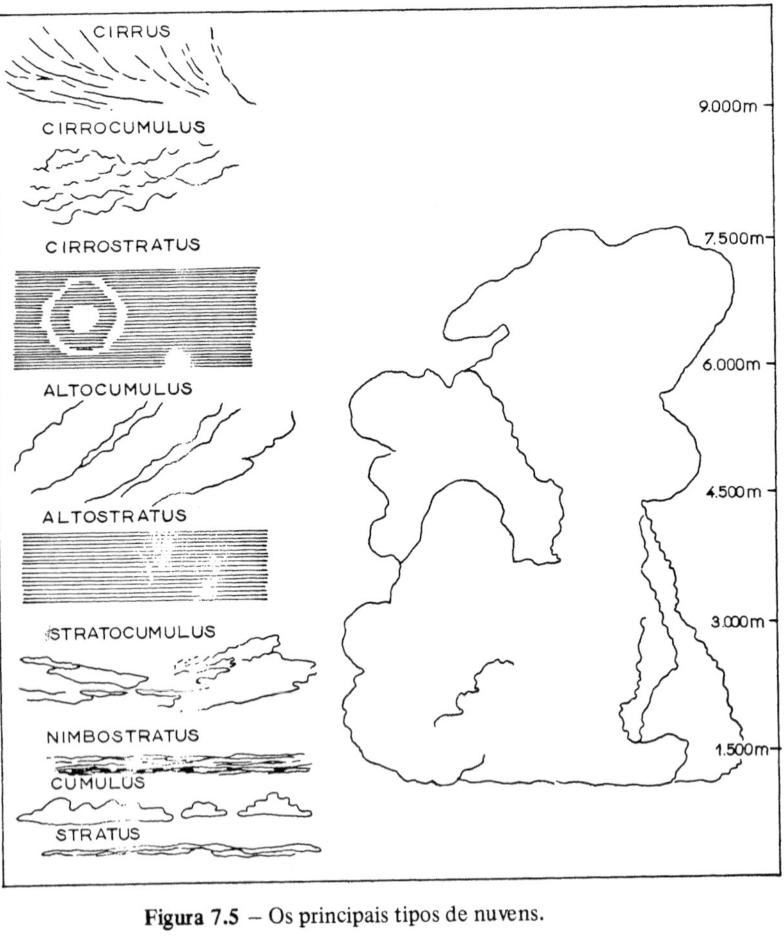

Figura 7.5 – Os principais tipos de nuvens.

Tabela 7.4 – Variações na altitude da base das nuvens, nas diversas zonas latitudinais, em metros (conforme Barry e Chorley, 1976)

Nuvens	Trópicos	Latitudes Médias	Latitudes altas
Nuvens altas	acima de 6.000	acima de 5.000	acima de 3.000
Nuvens médias	2.000–7.500	2.000–7.000	2.000–4.000
Nuvens baixas	abaixo de 2.000	abaixo de 2.000	abaixo de 2.000

Também é possível classificar as nuvens de acordo com seus modos de origem, isto é, de acordo com o mecanismo de movimento vertical que produz a condensação. Tais categorias amplas são as quatro seguintes:

1. nuvens produzidas por uma elevação gradual do ar numa depressão;
2. nuvens produzidas por convecção térmica;
3. nuvens produzidas por convecção forçada, isto é, turbulência mecânica;
4. nuvens produzidas por ascensão de massas de ar sobre uma barreira montanhosa.

Cada um destes grupos pode, no entanto, incluir uma grande variedade de nuvens de diferentes estruturas e aparências. Além disso, o mesmo tipo de nuvem pode ser produzido por dois diferentes mecanismos de movimento vertical. Por exemplo, as nuvens cumulus podem ser produzidas por convecção térmica ou por elevação forçada do ar sobre montanhas.

A nebulosidade ou a quantidade de nuvens é especificada pela proporção de céu coberto por nuvens de qualquer tipo. Esta proporção é visualmente estimada em *oktas*. Um *okta* é uma unidade de medida de quantidade de nuvens igual à área de um oitavo do céu dentro do campo de visão do observador. A distribuição latitudinal da nebulosidade anual média sobre a Terra indica que a nebulosidade é mais baixa nos subtrópicos e mais elevada nas altas latitudes (ver Fig. 7.6).

O valor comparativamente baixo da nebulosidade para as baixas latitudes deve-se basicamente à ausência geral de nuvens estratiformes. Os valores muito baixos nas zonas subtropicais são causados pelas células de alta pressão dominantes, com ar subsidente. Os valores ligeiramente mais elevados em torno do Equador estão associados à baixa pressão e ao fluxo convergente de ar.

Tabela 7.5 – Classificação das nuvens

Grupo	Níveis médios superior e inferior (em metros)	Tipos de nuvens
Nuvens altas	6.000–12.000	Cirrus (Ci) Cirrocumulus (Cc) Cirrostratus (Cs)
Nuvens médias	2.000–6.000	Altocumulus (Ac) Altostratus (As)
Nuvens baixas	nível do solo–2.000	Stratocumulus (Sc) Stratus (S) Nimbostratus (Ns) Cumulus (Cu)* Cumulonimbus (Cb)*

* Estas nuvens podem estender-se a partir da superfície terrestre até uma altura de 6.000 metros. Os cumulus e cumulonimbus são geralmente conhecidos como nuvens de desenvolvimento vertical.

Dentro de uma dada zona, a nebulosidade varia com o local e com a estação. Há também variações diurnas. As variações sazonais são grandes nos trópicos, particularmente fora da zona equatorial. Sobre o continente, os processos convectivos causam um máximo de nebulo-

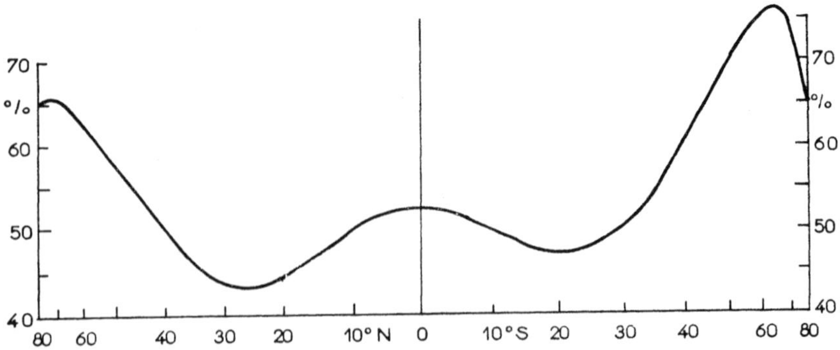

Figura 7.6 – Variação latitudinal na nebulosidade média anual (conforme Sellers, 1965).

sidade vespertina na maior parte dos trópicos. Como as temperaturas nos continentes diminuem à noite, o ar torna-se estável e a nebulosidade diminui. As nuvens estratiformes podem, no entanto, persistir ao longo da noite, visto que retardam o resfriamento durante esse período. Por outro lado, sobre as superfícies hígricas tropicais a nebulosidade apresenta um máximo à noite, como resultado da instabilidade, que é mais intensificada pelo resfriamento radiativo dos topos das nuvens.

A correlação entre a quantidade de nuvens e a precipitação nem sempre é alta ou confiável. Se as nuvens são do tipo estratiforme e/ou são finas demais, pouca ou nenhuma precipitação será produzida. As áreas costeiras da Namíbia, Marrocos ou Peru, por exemplo, apresentam elevadas quantidades de nuvens, mas essas áreas recebem muito pouca precipitação. Notáveis quantidades de chuva normalmente caem nos trópicos, das nuvens cumulonimbus, enquanto na região temperada uma precipitação considerável cai das nuvens nimbostratus e, no verão, dos cumulonimbus. Podemos agora examinar os mecanismos pelos quais a precipitação é produzida a partir das massas de gotas d'água e de cristais de gelo microscópicos que compõem a nuvem.

Formação da precipitação

Várias teorias sobre a formação das nuvens foram apresentadas em diversas épocas e, virtualmente, todas têm sido rejeitadas por uma razão ou outra. As duas teorias comumente aceitas são aquelas que explicam o crescimento das gotas de chuva em termos de cristais de gelo, que aumentam às custas das gotas d'água (Teoria de Bergeron-Findeisen) ou em termos de coalescência de pequenas gotas d'água por colisão e pela ação de açambarcamento das gotas que caem (teoria da coalescência).

De acordo com a teoria de Bergeron-Findeisen, sobre a formação das gotas de chuva, os cristais de gelo dentro das nuvens tendem a ficar maiores à custa das gotas d'água, até se tornarem pesados demais para serem mantidos pela nuvem e, conseqüentemente, caírem. Estes cristais de gelo derreterão para formar as gotas, se encontrarem ar mais quente à medida que caem. Se não, cairão na forma de gelo. Quando a temperatura perto da superfície terrestre estiver em torno do ponto de congelamento, os cristais de gelo derreter-se-ão parcialmente e cairão na forma de granizo, uma mistura de chuva e pedras de gelo. As pedras de gelo se avolumam à custa das gotas d'água porque a pressão vaporífica de saturação sobre o gelo é menor do que sobre a água. Isto significa que o vapor, que é somente saturado com respeito à água, é supersaturado com relação ao gelo. A condensação então ocorre sobre os cristais de gelo, à custa das gotas d'água submetidas a um super-resfriamento.

A teoria de Bergeron-Findeisen é apoiada pela observação e pelas experiências de laboratório. Por exemplo, nas áreas extratropicais quase sempre se observa que precipitação significante sempre provém das nuvens cujos topos se estendem além do ponto de congelamento na atmosfera, ao passo que as nuvens mais baixas não produzem nada mais do que neblina ou chuvisco. Também as experiências de radar têm confirmado a existência tanto de gotículas d'água como de cristais de gelo nas nuvens que se estendem além do nível de congelamento e que tais nuvens produzem significante precipitação. Finalmente, nas experiências de semeaduras de nuvens, têm-se formado nuvens para produzir chuva pela semeadura com gelo fino e seco (forma sólida de CO_2) ou iodeto de prata, que possui uma estrutura cristalina muito semelhante à do gelo.

A teoria de Bergeron-Findeisen não pode, no entanto, ser usada para explicar o processo de formação de gotas de chuva em nuvens tropicais, as quais são normalmente quentes, visto que não se estendem até o ponto de congelamento na atmosfera. Essas nuvens são, por conseguinte, compostas exclusivamente de gotas d'água. E, contudo, essas nuvens produzem abundante precipitação. Em tais nuvens, as gotas d'água aumentam pelo processo de coalescência. As gotas d'água maiores caem das nuvens mais rapidamente do que as menores, alcançando e absorvendo as gotas menores ao longo de seu percurso. As gotículas maiores também arrastam ou abarcam as menores e as absorvem (ver Fig. 7.7). Os resultados experimentais indicam que o processo de coalescência permite um crescimento mais rápido das gotas de chuva do que a simples condensação, embora ele seja inicialmente bastante lento (ver Fig. 7.8). Julga-se que o processo de coalescência ocorra em nuvens nas massas de ar tropicais marítimas nas latitudes temperadas, particularmente no verão.

Outros fenômenos de condensação

Além das nuvens e da precipitação, outros fenômenos meteorológicos associados à condensação, particularmente na superfície terrestre ou próximo dela, incluem o orvalho, a névoa e a geada.

(a)

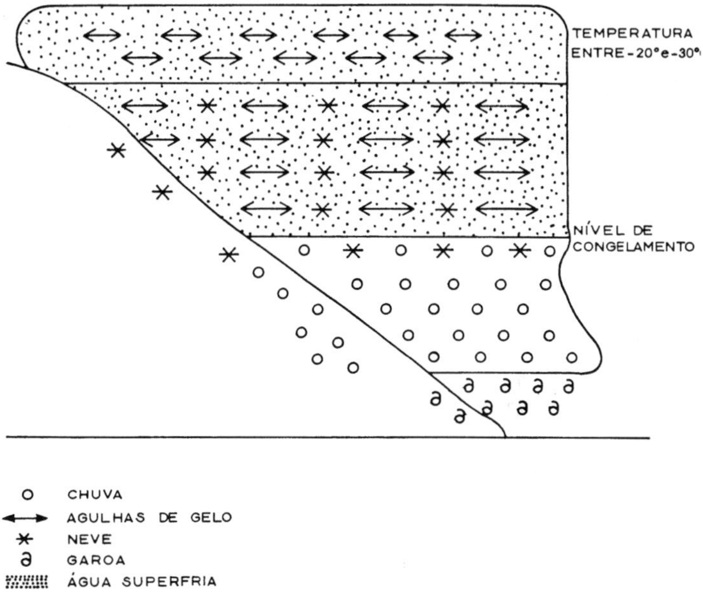

(b)

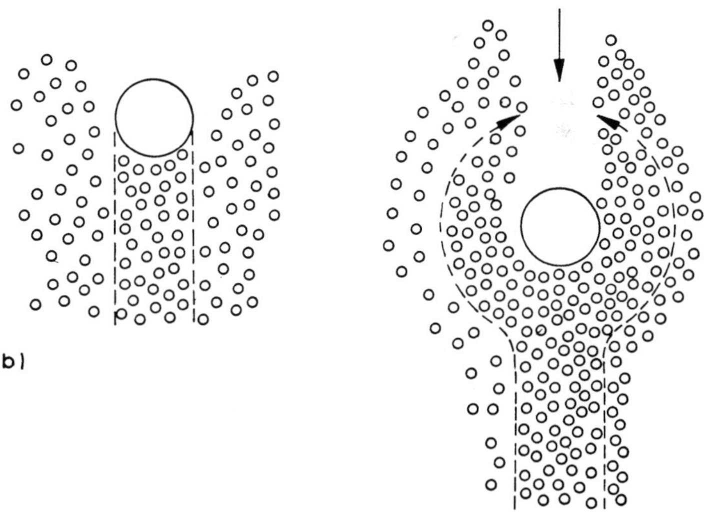

Figura 7.7 – Processos de formação das gotas de chuva, conforme (a) teoria de Bergeron-Findeisen, e (b) teoria da coalescência.

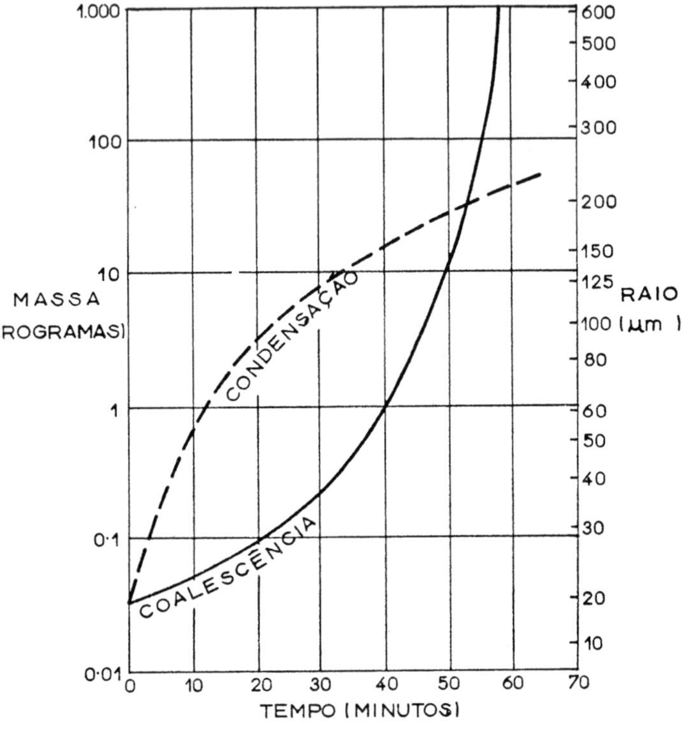

Figura 7.8 – Crescimento das gotas de chuva por condensação e coalescência (conforme Barry e Chorley, 1976).

O orvalho é a condensação do vapor d'água sobre uma superfície cuja temperatura tenha se reduzido pelo resfriamento radiativo até abaixo da temperatura de ponto de orvalho do ar em contato com ele. Há *dois* processos de formação do orvalho. O primeiro é aquele em que, sob condições calmas, o vapor d'água difunde-se para cima, a partir do solo, para a superfície exposta e em processo de congelamento, tal como a grama em contato com ele, e aí se condensa.

O segundo é aquele em que, sob condições de vento fraco, acontece a transferência turbulenta para baixo de vapor d'água da atmosfera para a superfície fria. Isto é conhecido como "orvalhada" e ocorre menos comumente do que o primeiro processo.

Os dois processos ocorrem nas noites relativamente claras e calmas quando o resfriamento radiativo é favorecido. Para a garoa ocorrer o ar deve, além disso, estar úmido e ter vento fraco, mas não excessivo.

O termo "nevoeiro" é usado para descrever obscuridade nas camadas superficiais da atmosfera, na qual a visibilidade é menor que 1 quilômetro. A obscuridade na atmosfera pode se dever às diminutas gotas d'água ou às partículas de fumaça, ou tanto a umas quanto às outras, em suspensão na atmosfera.

Os nevoeiros podem ser compostos inteiramente de fumaça ou de partículas de poeira, embora muitos deles, particularmente nas áreas industriais, se componham tanto de partículas de fumaça como de gotículas d'água. Tais nevoeiros são conhecidos também por *smog**.

Os *fogs*, que se compõem inteira ou principalmente de gotículas d'água, são classificados de acordo com o processo físico que produz a saturação do ar. Assim, temos os seguintes tipos de nevoeiro:

1. o nevoeiro de radiação, que se forma sobre a terra em noites límpidas e calmas, com ar úmido;
2. o nevoeiro advectivo, que é formado quando o ar relativamente quente, úmido e estável se move sobre uma superfície terrestre ou aquática fria;
3. nevoeiro de vertente ou de montanha, que se forma em vertentes de montanhas de barlavento pela subida forçada de ar estável e úmido até que seja atingida a saturação, como resultado do resfriamento adiabático por expansão;
4. o nevoeiro de evaporação, que é formado pela evaporação de água relativamente quente em meio a ar frio. Há dois tipos dessa modalidade de nevoeiro: o nevoeiro de vapor ou fumaça do mar Ártico, que se desenvolve quando o ar frio se move sobre uma superfície de água quente, de maneira que a água parece exalar vapor à medida que a água quente é evaporada num ar frio, e o nevoeiro frontal, que ocorre no limite entre duas massas de ar (frente), como resultado da queda da chuva do ar relativamente quente acima de uma superfície frontal que está sendo evaporada no seio da camada de ar inferior mais fria, e mais seca, provocando a sua saturação.

* *Smog* – combinação de *smoke* (fumaça) e *fog* (nevoeiro) – mistura de neblina e fumaça. (N. do T.)

Deve-se notar que os nevoeiros, na natureza, resultam freqüentemente da ação combinada de dois ou mais dos processos físicos acima descritos.

Diz-se que a geada ocorre quando a temperatura do ar em contato com o solo ou com anteparos está abaixo do ponto de congelamento, produzindo "geada superficial" e "geada do ar", respectivamente. O termo "geada" é também usado para descrever os depósitos de gelo sobre o solo ou sobre objetos em tais condições de temperatura. O significado da geada na agricultura será discutido no Capítulo 12.

Referências Bibliográficas

BARRY, R.G. e CHORLEY, R.J. *Atmosphere, Weather and Climate*. 3ª ed., Londres, Methuen, 1976.

BOWEN, I.S. The ratio of heat losses by conduction and by evaporation from any water surface. *Physical Review, 27*: 779-787, 1926.

CHANG, Jen-hu On the study of evapotranspiration and the water balance. *Erdkunde, 19*: 141-150, 1964.

GARNIER, B.J. A method of computing potential evapotranspiration. *Bulletin de L'Infan, 18,* A 3: 665-676, 1956.

GATES, E. S. *Meteorology and Climatology for the Sixth form and Beyond.* 4ª ed. Londres, Harrap, 1972.

LANDSBERG, H.E. *Physical Climatology*. Pensilvânia, Gray Printing Co. 1966.

PENMAN, H.L. Natural evaporation from open water, bare soil and grass. *Proceedings Royal Society Series A, 193*: 120-145, 1948.

SELLERS, W.D. *Physical Climatology*. Chicago, University of Chicago Press, 1965.

SIBBONS, H. L. A contribution to the study of potential evapotranspiration. *Geografisker Annaler, 44*: 279-292, 1962.

THORNTHWAITE, C.W. An approach toward a rational classification of climate. *Geographical Review, 38*: 55-94, 1948.

THORNTHWAITE, C.W. e HOLZMAN, B. The determination of evaporation from land and water surfaces. *Mon. Wea. Rev., 67*: 4-11, 1939.

CAPÍTULO 8
PRECIPITAÇÃO

Medidas de precipitação

Em meteorologia, o termo "precipitação" é usado para qualquer deposição em forma líquida ou sólida e derivada da atmosfera. Conseqüentemente, o termo refere-se às várias formas líquidas e congeladas de água, como a chuva, neve, granizo, orvalho, geada e nevoeiro. Contudo, somente a chuva e a neve contribuem significativamente para com os totais de precipitação e, nos trópicos, o termo precipitação pluvial é sinônimo de precipitação, pois a neve inexiste, exceto em algumas montanhas altas como o Kilimanjaro, na África Oriental e nos Andes, na América do Sul. A precipitação de neve é difícil de medir com exatidão e a maioria dos registros de precipitação são, de fato, registros equivalentes de precipitação pluvial. Neste capítulo, portanto, precipitação pluvial e precipitação serão usados alternadamente.

A altura da precipitação de neve recente é usualmente medida por uma régua graduada. O teor de água é medido por um registrador de precipitação de neve que é na realidade o pluviômetro normal adaptado com alguns dispositivos para coletar a precipitação sólida e fundi-la, antes que se faça a leitura. Um metro de neve recentemente caída, quando muda para o estado líquido fornece a mesma quantidade de água que 10 cm de precipitação pluvial. Portanto, a nevada pode ser medida na ausência de um medidor de precipitação de neve por meio da coleta e do derretimento de amostras de neve que tenha caído recentemente em espaço aberto.

A medição da precipitação pluvial, embora mais exata do que a da precipitação de neve, encontra-se cercada de alguns problemas. A precipitação pluvial é medida com a ajuda do pluviômetro, do qual existem dois tipos básicos, o pluviômetro registrador (ou autográfico) e não-registrador. No primeiro tipo de pluviômetro existe um mecanismo para medir o volume e o peso da precipitação pluvial que alcança o medidor, bem como a sua duração. Existem três tipos principais de pluviômetros registradores, dependendo dos mecanismos operadores principais, que podem ser o sifão basculante, o coletor removível ou o sistema coletor de pesagem. Qualquer que seja o mecanismo operador, é feito um registro em um gráfico móvel e, algumas vezes, em fita perfurada ou magnética.

O medidor autográfico de sifão basculante é, talvez, o pluviômetro autográfico mais usado. Este medidor é uma versão do medidor-padrão contendo, porém, uma câmara coletora adaptada com um flutuador. À medida que a chuva cai e a câmara se enche, o flutuador sobe e uma caneta, ligada à extremidade superior, marca uma linha que se dirige para cima em um gráfico fixado em um tambor cilíndrico, impulsionado por um mecanismo de precisão. Quando a câmara está cheia de água da chuva, ela se inclina sobre seu eixo e o conteúdo é escoado do medidor. O flutuador retorna ao seu nível original e a caneta repousa na base do gráfico. A câmara se enche novamente à medida que a chuva continua a cair e todo o processo é repetido até que a chuva termine. Um ciclo completo mede 5 mm de chuva. Durante as tempestades, a caneta faz rapidamente várias subidas e descidas. Durante os períodos secos uma linha horizontal é traçada em torno da base do gráfico. Usualmente, os gráficos são mudados a cada 24 horas. Um gráfico pluviométrico autográfico tem linhas horizontais, que representam a quantidade de chuvas em milímetros, e linhas verticais, que representam a duração da precipitação pluvial em horas e minutos. Com a utilização de um gráfico, podemos determinar não somente o volume de uma determinada tempestade como também sua duração e intensidade média. Os instrumentos registradores da intensidade da precipitação pluvial, assinalando que os valores de precipitação podem ser obtidos à qualquer momento, estão em disponibilidade. No caso de um pluviômetro não-registrador, somente o volume total da precipitação pode ser medido. A chuva entra em um recipiente coletor através de uma abertura com área distinta, sendo que a chuva coletada é medida com a utilização de um frasco medidor ou uma proveta, graduados em milímetros.

O volume da chuva captado por um dado pluviômetro em determinado local depende de numerosos fatores, tais como a altura do pluviômetro acima do solo, a velocidade do vento e a taxa de evaporação. Os fatores de localização do sítio também são importantes. Experimentos têm mostrado que quanto maior a altura do pluviômetro acima do solo, menor é o volume de chuva captado (ver Tabela 8.1). Similarmente, o volume de chuva coletado por um pluviômetro tende a diminuir com a crescente velocidade ou turbulência do vento (ver Tabela 8.2). Portanto, os pluviômetros têm que estar bem situados, longe de quaisquer obstáculos, como árvore ou paredes, capazes de influenciar o volume de chuva coletado.

Tabela 8.1 – Variações da captação da chuva em função da altura do pluviômetro.

Altura da boca do pluviômetro (acima do solo)	Captação da chuva em porcentagem (em relação à altura de 0,3 m)
50 mm	105,0
100 mm	103,0
150 mm	102,0
200 mm	101,0
300 mm	100,0
0,45 m	99,2
0,75 m	97,7
1,5 m	95,0
6 m	90,0

Tipos de precipitação

É convencional classificar a precipitação em três tipos principais, tomando-se por base a maneira de elevação do ar que tenha dado origem à precipitação. Os tipos são:

1. tipo convectivo de precipitação associado com a instabilidade convectiva;
2. precipitação do tipo ciclônico associado com convergência em uma depressão;
3. precipitação orográfica associada às áreas acidentadas ou montanhosas.

Estes tipos de precipitação podem agora ser descritos.

Tabela 8.2 – Efeito da velocidade do vento sobre a captação do pluviômetro.

Velocidade do vento (em m/s)	Déficit porcentual a partir da captação verdadeira
0	0
2	4
4	10
6	19
8	29
10	40
12	51

A *precipitação do tipo convectivo* está associada às nuvens do tipo cumulus e cumulonimbus. A precipitação é causada pelo movimento vertical de uma massa de ar ascendente, que é mais quente do que o meio ambiente. A precipitação do tipo convectivo é usualmente mais intensa do que a precipitação ciclônica ou orográfica, embora ela seja normalmente mais curta quanto à duração. A precipitação do tipo convectivo é freqüentemente acompanhada de trovões. Dependendo do grau de organização espacial da precipitação, as três subcategorias seguintes de precipitação do tipo convectivo podem ser identificadas.

1. Aguaceiros convectivos dispersos com a duração de meia a uma hora podem ocorrer numa área de 20 – 50 quilômetros quadrados, depois de um intenso aquecimento solar da superfície do solo, particularmente no verão. A precipitação é do tipo de tempestades com trovões e freqüentemente inclui o granizo.
2. Aguaceiros convectivos organizados podem ser formados como resultado de intensa insolação sobre superfícies elevadas de terreno, nos trópicos, ou quando massas de ar úmidas e instáveis passarem sobre uma superfície mais quente. Tais células convectivas deslocam-se com o vento e ocorrem paralelas a uma frente fria de superfície ou à frente de uma massa moderadamente quente. A precipitação é generalizada, mas pode ter duração curta em uma dada localidade.
3. As nuvens cumulonimbus organizadas em torno do vórtice dos ciclones tropicais trazem precipitação intensa e prolongadas por grandes áreas.

A *precipitação ciclônica* é causada por um movimento vertical do ar em grande escala, associado com sistemas de baixa pressão como as depressões. A precipitação é moderadamente intensa, contínua e afeta áreas muito extensas à medida que a depressão se desloca. A precipitação ciclônica não é tão intensa como a precipitação do tipo convectivo, porém tem uma duração mais prolongada. Freqüentemente, a precipitação ciclônica dura de 6 a 12 horas.

A *precipitação orográfica* é usualmente definida como aquela que é causada inteira ou principalmente pela elevação do ar úmido sobre terreno elevado. Contudo, as montanhas, sozinhas, não são muito eficientes para fazer com que a umidade seja removida da massa de ar que se desloca por elas. Todavia, as áreas montanhosas recebem mais precipitação do que os terrenos baixos adjacentes. Além disso, as vertentes a barlavento das montanhas são conhecidas por receberem mais precipitação do que as vertentes a sotavento, que são consideradas como sofrendo o efeito de "sombra de chuva" das vertentes a barlavento. O grau de influência das montanhas sobre a precipitação depende de seu tamanho e de seu alinhamento relativo aos ventos portadores de chuvas. Ele também depende da estabilidade ou, de outra maneira, da atmosfera, bem como da umidade da massa de ar. Em uma atmosfera estável, a influência orográfica restringe-se à proximidade da montanha ou da escarpa, de maneira que a ação principal do terreno elevado é apenas redistribuir a precipitação. Por outro lado, quando a atmosfera é instável, a orografia tende a aumentar o volume de precipitação bem como distribuí-la por sobre uma área maior. As montanhas podem influenciar a precipitação em uma ou mais das seguintes maneiras (Barry e Chorley, 1976):

1. Elas provocam a instabilidade condicional ou convectiva ao favorecer um deslocamento inicial à corrente de ar ou por meio de um aquecimento diferencial das vertentes das montanhas, que estão diferentemente expostas à insolação.
2. Elas aumentam a precipitação ciclônica retardando a velocidade do deslocamento das depressões.
3. Elas causam a convergência e a elevação através dos efeitos de afunilamento dos vales sobre as correntes de ar.
4. Encorajam a ascensão turbulenta do ar através da fricção superficial. Em tais condições, pode ocorrer a formação de nuvens stratus e stratocumulus, e ocasionar a precipitação de garoas ou chuvas ligeiras.

5. A orografia também pode influenciar a precipitação através do retardamento friccional de uma corrente de ar que se move do oceano para o continente. A convergência e a ascensão do ar podem ser iniciadas dessa maneira.

Distribuição mundial da precipitação

A distribuição da precipitação sobre a superfície terrestre é muito mais complexa do que a da insolação ou da temperatura do ar (Fig. 8.1). Isso ocorre porque praticamente toda precipitação resulta do resfriamento adiabático devido à ascensão das massas de ar, e as chuvas são mais elevadas nas áreas de ascendência das massas de ar. As principais áreas são as zonas de fluxos de ar horizontais convergentes na região equatorial e as zonas de perturbações atmosféricas nas latitudes médias, assim como as áreas localizadas a barlavento das cadeias montanhosas.

Os principais aspectos do padrão mundial da precipitação, expresso na Figura 8.1, são:

1. Há precipitação abundante na zona equatorial e quantidades moderadas a altas nas latitudes médias.
2. As zonas subtropicais e as áreas circunvizinhas aos pólos são relativamente secas.
3. As zonas litorâneas ocidentais nos subtrópicos tendem a ser secas, enquanto as zonas litorâneas orientais tendem a ser úmidas.
4. Nas altas latitudes as costas ocidentais são, em geral, mais úmidas do que as costas orientais.
5. A precipitação é abundante nas vertentes a barlavento das montanhas, porém esparsa nos lados a sotavento.
6. As áreas próximas dos grandes corpos hídricos recebem mais precipitação do que os interiores dos continentes, que se localizam distantes das fontes oceânicas de suprimento de umidade.

A distribuição da precipitação média anual por zonas de latitude está mostrada na Fig. 8.2. Conforme expresso no gráfico, a precipitação sobre as superfícies oceânicas é mais elevada do que sobre o continente. Ocorre um máximo de precipitação tanto no continente como nos oceanos em torno do Equador, onde a convergência dos ventos de superfície origina a ascensão em grande escala do ar instável úmido e moderadamente quente. O volume de precipitação diminui na direção

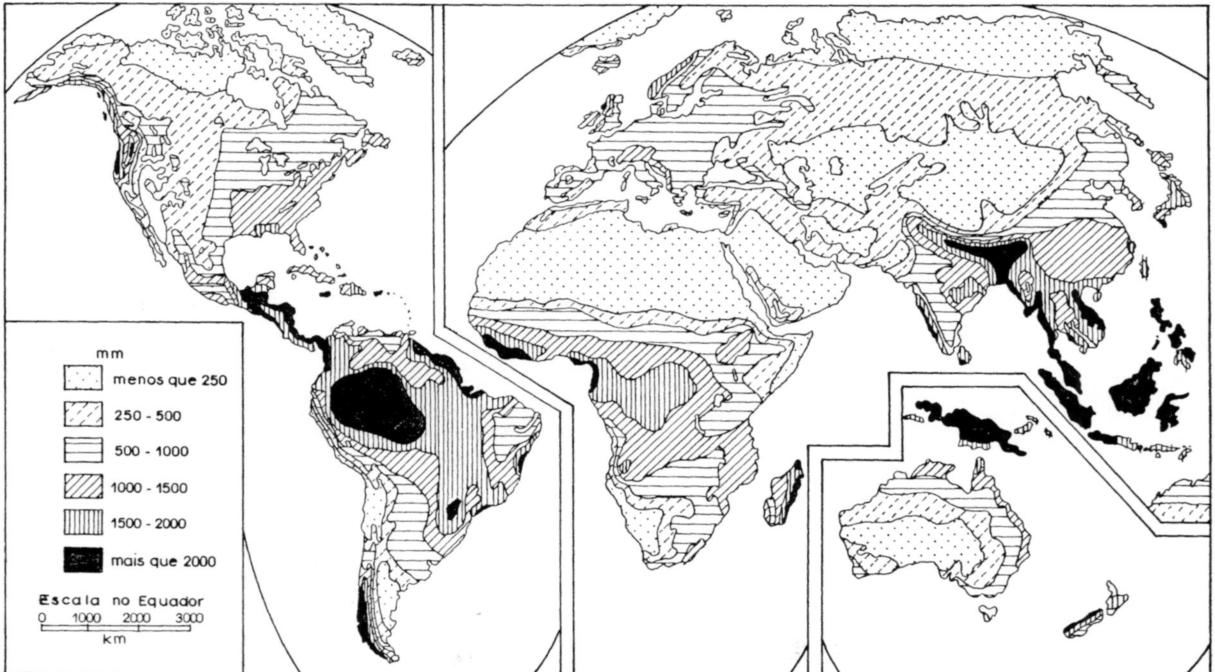

Figura 8.1 – Distribuição mundial da precipitação média anual

dos pólos, em cada hemisfério, alcançando mínimas secundárias nos subtrópicos, caracterizados pela alta pressão com sistemas de ventos divergentes e pela subsidência vertical. Na direção dos pólos e a partir dos subtrópicos, a precipitação aumenta para alcançar um máximo secundário próximo das latitudes de 40 – 50°N e S do Equador. Estas são zonas de convergência das latitudes médias e das depressões associadas. Na direção dos pólos e a partir das latitudes de 50 – 55°, nos dois hemisférios, a precipitação diminui muito acentuadamente para alcançar mínimos polares, além das latitudes de 75°N e S (Trewartha, 1968).

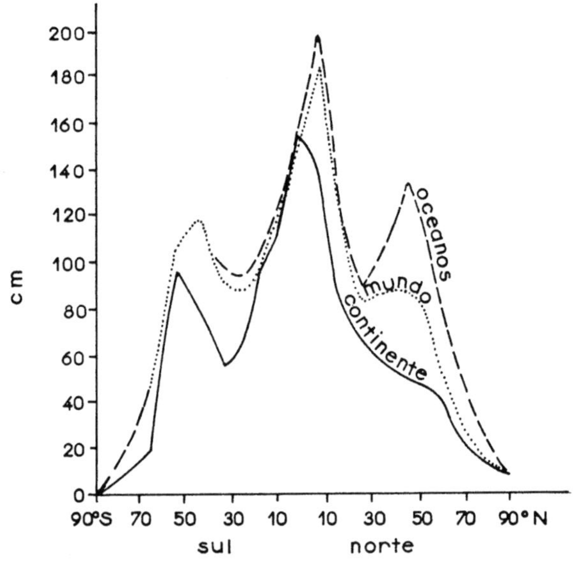

Figura 8.2 – Distribuição da precipitação anual, de acordo com as zonas latitudinais (conforme Trewartha, 1968).

O padrão de distribuição da precipitação sobre o globo é, portanto, bastante complexo devido à influência de vários fatores, tais como a topografia (elevação), a distância a partir dos grandes corpos hídricos, a direção e caráter das massas de ar predominantes, entre outros. Estes fatores podem ser agrupados em duas classes: os que influenciam os movimentos verticais da atmosfera (como, por exemplo, a convergência/divergência, os distúrbios atmosféricos e as barreiras orográficas) e os que se relacionam com a natureza do próprio ar, particularmente sua estabilidade ou instabilidade e suas características térmicas e de umidade. Tais características são determinadas pela natureza da região de origem da massa de ar, pela trajetória subseqüente e pelo tempo de sua duração, entre outras (ver Capítulo 6).

Variações sazonais na precipitação

A distribuição sazonal da precipitação é tão importante quanto o volume total, tanto nas áreas tropicais como nas extratropicais. Em muitas partes dos trópicos, a precipitação ocorre principalmente durante o verão e abrangendo metade do ano, sendo a outra estação relativamente seca, principalmente no inverno. As épocas do início, duração e término da estação chuvosa controlam as atividades agrícolas nos trópicos. A estação chuvosa de certa forma provoca pequeno abaixamento das temperaturas e exerce considerável influência sobre o modo de vida das pessoas, ao limitar as atividades ao ar livre. Pelo fato de que a temperatura e outros elementos climáticos são muito mais uniformes, a distribuição sazonal da precipitação pluvial constitui a base para a maioria das classificações ou subdivisões dos climas tropicais.

A distribuição sazonal da precipitação também é elemento importante do tempo atmosférico e do clima nas latitudes médias e altas. Enquanto nos trópicos a precipitação pluvial é efetiva para o crescimento da planta, qualquer que seja a época do ano em que ocorra, nas latitudes médias somente a precipitação que cai durante a estação isenta de congelamento pode ser efetiva. A precipitação no inverno ocorre principalmente na forma de neve, que não pode ser utilizada pelas plantas até que venha a se derreter. Além disso, nessa época as temperaturas freqüentemente são muito baixas para que haja o crescimento das plantas.

A precipitação tende a ser mais sazonal em sua incidência nos trópicos, em comparação com as áreas extratropicais. A marcha sazonal da precipitação nas latitudes baixas é controlada principalmente pela migração norte – Sul do cinturão de ventos que, juntamente com suas zonas associadas de convergência e divergência, segue o curso do sol. Da mesma forma, o padrão de distribuição da precipitação sazonal é mais zonal nas latitudes baixas do que nas latitudes médias. Nestas últimas áreas, os continentes e os oceanos exercem considerável influência sobre o padrão de distribuição da precipitação. Finalmente, as áreas oceânicas não somente recebem mais precipitação durante o ano do que as áreas continentais, como também a precipitação é menos sazonal em sua incidência. A Fig. 8.3 mostra o padrão geral das variações na precipitação sobre o globo. A ênfase nesse diagrama esquemático está na migração norte – sul das zonas de convergência e de divergência. As variações sazonais na precipitação, que surgem de fatores não-sazonais, como a distribuição continental e hídrica, a disposição das terras altas e das variações longitudinais na circulação atmosférica, não são consideradas.

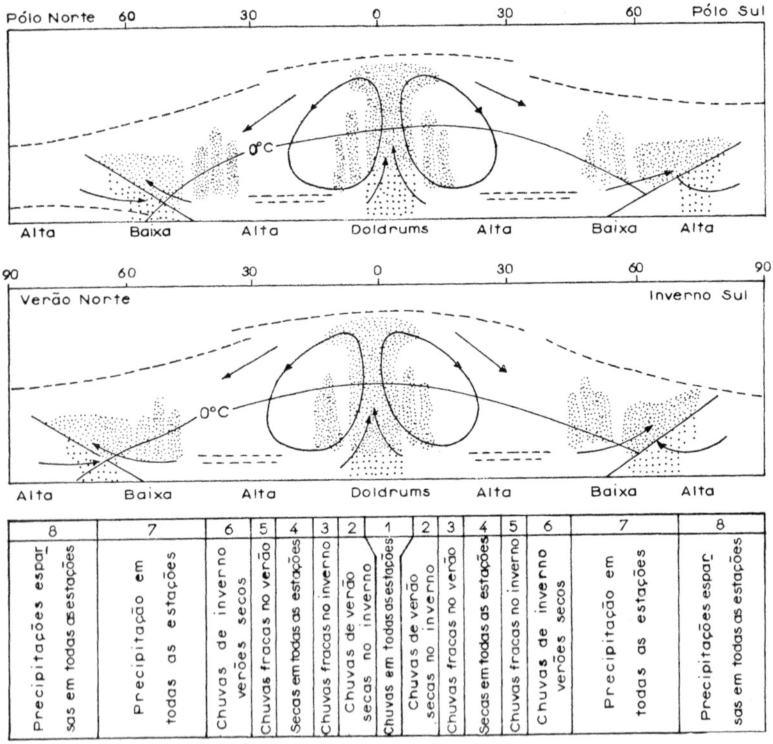

Figura 8.3 – Padrões da variação sazonal da precipitação, na superfície do globo (conforme Pettersen, 1969).

Em geral, podem-se reconhecer os seguintes regimes principais de precipitação pluvial, isto é, padrões de precipitação pluvial sazonal:

1. precipitação pluvial equatorial – a precipitação pluvial é abundante, ocorre durante todo o ano e é amplamente convectiva quanto à origem;
2. precipitação pluvial de savana – a precipitação pluvial é amplamente convectiva e ocorre durante o verão;
3. precipitação pluvial de deserto tropical – a precipitação é baixa em todas as estações;
4. precipitação pluvial mediterrânea – a precipitação é principalmente ciclônica (isto é, frontal) e ocorre no inverno. O verão é seco;
5. precipitação do oeste europeu – a precipitação é abundante, com mais chuvas no inverno do que no verão. A precipitação é principalmente ciclônica quanto à origem;
6. precipitação pluvial continental – a chuva cai principalmente no verão;
7. precipitação pluvial costeira de leste – a precipitação pluvial é elevada, provinda de ventos marítimos em baixas latitudes; nas latitudes médias a precipitação é derivada a partir de massa de ar úmida e moderadamente quente que se dirige para o interior no verão, e de tormentas ciclônicas no inverno;
8. precipitação pluvial polar – a precipitação é baixa com a precipitação máxima ocorrendo no verão, quando há mais umidade no ar e a influência ciclônica pode alcançar a área circunvizinha aos pólos.

Variações diurnas na precipitação

Existem notáveis variações na incidência da precipitação no decorrer do dia. Muito embora o regime de precipitação pluvial diurna não seja tão importante quanto o regime sazonal de precipitação pluvial, ele é, todavia, um aspecto importante do clima, particularmente nas baixas latitudes. O regime diurno de precipitação pluvial tem um forte efeito sobre o tráfego de aviões e sobre outros meios de comunicação, particularmente as estradas, quando não são pavimentadas. Ele também controla muitas das atividades ao ar livre e influencia a eficiência da chuva para fins agrícolas. A chuva que cai durante o dia está sujeita a intensas perdas por evaporação, particularmente nas latitudes baixas.

As variações diurnas na precipitação nas latitudes médias não são tão regulares quanto as das latitudes baixas e, portanto, são bastante imprevisíveis. Isto ocorre devido à diferença no mecanismo dominante de chuva nas duas áreas. Os processos convectivos dominantes nos dois trópicos são fortemente diurnos quanto ao caráter, enquanto nas latitudes médias predominam os distúrbios imprevisíveis e as frentes. Existem poucos estudos sobre a variação diurna na precipitação. Nas latitudes médias, as variações diurnas na precipitação atraíram apenas um interesse limitado, por causa de seu padrão irregular e imprevisível. Nos trópicos, onde os regimes diurnos da precipitação pluvial são mais regulares, seus estudos são dificultados pela ausência de dados adequados. Os regimes diurnos da precipitação pluvial somente podem ser indicados através de dados horários de precipitação pluvial, que são obtidos de pluviômetros autográficos, os quais ainda são limitados na maioria das áreas tropicais.

Embora a variação diurna da precipitação seja um fenômeno razoavelmente complicado, dois tipos gerais de regimes diurnos de precipitação pluvial podem ser reconhecidos. Estes são:

1. o tipo continental ou interior;
2. o tipo marítimo ou litorâneo.

O tipo continental é encontrado sobre grandes massas de terra (continentes), onde a maior parte da precipitação tende a ocorrer nas horas mais quentes do dia, quando o aquecimento solar é mais intenso e o índice de variação térmica é elevado, de maneira que o ar torna-se leve. Assim o regime continental é caracterizado por um máximo de precipitação pluvial durante o final da manhã ou da tarde, sendo amplamente convectivo quanto à natureza.

O regime marítimo é caracterizado por um máximo de precipitação durante a noite e primeiras horas da manhã, quando o ar marítimo é mais instável. Este regime ocorre sobre os oceanos e nas áreas costeiras ou nas proximidades dos grandes lagos. Considera-se que ele seja causado por algum tipo de convecção noturna, que resulta do aumento da inclinação do índice de variação térmica à medida que a troposfera superior é resfriada pelas perdas por radiação a partir do topo das nuvens (Nieuwolt, 1977).

Estes dois tipos de regimes diurnos de precipitação pluvial raramente são encontrados em alguma parte em suas formas ideais. A maioria dos lugares mostra alguns ligeiros desvios desses padrões ideais, devido ao efeito de fatores locais sobre os processos atmosféricos de pequena escala envolvidos na distribuição diurna da precipitação pluvial. Tais fatores incluem a topografia, o tipo de vegetação, as condições de drenagem, o albedo, a forma da linha de costa e a presença de pântanos, lagos, rios ou campos irrigados. Todos esses fatores podem influenciar o tempo da precipitação pluvial em uma dada localidade. A despeito das variações, a maioria dos postos interiores mostra uma tendência na direção de um mínimo de precipitação pluvial durante a manhã e um máximo no findar da tarde, independentemente das estações. Os desvios a partir do tipo ideal do regime marítimo são maiores nos locais costeiros. De fato, algumas pessoas têm questionado a base para a classificação dos regimes diurnos de precipitação pluvial em apenas dois tipos, desde que muito poucos postos podem ser classificados em qualquer um deles. Três regimes diurnos de precipitação pluvial foram reconhecidos, por exemplo, na Nigéria. São eles:

1. o regime de precipitação pluvial no período da tarde do Delta do Niger e do Planalto de Joz;
2. o regime de precipitação pluvial do período da manhã das regiões costeiras de sudoeste;
3. o regime difuso de precipitação pluvial do entardecer, da noite e do amanhecer, que recobre 75% do país.

Isto implica que, sobre a maior parte do país, o regime diurno de precipitação pluvial não é continental nem marítimo (ver Ilesanmi, 1972).

Thompson (1957) também notou que o regime continental não é generalizado nos postos interiores na África Oriental. Portanto, parece que poucos postos mostram o regime ideal de precipitação diurna, continental ou marítima. Os padrões observados são muito mais complexos do que os sugeridos por esses dois regimes teóricos.

Variabilidade da precipitação

As quantidades de precipitação média de longo prazo, para o mês, estação ou ano, dificilmente indicam a regularidade ou a confiabilidade com as quais determinadas quantidades de precipitação podem ser esperadas. Particularmente, este é o caso nas baixas latitudes e em áreas relativamente secas, onde a precipitação pluvial é conhecida como sendo altamente variável em sua incidência, particularmente de um ano para outro.

A variabilidade da precipitação pluvial é importante nos trópicos, pois tende a ser mais variável do que na região temperada e também é mais sazonal em sua incidência dentro do ano. Quanto menos variável é a precipitação pluvial, mais confiável ela é. Isto ocorre porque o índice de variabilidade é medida do grau de probabilidade da quantidade média que se repete a cada ano, estação, ou mês dependendo do período em consideração. Existem várias medidas de variabilidade, porém as duas comumente usadas nos estudos de precipitação são a *variabilidade relativa* e o *coeficiente de variação.* Esta última medida é a mais eficiente, desde que os dados sejam normalmente distribuídos, enquanto o índice de variabilidade relativa é usado em situações onde os dados não são normalmente distribuídos. No geral, os totais anuais de precipitação são normalmente distribuídos, exceto em áreas onde a precipitação pluvial anual média seja inferior a 750 mm. Os totais mensais e sazonais de precipitação pluvial tendem a não constituir população normal a não ser que os dados sejam transformados para normalizá-los. Assim, o índice de variabilidade relativa é comumente usado para mostrar sua variabilidade.

A variabilidade da precipitação anual sobre o globo é mostrada na Fig. 8.4. Existe uma relação inversa entre a quantidade de precipitação pluvial e a variabilidade dessa precipitação. A precipitação é mais variável nas áreas secas e subúmidas. Exemplos notáveis são os desertos e as estepes dos trópicos e da região temperada e as terras frias das altas latitudes. A variabilidade da precipitação pluvial é pequena nas regiões úmidas dos trópicos e nas latitudes médias ciclônicas. As conseqüências econômicas da variabilidade da precipitação pluvial são, contudo, mais sérias nas áreas agrícolas intensamente povoadas das regiões úmidas do que nas regiões frias ou secas, esparsamente povoadas. As áreas subúmidas são as mais vulneráveis, pois os pequenos desvios negativos provenientes da precipitação pluvial média podem causar um amplo fracasso das safras e a fome, conforme freqüentemente acontece nos trópicos subúmidos (ver Capítulo 12 para discussão a respeito da seca).

A baixa variabilidade implica que a precipitação média em um determinado lugar é confiável, enquanto a alta variabilidade implica amplas flutuações em torno do valor médio. A confiabilidade da precipitação pluvial pode, contudo, ser definida de uma outra maneira, bastante independente da variabilidade da precipitação pluvial. Uma dada quantidade de precipitação pode ser considerada como confiável

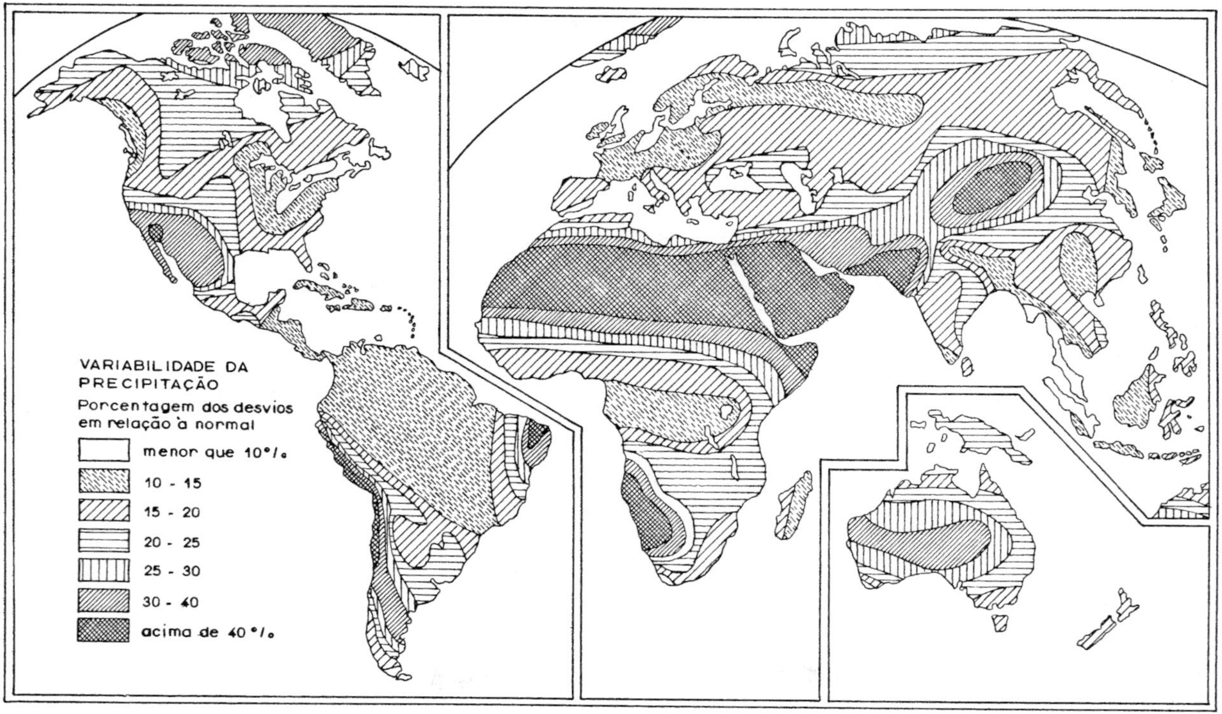

Figura 8.4 – A variabilidade da precipitação anual na superfície do globo.

se se puder calcular que ela seja igualada ou excedida em um nível escolhido de probabilidade. A este respeito, Manning (1956) definiu como confiável uma quantidade de precipitação que se espera seja igualada ou excedida com 95% de probabilidade, enquanto Gregory (1964) é favorável ao nível de 90% de probabilidade. Alternativamente, podemos desejar computar o percentual de probabilidade que alguma quantidade crítica de precipitação pluvial será excedida ou não será alcançada. No último caso, o procedimento é calcular o Z – escore (z) usando-se a fórmula:

$$z = \frac{x - \bar{x}}{\sigma}$$

onde x é o volume crítico de precipitação pluvial; $\bar{x}$ e σ são a média e o desvio padrão das séries de precipitação pluvial, respectivamente. O porcentual de probabilidade indicativo de que a precipitação pluvial será maior ou menor do que o Z – escore, que corresponde ao valor crítico, é obtido a partir da *Tabela da Função de Distribuição Normal.*

Para o primeiro caso no qual estamos interessados, o valor da precipitação pluvial que se pode esperar ser igualado ou excedido com uma dada probabilidade, usamos a fórmula:

$$x = z\sigma + \bar{x}$$

onde x é o valor que se pode esperar seja igualado ou excedido, $\bar{x}$ é a média das observações, σ é o desvio padrão e z é o Z – escore correspondendo ao grau específico de probabilidade, determinado a partir da *Tabela de Distribuição Normal de Freqüência.*

As estimativas e os mapas de probabilidade de precipitação pluvial do tipo descrito acima têm sido usados na determinação da adequabilidade das áreas climaticamente marginais da África Oriental para o crescimento de algumas culturas (Manning, 1956).

Intensidade da precipitação

A precipitação não somente varia quanto à quantidade de um ano, estação ou mês para outro, como pode também mostrar uma tendência de declínio ou de ascensão durante um determinado período. As flutuações e as tendências da precipitação pluvial são de grande interesse para os climatologistas, bem como para os agrônomos, em vista do importante papel da umidade na agricultura.

As flutuações e as tendências da precipitação pluvial serão discutidas posteriormente (Capítulo 10). Outras características de precipitação, tais como duração, freqüência, quantidade e intensidade das tempestades, são de interesse hidrológico. A intensidade da chuva durante um determinado evento de precipitação pluvial é de vital interesse para o hidrólogo e para os cientistas do solo, respectivamente. A intensidade de precipitação é a quantidade de precipitação dividida pela duração da tempestade em horas e minutos. Os histogramas provenientes de pluviômetros autográficos são requeridos para a avaliação da intensidade da precipitação. Conforme mencionado anteriormente, os registradores de intensidade pluviométrica para medição da intensidade instantânea da precipitação pluvial estão atualmente disponíveis. A intensidade de precipitação varia com o intervalo de tempo usado. As intensidades médias para períodos curtos são em geral muito maiores do que as para intervalos mais longos. A precipitação convectiva geralmente tem intensidade maior do que a precipitação ciclônica. Portanto, não é surpreendente que as intensidades de precipitação sejam muito mais elevadas nos trópicos, onde as tempestades convectivas ocorrem mais freqüentemente, do que nas latitudes médias e mais altas, caracterizadas principalmente pela precipitação ciclônica. A alta intensidade de precipitação também foi demonstrada como um aumento no número de gotas. Os diâmetros de gotas mais freqüentes para as intensidades de precipitação de 0,1; 1,3 e 10,2 cm/h são 0,1; 0,2 e 0,3 cm, respectivamente.

Onde os pluviômetros autográficos ou os registradores de intensidade da precipitação pluvial não estão disponíveis, alguma idéia da intensidade da precipitação é fornecida pela quantidade de chuva por dia chuvoso. Este índice, conhecido como *intensidade média,* pode ser computado para meses isolados ou para o ano todo. Um dia chuvoso é um período de 24 horas com pelo menos 0,25 mm de precipitação pluviométrica. Em outros países fora da Comunidade Britânica das Nações, valores críticos de 1,2 e 5 mm têm sido usados na definição de um dia chuvoso. Os valores da intensidade da precipitação pluvial média anual em alguns postos, principalmente nos trópicos, são mostrados na Tabela 8.3. A intensidade da precipitação média mostra amplas variações sazonais e espaciais, particularmente nos trópicos. A intensidade média geralmente aumenta à medida que a quantidade de precipitação se eleva, exceto nas áreas com mais de 1.500 metros de altitude, onde ocorre diminuição na quantidade de chuva por dia chuvoso, como resultado do crescente número de dias chuvosos e queda no total da precipitação (Nieuwolt, 1977).

Tabela 8.3 – Precipitação pluvial média anual por dia de chuva, em mm (dias de chuva definidos como tendo pelo menos 1 mm de chuva).

	Precipitação pluvial (mm)		Precipitação pluvial (mm)
Quito, Equador	8,5	Bombaim, Índia	22,4
Georgetown, Guiana	13,3	Calcutá, Índia	15,5
S. Juan, Porto Rico	10,1	Rangoon, Burma	20,9
Accra, Gana	13,6	Jacarta, Indonésia	13,5
Lagos, Nigéria	14,4	Londres, Inglaterra	5,5
Entebbe, Uganda	12,4	Viena, Áustria	4,1

Aguaceiros

Os estudos já realizados sobre a grandeza da área das tempestades mostram que os totais de precipitação recebidos em um determinado intervalo de tempo variam de acordo com o tamanho da área considerada, e que quanto menor a área maior será a precipitação recebida por unidade de área. As tempestades constituem um aspecto importante do clima tropical. Elas explicam a maioria da precipitação pluvial total em muitas partes dos trópicos, como também explicam as altas intensidades da precipitação pluvial. As tempestades são amplamente convectivas quanto à origem e se desenvolvem apenas durante a estação moderadamente quente nas áreas extratropicais. As tempestades tendem a produzir um padrão desigual de distribuição da precipitação pluvial para qualquer determinado dia ou, até mesmo, para um período tão longo quanto um mês. Quando as médias de longo prazo são mapeadas, contudo, a irregularidade é obscurecida porque as tormentas geralmente ocorrem em um padrão randômico. Uma rede muito densa de

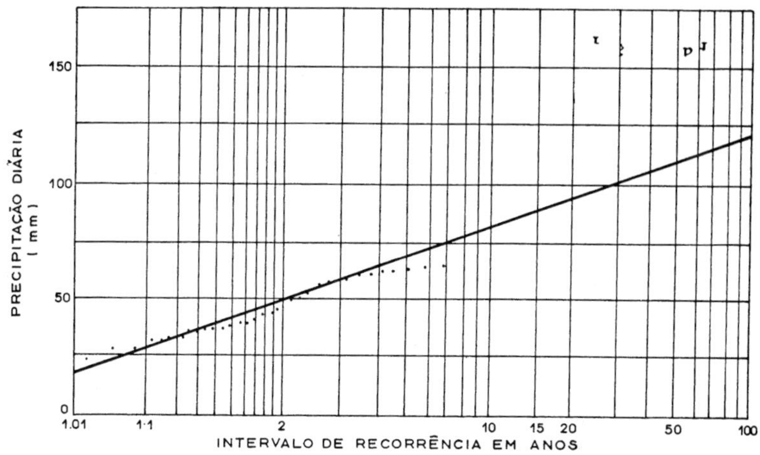

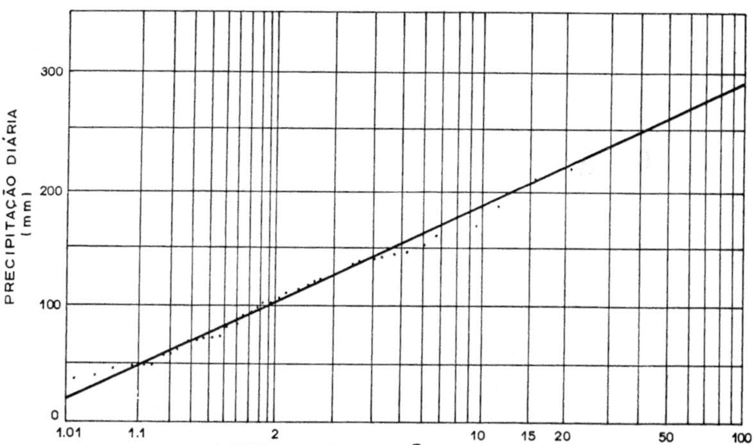

Figura 8.5 – Exemplos da análise da magnitude-freqüência sobre a intensidade das precipitações: (a) precipitações diárias máximas em junho, em Ibadan; (b) precipitações diárias máximas em junho, em Lagos. Ambas são cidades da Nigéria.

pluviômetros autográficos é exigida em estudos de tempestades tropicais, muito embora suas variações sazonais e regionais possam ser razoavelmente deduzidas a partir de registros diários de precipitação pluvial (Nieuwolt, 1977).

Uma outra característica da precipitação, que é de interesse particular para o hidrólogo, é a freqüência de tempestades de elevada magnitude. Os hidrólogos estão interessados no período médio de tempo dentro do qual uma quantidade específica ou intensidade tem a chance de ocorrer uma vez. Isto é conhecido como o intervalo de recorrência ou período de retorno. Tais informações são necessárias para uma variedade de objetivos e projetos (como, por exemplo, pontes, galerias, barragens e outras estruturas hidráulicas). Um tipo especial de papel quadriculado, conhecido como papel Gumbel de probabilidade para eventos extremos, é freqüentemente usado na estimativa de quantidades de precipitação pluvial para determinados períodos de retorno, ou no cálculo de períodos de retorno para quantidades específicas de precipitação pluvial (ver Fig. 8.5).

Primeiramente, os valores observados de precipitação pluvial são colocados em ordem decrescente. Em segundo lugar, o intervalo de recorrência para cada observação é computado usando-se a fórmula:

$$T = \frac{n + 1}{m}$$

onde T é o intervalo de recorrência em anos, n é o número de observações da série analisada e m é o posto de classificação de uma determinada observação na ordem decrescente. Em terceiro lugar, os valores observados de precipitação pluvial são plotados contra os seus intervalos de recorrência que foram computados. Finalmente, uma linha contínua é ajustada visualmente à dispersão dos pontos.

Se a série de precipitação pluvial observada não estiver de acordo com a teoria de extremos de Gumbel, a dispersão dos pontos não será linear. Outros métodos, tais como a teoria de probabilidade normal, terão então que ser usados. Adota-se este mesmo procedimento para a representação gráfica dos dados de precipitação pluvial no papel de probabilidade normal.

Referências bibliográficas

BARRY, R. G. e CHORLEY, R. J. *Atmosphere, Weather and Climate.* 3ª ed., Londres, Methuen, 1976.

GREGORY, S. Annual, seasonal and monthly rainfall over Mozambique. In: Steel, R. W. e Prothern, R. M. (eds.). *Geographers and the Tropics.* Londres, Longman, 1964.

ILESANMI, O. O. Diurnal variation of rainfall in Nigeria. *Nigerial Geographical Journal, 15* (1): 25-34, 1972.

MANNING, H. L. The statistical assessment of rainfall probability and its application to Uganda agriculture. *Proceedings Royal Society Series B, 144:* 460-480, 1956.

NIEUWOLT, S. *Tropical Climatology.* Londres, John Wiley, 1977.

THOMPSON, S. W. The diurnal variation of precipitation in East Africa. *East African Meteorological Department Technical Memorandum,* nº 8, 70 p.

TREWARTHA, G. T. *Introduction to Climate.* 4ª ed., Nova Iorque, McGraw-Hill, 1968.

INSTITUTO FEDERAL DE EDUCAÇÃO
CIÊNCIA E TECNOLOGIA
CAMPUS CABEDELO

CAPÍTULO 9
OBSERVAÇÃO, ANÁLISE E PREVISÃO DO TEMPO ATMOSFÉRICO

Observações meteorológicas

As medições dos elementos meteorológicos ou observações meteorológicas são executadas em locais conhecidos como postos ou estações meteorológicas. Quatro tipos destes postos podem ser reconhecidos dependendo do número de elementos meteorológicos medidos, da freqüência da medição e da condição do observador meteorológico, profissional ou amador. Os quatro tipos de estações meteorológicas são as seguintes:

1. *estações sinóticas* – são estações controladas por observadores profissionais em tempo integral e que mantêm uma observação meteorológica contínua, fazendo observações instrumentais horárias dos elementos do tempo. Essas observações propiciam as informações para a compilação de cartas sinóticas ou mapas meteorológicos usados na previsão do tempo;
2. *estações agrícolas* – são controladas por observadores em tempo parcial, fazendo pelo menos duas observações instrumentais diárias dos principais elementos do tempo atmosférico. A evaporação, as temperaturas da grama rasteira e do solo, e a radiação solar são, também, usualmente medidos em vista de sua importância óbvia para a agricultura;
3. *estações climatológicas* – são controladas por observadores em tempo parcial, realizando apenas uma ou duas observações instrumentais diárias da temperatura, umidade, precipitação e vento;

4. *estações (ou postos) pluviométricas* – são postos controlados por observadores em tempo parcial, que fazem leituras diárias apenas de precipitação.

Em uma estação sinótica, as observações são feitas em horários fixos. As principais horas sinóticas internacionalmente realizadas são 00:00 (meia-noite), 06:00 (seis da manhã), 12:00 (meio-dia) e 18:00 (6 p.m.), Tempo Médio de Greenwich. Observações adicionais são feitas em outras ocasiões entre os quatro horários principais, freqüentemente horárias ou com intervalos de três horas. Os elementos observados são os seguintes:

1. o tempo atmosférico presente e passado – visualmente observado;
2. a direção e a velocidade do vento – observados com a utilização da grimpa para a direção e do anemômetro de cuba para a velocidade;
3. o volume e a forma da nuvem – observados visualmente;
4. a altitude da nuvem – estimada usando refletor de altitude de nuvem *(cloud height searchlight)*;
5. visibilidade – visualmente observada com a ajuda de objetos espaçados com intervalos conhecidos ou com a ajuda de um medidor de visibilidade;
6. temperatura do ar – medida com a ajuda de um termômetro colocado em abrigo de Stevenson *(Stevenson screen)*;
7. umidade do ar – medida com a ajuda dos termômetros de bulbo seco e de bulbo úmido colocados em abrigo de Stevenson *(Stevenson screen)*;
8. pressão barométrica – medida com a ajuda de um barômetro;
9. precipitação – medida com a ajuda de um pluviômetro;
10. duração da luz solar – medida com a ajuda de um registrador de insolação Campbell-Stokes.

A Organização Meteorológica Mundial (OMM) recomendou que, no projeto de uma rede nacional de estações, as sinóticas, que são as principais estações meteorológicas, devem ser espaçadas a intervalos que não excedam 150 quilômetros. Para assegurar que as observações feitas em diferentes estações meteorológicas sejam precisas e comparáveis, as exposições dos instrumentos meteorológicos devem ser similares. Para este fim, um posto meteorológico, independente de seu tipo, deve localizar-se em uma superfície nivelada coberta com grama e medindo pelo menos 9 por 6 metros de tamanho. O posto não deve situar-se próximo ou sobre um morro, em uma depressão, ou sobre uma vertente íngreme. Da mesma forma, ele deve estar distante de quaisquer obstáculos, tais como edifícios ou árvores. A observação meteorológica é um trabalho árduo, que exige cuidado, paciência, honestidade e pontualidade por parte do observador. As observações meteorológicas não somente têm que ser precisas como também têm que ser feitas na hora certa.

As observações meteorológicas são feitas com a utilização de várias plataformas. À parte os instrumentos baseados em terra situados nos postos meteorológicos convencionais, temos os instrumentos aerotransportados, destinados principalmente para explorar a atmosfera superior e fornecerem informações a respeito das variações dos elementos atmosféricos na vertical sobre uma dada área. Tais instrumentos podem ser transportados a bordo de foguetes, aeronaves, helicópteros ou balões. Desde o início da década de 60, um dramático aprimoramento na observação meteorológica foi alcançado com a introdução de satélites meteorológicos ou de tempo atmosférico, os quais, entre outros, fornecem uma cobertura objetiva de grande área de sistemas de tempo atmosférico e são, portanto, úteis na previsão do tempo.

As observações do tempo classificam-se em duas categorias principais: as que são instrumentais e as que não são instrumentais e que dependem da capacidade, do treinamento e do julgamento do observador, uma vez que são executadas visualmente. Os elementos do tempo atmosférico como o tipo de nuvem, seu volume, e a visibilidade são visualmente observados pelo observador com o treinamento e a experiência necessários. Os seguintes instrumentos meteorológicos devem ser encontrados em uma estação meteorológica padrão:

1. um ou dois abrigos Stevenson *(Stevenson screens)* contendo termômetros de bulbo úmido e de bulbo seco, termômetro de máxima e de mínima, termógrafo, um hidrógrafo, barógrafo, ou barômetro aneróide;
2. um pluviômetro autográfico;
3. um pluviômetro comum;
4. tanques de evaporação, usualmente tanques de Classe A;
5. uma grimpa e um anemômetro de cuba;
6. um registrador de brilho solar;
7. um equipamento medidor de radiação tal como o integrador de radiação Gunn-Bellani ou o Eppley pireliômetro.

Observações não-instrumentais

A nebulosidade e as formas das nuvens são mais comumente observadas visualmente, a despeito de tentativas recentes de registros fotográficos em alguns locais. A quantidade de nuvem, independente de sua altura ou tipo, é visualmente observada e quantificada em oitavos *(Oktas)* da área do céu que está coberta de nuvens. Assim, zero significa um céu sem nuvens, enquanto que 8 significa um céu totalmente coberto com nuvens. As estimativas da cobertura de nuvens são bastante inexatas, particularmente à noite, quando apenas a presença ou ausência de estrelas é a orientação para avaliação do volume da cobertura de nuvens. As formas de nuvem são também observadas visualmente, com o aparecimento da nuvem sendo a principal orientação. A altura da nuvem é avaliada a partir de sua base e há três categorias – baixa, média, e alta (ver Tabela 7.5 e Figura 7.5). Os tipos de precipitação são visualmente observados; os tipos incluem o chuvisco (ou garoa), granizo, neve, neve acompanhada de chuva, etc. A visibilidade é estimada de acordo com a distância em que o observador pode ver. Marcadores são usualmente instalados a distâncias conhecidas a partir do ponto de observação, de maneira que o marcador mais distante que o observador pode ver a um certo momento indicará o grau de visibilidade naquele momento.

Observações instrumentais

A maioria dos elementos do tempo atmosférico são instrumentalmente observados. No geral, os instrumentos são de dois tipos – os tipos registradores e os não-registradores. Os instrumentos não-registradores têm que ser lidos em momentos predeterminados, enquanto os tipos registradores têm dispositivos auto-registradores que fornecem valores contínuos dos elementos meteorológicos sob a forma de um gráfico. Os instrumentos auto-registradores variam quanto ao seu grau de complexidade e sofisticação, porém geralmente são mais caros em sua aquisição e manutenção do que os instrumentos não-registradores. Atualmente, existem postos meteorológicos não controlados pelo homem que podem funcionar perfeitamente durante até três meses. Tais postos são equipados com instrumentos meteorológicos que são totalmente automáticos. Os elementos do tempo são continuamente observados e os valores registrados em registradores elétricos de gráfico ou em registradores de fitas perfuradas digitais, para análise fácil com a utilização de computador. Os postos meteorológicos automáticos são muito úteis em ambientes difíceis ou em áreas remotas ou escassamente povoadas. O único problema é que tais instrumentos são dispendiosos, e por serem auto-registradores e automáticos exigem eletricidade ou alguma outra fonte de força para funcionarem. Por esses motivos, os postos meteorológicos automáticos estão, na atualidade, virtualmente restritos aos países avançados da Europa e da América do Norte.

As observações meteorológicas de superfície ocorrem em postos meteorológicos convencionais baseados nos continentes e em alguns navios meteorológicos que estão localizados nos oceanos Atlântico e Pacífico. Os navios comerciais também fazem algumas observações e transmitem-nas por rádio para os postos meteorológicos centrais próximos e situados no continente. Existe uma rede global de mais de 7.000 postos meteorológicos continentais e mais de 4.000 navios mercantes e de passageiros que fazem observações no mar. A rede, particularmente nos continentes, é extremamente irregular quanto à cobertura. Os países em desenvolvimento nas baixas latitudes e nas áreas polares são precariamente servidos por postos meteorológicos. Similarmente, as áreas oceânicas não têm postos em número suficiente.

Além das observações meteorológicas de superfície, as observações das camadas superiores da atmosfera também são feitas em muitos postos continentais, e em alguns navios, particularmente em navios meteorológicos que ocupam posições fixas no mar. Isto é feito com a ajuda de radiossonda, de radar, ou de equipamento eletrônico (esférico) detectador de tempestades. Uma *radiossonda* é um pequeno transmissor de rádio equipado com instrumentos para medir a pressão, a temperatura, a umidade relativa, a velocidade e a direção do vento à medida que ascende na atmosfera, com o auxílio de um balão cheio de hidrogênio. As leituras são automaticamente transmitidas e captadas por um receptor de rádio, em um posto terrestre apropriadamente equipado. A altitude atingida pela radiossonda antes de cair é da ordem de 16 a 20 quilômetros. Medições superiores a essa altura somente podem ser feitas com a ajuda de foguetes, que podem atingir altitudes de 65-70 quilômetros.

Basicamente, o *radar* é um sistema de detecção e de localização de alvos que é capaz de refletir ondas de rádio de alta freqüência (micro-ondas). A informação é apresentada visualmente em um tubo de raio catódico. O radar é usado na meteorologia para a medição dos ventos das camadas superiores da atmosfera e para a detecção de tempestades, nuvens e de elementos de precipitação. As informações provenientes do radar meteorológico são úteis para a previsão rotineira do tempo, particularmente do deslocamento de tempestades, bem como na pesquisa da física e da dinâmica das nuvens. Os padrões de eco provenientes das nuvens são mostrados na tela do radar em qualquer uma das duas maneiras seguintes:

1. o indicador de posição plana (IPP), que fornece as posições dos ecos em um plano quase horizontal ao que circunda o aparelho de radar; e
2. a amplitude do indicador de altitude, que varre em um plano vertical para produzir um perfil através da atmosfera, de maneira que as altitudes das bases e dos topos das repercussões possam ser estimadas.

O equipamento eletrônico (esférico) de detecção de tempestades ajuda na determinação precisa dos locais de tempestades. As ondas eletromagnéticas causadas pelos relâmpagos nas nuvens são captadas em postos amplamente espaçados que tenham o equipamento. Determinando-se graficamente as esferas fixas a partir de uma quantidade de postos, é possível determinar os locais de tempestades com considerável precisão.

Uma substancial ampliação na observação dos fenômenos meteorológicos ocorreu em 1960, com o lançamento do primeiro *satélite meteorológico* (ver Capítulo 1). Tais satélites proporcionam dois tipos principais de informações meteorológicas vitais. Primeiramente, fornecem fotografias dos sistemas meteorológicos formados de vários tipos de nuvens em uma base regular e contínua, permitindo conhecer a direção e a velocidade de deslocamento desses sistemas do tempo atmosférico. Em segundo lugar, medem a radição no topo da atmosfera. Tanto as fotografias de nuvens como as medições de radiação provenientes dos satélites meteorológicos têm sido consideradas proveitosas na pesquisa meteorológica geral, bem como para a previsão do tempo e do clima.

As fotografias por satélites meteorológicos são analisadas de duas maneiras: em primeiro lugar, podem ser feitas nefe-análises das fotografias. Elas são mapas ou cartas que mostram a distribuição de nuvens de vários tipos sobre uma grande área. Os tipos predominantes de nuvens são visualizadas pelos satélites, assim como a orientação das faixas de nuvens de média e grande escala é representada nos mapas sob a forma de símbolos. Tais cartas de nuvens podem ser interpretadas, em termos de padrões de pressão atmosférica, como sistemas de tempo atmosférico. Em segundo lugar, as fotografias por satélites também podem ser diretamente interpretadas, tirando-as em seqüência. Seis características principais das nuvens são usadas para sua identificação: o brilho, o padrão, a estrutura, a textura, a forma e o tamanho. Contudo, a análise da nuvem vai além do reconhecimento dos tipos de nuvem. Aspectos sinóticos significativos expressos nas formas das nuvens têm que ser identificados. A maioria desses aspectos está associada ao vórtice ciclônico, aos furacões ou aos *jet streams*. A interpretação de fotografias por satélite exige habilidade e paciência e muito conhecimento da teoria e dos princípios meteorológicos (Barrett, 1974).

Análise do tempo atmosférico

O tempo atmosférico somente pode ser analisado depois de ter sido observado. Antes que a análise seja feita, portanto, as observações provenientes tanto das redes de superfície como dos postos em camadas superiores da atmosfera precisam ser montadas de forma adequada. O analista do tempo usualmente é também um previsor do tempo. Para auxiliar na rápida montagem das informações sobre o tempo, provenientes de locais distantes e próximos, uma rede de comunicações meteorológicas foi estabelecida no mundo todo sob os auspícios da Organização Meteorológica Mundial. As observações meteorológicas são primeiramente traduzidas em um código numérico reconhecido internacionalmente e então transmitidas para vários centros meteorológicos nacionais por meio de teletipo, cujos sinais são transmitidos por rádio. O previsor, em qualquer centro meteorológico nacional, pode receber informações sobre o tempo atmosférico provenientes de uma grande área, freqüentemente de todo o hemisfério, e em tempo de ser útil na previsão. O volume de informações recebidas em um centro meteorológico nacional importante, como Bracknell, na Inglaterra, é muito grande e continua a crescer, de modo que os métodos de decifrar e de canalizar tais informações são, na atualidade, amplamente automatizados.

A primeira tarefa para um analista do tempo é construir um quadro tridimensional adequado da atmosfera a partir de dados disponíveis, mas que jamais são ideais ou suficientes. Além disso, estão acontecendo constantemente mudanças na atmosfera, tanto na vertical como na horizontal. Portanto, é necessário construir o quadro tridimensional da atmosfera a intervalos freqüentes e regulares. As cartas de tempo dos vários elementos meteorológicos são construídas para diferentes níveis predeterminados da atmosfera. Desde que é impossível construir tais cartas para todos os níveis da atmosfera, a da superfície básica e as das camadas superiores são usualmente suplementadas por análises de perfil, por sondagens aéreas e, em anos recentes, por imagens de radar e provenientes de satélites meteorológicos.

As cartas de tempo e os diagramas são construídos de acordo com procedimentos reconhecidos e estabelecidos pela Organização Meteorológica Mundial. As observações de superfície e as das camadas superiores são plotadas em mapas-base padrões por meio de letras, números e símbolos, dispostos em torno dos postos de observações, em posições fixas. O modelo padrão de representação gráfica para um posto está assinalado na Fig. 9.1. A posição do posto observador é representada por um círculo e os diferentes elementos são agrupados em torno deste círculo. Depois que todos os postos tiverem sido plotados, na maneira mostrada na Fig. 9.1, o analista prossegue então para a análise das cartas. A primeira providência é identificar e marcar as condições especiais da atmosfera ou dos processos atmosféricos específicos de acordo com os modelos meteorológicos convencionais (como, por exemplo, as frentes).

A análise frontal clássica está baseada no modelo de ciclone ideal. Usando-se esse modelo acredita-se que:

1. poder-se-ia reconhecer uma frente a partir de um número muito pequeno de observações;
2. a configuração de uma frente pode estar relacionada com o ciclo de vida da depressão;
3. as condições do tempo podem ser classificadas de acordo com os tipos de massa de ar.

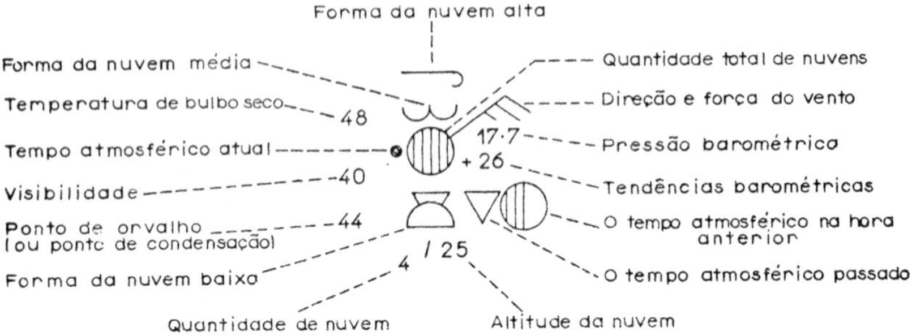

Figura 9.1 – O modelo padrão de representação gráfica.

Atualmente, a análise frontal perdeu um pouco do seu valor principalmente por causa do aprimoramento nas observações meteorológicas. Agora é possível ter um quadro dos cinturões de chuva e outras condições meteorológicas associadas às frentes, onde a rede de observação é densa, sem que se recorra a qualquer modelo de frente. Em segundo lugar, as frentes individuais freqüentemente diferem quanto às características do modelo ou da frente ideal, e os previsores estão mais interessados nessas diferenças. Em terceiro lugar, ainda é muito difícil definir de maneira exata uma frente e as nuvens, a precipitação e os vários sistemas lineares de tempo têm sido incorretamente rotulados de frentes. Oito tipos principais de frentes foram reconhecidos. Contudo, eles são meras descrições do estado, em qualquer hora, da frente polar geral entre as massas de ar tropical e polar. Os nomes dados às frentes estão ainda mais estreitamente relacionados com a evolução da depressão-modelo. Eles são os seguintes: quente, fria, oclusão, oclusão com inclinação superior, secundária fria, semi-estacionária, ondas frontais moderadamente quentes e ondas frontais frias. A temperatura, o ponto de orvalho e o campo de atuação do vento são os três parâmetros mais úteis na identificação das frentes na carta de tempo, muito embora todas as observações sejam proveitosas.

Uma vez que as frentes tenham sido identificadas e lançadas na carta, o analista do tempo considera então as observações de pressão. Os valores de pressão são reduzidos para o nível médio do mar e as isopletas são traçadas. As isóbaras são usualmente traçadas a intervalos de 4 mb ou 5 mb, porém, quaisquer que sejam os intervalos, a isóbara de 1.000 mb é sempre incluída. O campo de pressão é analisado para duas finalidades. A primeira é identificar os sistemas de pressão que freqüentemente estão associados a determinados tipos de tempo. A segunda é construir um quadro do campo de atuação de ventos a partir de um estudo da distribuição de pressão, através da utilização do conceito de equilíbrio geostrófico (ver Fig. 5.1). Isto somente pode ser feito, contudo, nas latitudes médias. Nas latitudes baixas, particularmente em torno do Equador, a força de Coriolis é muito pequena e tende para zero à medida que se aproxima do Equador. Portanto, existe pouca ou nenhuma oscilação geostrófica e o campo de atuação dos ventos somente pode ser analisado a partir das observações de superfície e das camadas superiores da atmosfera.

As cartas e diagramas das camadas superiores da atmosfera são necessárias para fornecer a terceira dimensão ao nosso quadro da atmosfera. O modelo de representação gráfica é similar àquele usado para as cartas de superfície e o objetivo principal da análise da carta das camadas superiores da atmosfera é traçar isopletas para descreverem um campo meteorológico (Atkinson, 1968). Anteriormente, as cartas das camadas superiores da atmosfera eram traçadas para determinadas altitudes, a saber, 1, 3 e 6 quilômetros. Mais recentemente, as cartas das camadas superiores da atmosfera são traçadas para determinadas superfícies de pressão (isobáricas). Tais cartas são conhecidas como cartas em curvas de nível. A Organização Meteorológica Mundial recomenda que as cartas em curvas de nível devem ser traçadas para as seguintes superfícies isobáricas padrões: 1.000, 850, 700, 500, 400, 300, 200, 150, 100, 70, 50, 30, 20 e 10 mb. Aos serviços meteorológicos nacionais é recomendado fornecer cartas em curvas de nível para pelo menos quatro das seguintes superfícies isobáricas padrões: 850, 700, 500, 300 e 200 mb. Isto significa dar um quadro tridimensional razoavelmente bom da distribuição da pressão.

As cartas em curvas de nível têm algumas vantagens e são recomendadas para o uso entre os analistas e previsores do tempo. Uma escala geostrófica dos ventos pode ser usada para todos os níveis desde que a relação entre a velocidade geostrófica do vento e o padrão da curva de nível seja independente da densidade do ar. A mesma escala geostrófica pode ser aplicada a um outro tipo útil de cartas das camadas superiores da atmosfera, conhecida como carta de espessura *(thickness chart).* Nesta, são plotados os valores da densidade de uma camada sobre uma área. A carta usual de densidade é para a camada de 1.000 a 500 mb. A diferença entre as altitudes dos dois níveis de pressão em determinado lugar é conhecida como a espessura (ou densidade) da camada da atmosfera entre esses dois níveis. A densidade de uma camada aumenta com a temperatura média da referida camada. Assim, enquanto as cartas de curvas de nível mostram-nos a circulação no nível para o qual estão traçadas, as cartas de espessura fornecem-nos de maneira indireta a distribuição da temperatura pela totalidade de qualquer camada definida, desde que a espessura da camada seja diretamente proporcional à temperatura média do ar na camada. As variações de temperatura, de vento e de umidade na vertical podem, portanto, ser identificadas de maneira mais completa por meio da análise das observações por radiossonda. Dois tipos de cartas usadas neste exercício são o *hodógrafo* e o *tefigrama,* que passamos a descrever.

O hodógrafo

Muito embora os ventos das camadas superiores na vertical possam ser mostrados por meio de uma tabela, ou possam ser plotados nas cartas sinóticas de superfície, um hodógrafo de ventos fornece uma amostra mais completa e mais útil dos ventos das camadas superiores na vertical. À parte os ventos reais em cada nível, informações podem ser obtidas a respeito do *cisalhamento vertical do vento* e dos *ventos térmicos* entre dois níveis diferentes. O cisalhamento vertical do vento é a mudança da velocidade, da direção do vento ou de ambos com a altitude. Os ventos térmicos são uma medida do cisalhamento do vento, sendo a diferença de vetor entre os ventos em dois níveis (Wickham, 1970). O hodógrafo (ver Fig. 9.2) consiste em círculos concêntricos a distâncias específicas (representando as velocidades do vento) a partir de um ponto central. Os ventos em diferentes níveis de pressão são traçados como vetores a partir de sua origem. Desde que os vetores são linhas de comprimento e direção apropriados, fornecem indicação da natureza da mudança da direção e da velocidade do vento com a altitude. Com a utilização do conceito de vento térmico (Fig. 9.3) podemos fazer deduções concernentes à distribuição do ar moderadamente quente e frio na atmosfera e, por isso, sobre a estrutura térmica mutável da atmosfera.

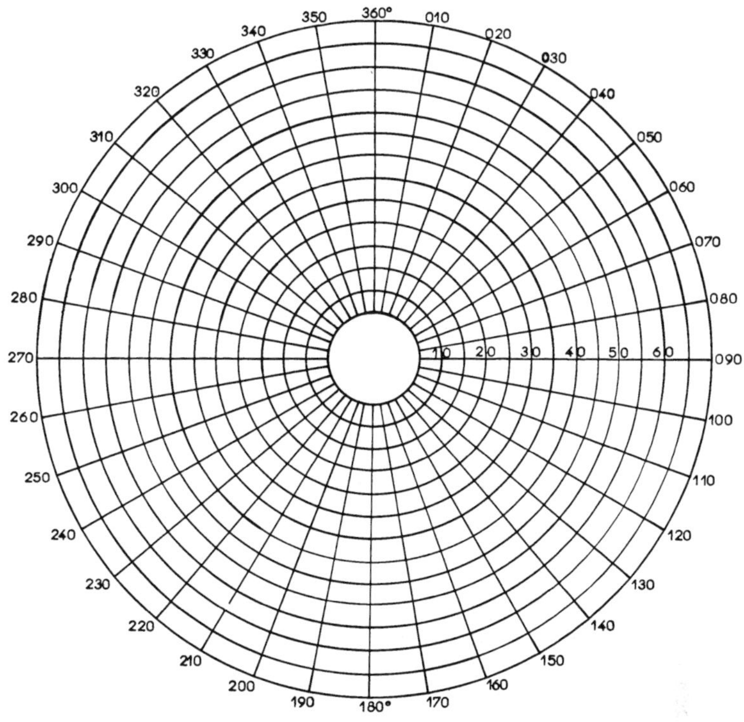

Figura 9.2 – A carta hodográfica.

O conceito de vento térmico, ilustrado na Fig. 9.3, está baseado na suposição do fluxo geostrófico. Se conhecermos a magnitude e a direção do vento em dois níveis, ao unirmos a extremidade do vetor do vento das camadas superiores à do vetor do vento das camadas inferiores obteremos a magnitude e a direção do vento térmico conforme mostrado na Fig. 9.3. O vento térmico no hemisfério Norte tem ar frio para a esquerda e ar moderadamente quente para a direita. O inverso é obtido para o hemisfério Sul. A localização do vento térmico capacita-nos, assim, a estabelecer a localização das massas de ar relativamente quente e de ar frio na atmosfera e, por isso, a conhecer a estabilidade da atmosfera.

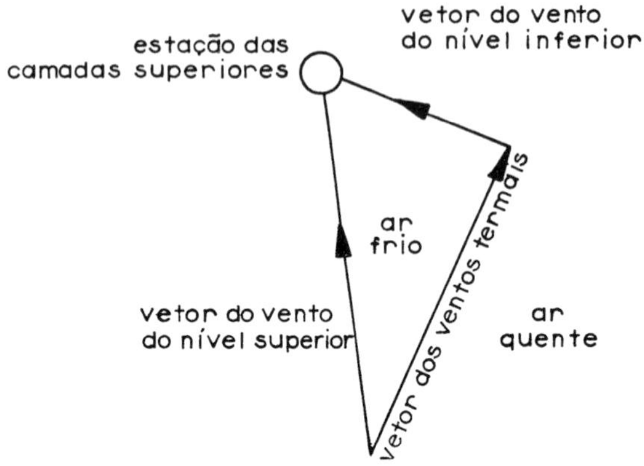

Figura 9.3 – O conceito de vento térmico.

O tefigrama

O tefigrama ou diagrama aerológico é um diagrama termodinâmico que mostra a representação gráfica das observações de pressão, de temperatura e de umidade feitas em uma sondagem vertical da atmosfera. O diagrama é uma rede de linhas retas que representam mudanças com a altitude de cinco parâmetros do tempo atmosférico: temperatura, pressão, temperatura potencial de bulbo seco e temperatura de bulbo úmido (ver Fig. 9.4). Quando as temperaturas de bulbo seco e de ponto de orvalho provenientes da subida de uma radiossonda são plotadas no diagrama, a curva resultante, juntamente com a curva da trajetória da camada de ar em ascensão, proporciona informações proveitosas a respeito do seguinte:

1. identificação das frentes cuja presença é sugerida pela análise da carta de superfície;
2. o reconhecimento da massa de ar é facilitado pela natureza da distribuição vertical da temperatura potencial de bulbo úmido, que é pouco afetado pela evaporação ou pelas mudanças de pressão;
3. análise da estabilidade da atmosfera;
4. estimativa das profundidades potenciais das nuvens.

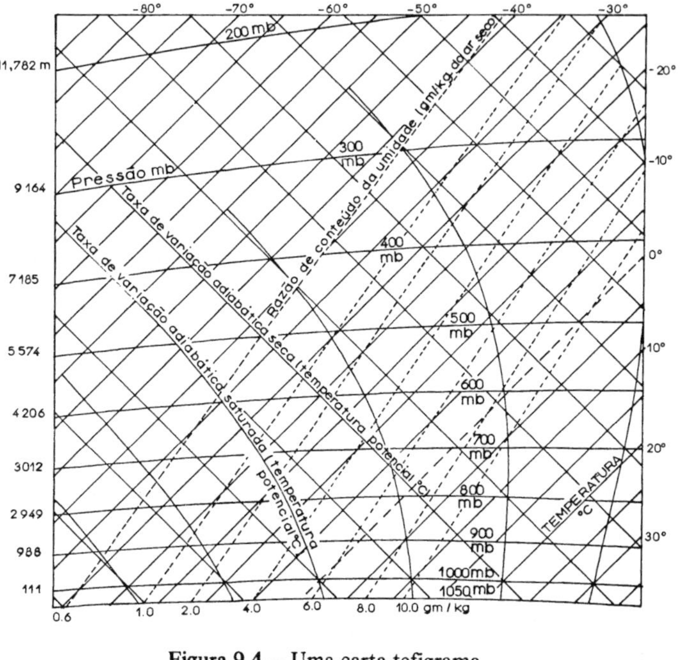

Figura 9.4 – Uma carta tefigrama.

Conforme apontado no Capítulo 7, a estabilidade ou a instabilidade de uma camada de ar depende do relacionamento entre a taxa adiabática e o índice de variação térmica ambiental. O índice de variação térmica adiabática seca é representada no tefigrama por linhas retas de temperatura potencial constante de bulbo seco, inclinando-se desde a parte inferior direta até a parte superior esquerda, enquanto o índice de variação térmica adiabática saturada é representado por linhas de temperatura potencial constante de bulbo úmido. Se o índice de variação térmica ambiental for maior do que o índice de variação térmica adiabática seca, a camada de ar em ascensão será flutuante, uma vez que ele sempre será mais moderadamente quente do que o ar circundante. Contrariamente, se o índice de variação ambiental for menor do que o índice de variação térmica adiabática, a camada de ar encontrar-se-á deslocando-se para o interior de um meio ambiente moderadamente mais quente e, conseqüentemente, perderá sua flutuação e retornará a sua posição original.

O tefigrama é um gráfico bastante complicado com cinco conjuntos de coordenadas para cinco parâmetros, como segue:

1. linhas isotérmicas (linhas de igual temperatura) são as linhas paralelas que seguem desde a esquerda da parte inferior até a direita da parte superior;
2. as adiabáticas secas são as linhas paralelas desde o lado direito inferior até o lado esquerdo superior;
3. isóbaras (linhas de igual pressão) são as ligeiramente encurvadas, quase que linhas horizontais;
4. adiabáticas saturadas são as linhas encurvadas inclinando-se para cima, da direita para a esquerda;
5. linhas de índice de combinação saturada são aquelas em ângulo pequeno às isotérmicas.

A representação gráfica dos registros por radiossonda no tefigrama fornece a curva do índice de variação térmica ambiental. Para se determinar a condição de estabilidade temos que plotar a curva de trajetória para a camada de ar em ascensão. Isto é indicado primeiramente pelas adiabáticas secas e, posteriormente, pelas adiabáticas úmidas, quando a condensação tiver começado a ocorrer no ar em ascensão. Uma vez que a curva da temperatura ambiental e a curva da trajetória tenham sido traçadas, a estabilidade é usualmente determinada da seguinte maneira:

1. o ar é *estável* onde a curva da temperatura ambiental alinha-se para a *direita* da curva da trajetória;
2. o ar é *instável* onde a curva da temperatura ambiental situa-se à *esquerda* da curva da trajetória;
3. se as curvas ambiental e de trajetória forem *idênticas*, teremos um ar neutro (ver Fig. 9.5).

O nível de condensação pode ser determinado com a utilização de um tefigrama. Este é o nível no qual uma camada de ar torna-se saturado, caso seja forçado a elevar-se. O ponto no qual uma linha, indicadora de uma adiabática seca desde o valor da temperatura do ar de superfície, cruza uma linha indicadora da razão de combinação saturada, através da temperatura do ponto de orvalho, ou uma linha indicadora

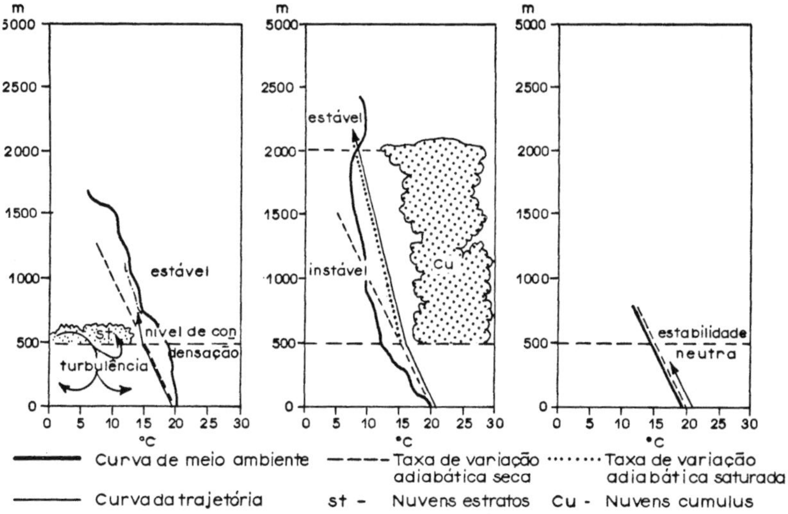

Figura 9.5 – As relações entre a curva de trajetória e a curva do meio ambiente em atmosfera estável, instável e neutra (conforme Chandler, 1972).

de uma adiabática saturada, através da temperatura de bulbo úmido de superfície, aí teremos o nível de condensação. Enquanto o nível da condensação representa o limite inferior de desenvolvimento da nuvem, o nível no qual a instabilidade cessa em uma camada de ar em ascensão representa o limite superior geral do desenvolvimento da nuvem. Neste nível, a curva de temperatura ambiental, anteriormente no lado esquerdo da curva de trajetória, intersecta com esta última. Outras cartas usadas na análise vertical do tempo incluem cartas de perfis verticais e de curvas de nível frontais.

Os perfis verticais são usados para esclarecer a estrutura vertical de tais fenômenos meteorológicos, como as frentes e as máximas de ventos (Atkinson, 1968). Os postos ou estações para as camadas superiores da atmosfera são plotados sobre o eixo horizontal e as informações para o eixo vertical são obtidas a partir do tefigrama. A carta frontal em curva de nível é um mapa em curva de nível de uma superfície frontal, na qual a pressão é usada como a ordenada vertical. A intersecção da superfície superior da zona frontal com o vários níveis padrões de pressão é traçada e colocada no mapa. As zonas frontais têm que ser identificadas com a utilização, em primeiro lugar, dos tefigramas e dos hodógrafos. Os perfis verticais raramente são usados em base rotineira, uma vez que levam algum tempo para serem preparados. Por outro lado, as cartas frontais em curva de nível são muito usadas no Canadá pelos previsores para a análise diária do tempo.

As técnicas de análise do tempo envolvem muito trabalho penoso e subjetividade. As mecânicas de produção da carta do tempo são atualmente automatizadas graças aos computadores. Estes agora estão sendo usados em um número crescente de centros de meteorologia para o processamento de dados observacionais, para a representação gráfica dos dados e para traçar isopletas. Os mapas do tempo, que levariam pelo menos 30 minutos para serem construídos à mão, atualmente estão sendo produzidos com a ajuda de computadores em menos de meio minuto.

Princípios da previsão meteorológica

Indubitavelmente, a previsão tem sido o maior estímulo para o estudo do tempo e do clima. O desejo que o homem tem de predizer e de modificar o tempo atmosférico é antigo. Isto não é surpreendente se considerarmos o fato de que o homem e suas atividades são grandemente influenciados pelos caprichos do tempo. O termo "previsão" foi primeiramente aplicado na meteorologia pelo Almirante Fritzroy e significa um enunciado antecipado das condições meteorológicas para um determinado lugar, área, ou rota durante um período específico de tempo cronológico. As previsões de tempo são freqüentemente classificadas nos três tipos que se seguem, tomando-se por base o período coberto pelas previsões:

1. previsões de período curto para parte ou para a totalidade de um período de 24 horas, com uma previsão adicional para as 24 horas seguintes;
2. as previsões de amplitude média são feitas para um período de 2 a 5 dias à frente;
3. previsões a longo prazo são feitas para um período mais longo que 5 dias à frente (como por exemplo, um mês, ou uma estação).

Muito embora técnicas de certo modo diferentes sejam usadas para os vários tipos de previsões, o problema básico da previsão equaciona-se para os três tipos. Esse problema é duplo. Primeiramente, temos que conhecer a condição da atmosfera em determinada hora. Em segundo, temos que conhecer as leis físicas que regem as mudanças dessa condição. Duas dificuldades são encontradas na tentativa para solucionar o problema. A primeira é que não temos informações suficientes para caracterizar, de maneira adequada e em detalhes necessários, a condição existente na atmosfera. A segunda é que as equações matemáticas que expressam as leis físicas são demasiadamente complexas para uma solução exata, a não ser que sejam feitas algumas simplificações. Isto significa que o êxito total da previsão somente pode ser atingido se e quando tais dificuldades estiverem completamente solucionadas. Alguns dos detalhes do estado atual da atmosfera são justamente inobserváveis, enquanto muitas das equações que expressam as leis físicas têm que ser simplificadas para a solução. Portanto, a meteorologia está longe de ser uma ciência exata. Previsões completas e precisas são impossíveis e sempre terão que ser expressas em termos de probabilidade. Tudo o que podemos fazer é realizar as previsões tão precisas quanto possível. Obviamente, quanto mais longo for o período para o qual as previsões são feitas, maiores as chances das previsões serem errôneas.

Antes da discussão de alguns dos métodos de previsão do tempo, é importante enfatizar o fato de que existe um estreito relacionamento entre a análise do tempo descrita anteriormente e a previsão do tempo. Ambas são realizadas usualmente pela mesma pessoa — o previsor do tempo. A distinção entre a análise do tempo e a previsão do tempo que está sendo colocada é feita de forma artificial, pois esta última logicamente decorre da primeira. Da mesma forma, a previsão do tempo, como a análise do tempo, exige habilidade e experiência. A previsão é resultado da interação de idéias e de procedimentos na mente do previsor, utilizando-se de toda a evidência disponível.

Os métodos de previsão do tempo podem ser classificados em três tipos principais, que são:

1. métodos sinóticos;
2. métodos estatísticos;
3. métodos físicos ou numéricos.

A previsão sinótica vincula a representação diagramática dos sistemas de tempo atmosférico através do tempo cronológico e a extrapolação dos desenvolvimentos de tais sistemas para o futuro (Atkinson, 1968). O objetivo na previsão sinótica é produzir, a partir de uma carta sinótica de uma situação existente, uma carta similar retratando a circulação em determinado período futuro do tempo cronológico. Essa carta da futura circulação da superfície da atmosfera é conhecida como a carta *prebarática* ou *prognóstica*, enquanto as que mostram a condição futura da atmosfera superior são conhecidas como *prontours*.

Uma carta prebarática pode ser preparada por meio da extrapolação das mudanças recentes para o futuro. O movimento dos sistemas de tempo atmosférico existentes pode ser estendido para o futuro supondo-se que as mudanças que tenham sido observadas ocorrendo no passado continuem a ocorrer de maneira semelhante. Muito embora essa suposição possa ser razoável durante um período de até 12 horas, certamente não será válida para períodos mais longos. Isto ocorre porque a forma do movimento dos sistemas pode mudar. Além disso, a extrapolação das tendências atuais não pode levar em conta novos desenvolvimentos. Conseqüentemente, a técnica da simples extrapolação raramente pode ser usada com confiança nas previsões para as próximas 24 horas ou mais. As cartas sinóticas para tais previsões são usualmente preparadas com o auxílio do computador. Com as cartas por computador acessíveis ao previsor, as interpolações necessárias são feitas entre as condições existentes e as computadorizadas para as próximas 24 horas ou mais.

Os modelos sinóticos – os sistemas sinóticos ideais – são usados pelos previsores na estimativa do desenvolvimento provável dos padrões de circulação. Embora existam muitas variações nesses modelos, particularmente nos das depressões frontais e anticiclones, eles ainda são instrumentos úteis para a previsão do tempo. O tempo não muda de maneira inteiramente casual. Se isto acontecesse, teria sido impossível predizer o tempo. Antes, existe uma tendência para certas mudanças de tempo seguirem umas às outras em uma sucessão razoavelmente ordenada. Essa característica do tempo atmosférico deu origem ao conceito de modelo sinótico. Tem-se que ter em mente que os modelos sinóticos são essencialmente descrições dos aspectos mais usuais do tempo atmosférico. Os aspectos incomuns são excluídos, porém, se e quando estes ocorrem, o modelo padrão rompe-se.

Uma outra técnica de previsão do tempo sob o método sinótico utiliza-se de *análogos*. Os análogos são cartas sinóticas das situações reais passadas e similares às situações atuais. Os acontecimentos futuros podem ser previstos se tais análogos são encontrados, e a evolução das situações passadas cuidadosamente estudadas. O problema com a utilização dos análogos é que não existe análogo perfeito. Uma variedade infinita de padrões sinóticos da circulação atmosférica é possível e realmente existe de maneira que até mesmo análogos razoavelmente bons são difíceis de encontrar. Além disso, a comparação dos padrões sinóticos deve ser tridimensional. Registros que cobrem várias décadas são exigidos na busca por análogos e, dessa forma, o exercício envolve muito trabalho. O método analógico pode realmente ser usado apenas quando a busca por análogos pode ser adequadamente conduzida com a ajuda de computador eletrônico. A procura de análogos constitui a principal base para as previsões mensais de longo prazo, em muitos países, pela ausência de técnica melhor.

Os métodos estatísticos também são usados em previsões de longo prazo, para um mês ou uma estação. O Serviço Meteorológico Indiano, por exemplo, utiliza-se das equações de regressão linear para prever a vinda das monções e a quantidade das chuvas das monções. Os métodos estatísticos são amplamente usados nas previsões de longo prazo e na previsão do clima. As abordagens disponíveis foram sumariadas por Lamb (1972) da seguinte maneira:

1. a compreensão do relacionamento entre a condição física e, especialmente, a condição térmica da superfície da Terra e das características de grande escala da circulação atmosférica durante um período de estações ou anos;
2. estudo dos efeitos específicos sobre a circulação atmosférica e sobre o tempo das anomalias da temperatura do mar e do gelo marinho;
3. estudo dos efeitos dos vários tipos de perturbações solares nas variadas escalas de tempo, sobre a circulação atmosférica;
4. identificação dos efeitos da poeira vulcânica e outras e das camadas de poluição sobre a circulação atmosférica, sobre o tempo e o clima;
5. identificação das escalas de tempo cronológico, da maneira de operação, bem como as origens físicas das tendências rítmicas ou cíclicas do tempo atmosférico e do clima;
6. determinação das tendências de persistência estatística nos valores climatológicos;

7. estabelecimento das tendências estatisticamente seqüenciais (sucessões prováveis);
8. identificação das situações análogas no passado e a monitoria para verificar até onde há acontecimentos similares entre casos atuais e passados.

Todas as abordagens acima fazem uso extensivo dos métodos estatísticos, particularmente da correlação e da regressão. Os casos análogos para a previsão mensal e mais distante são também selecionados por uma variedade de sistemas computadorizados de contagem, incluindo as técnicas de correlação, muito embora a seleção final seja feita pelos previsores depois de levarem em conta os controles físicos que, acredita-se, estão trabalhando sobre a circulação. Finalmente, o êxito das previsões é avaliado depois do evento por meio de sistema numérico de contagem ou fórmulas. Para essa avaliação existem muitas fórmulas, e um exemplo simples é o seguinte:

$$F_s = 100\left(\frac{R-E}{T-E}\right)\%$$

Onde F_s é a soma do preparo demonstrado nas previsões, R é o número de previsões corretas de uma entidade, E é o número esperado que seja correto caso somente a persistência ou as médias climatológicas fossem usadas, e T é o número total de previsões. Contudo, esta fórmula é um tanto rigorosa a respeito do previsor, pois não lhe fornece crédito algum para avaliar a previsão "por chance" através de seu próprio raciocínio físico independente. Alguns tipos de previsão somente podem ser feitos com a utilização da estatística (como, por exemplo, as previsões de provável freqüência de precipitações intensas no futuro, que os engenheiros precisam para o projeto de drenagem de tempestades). Os métodos estatísticos de previsão também são conhecidos como métodos climatológicos. As previsões do tempo a longo prazo sempre fazem comparações com as condições climatológicas normais, e é comum fornecer previsões de valores dos elementos em termos de desvios em relação aos normais.

Previsão numérica

A previsão númerica está baseada no princípio de que a circulação atmosférica pode ser tratada como um problema de mecânica dos fluidos e da termodinâmica. A atmosfera é considerada como um fluido de densidade variável, desigualmente aquecido e sujeito aos efeitos de rotação e de atrito da superfície terrestre subjacente (Atkinson, 1968). O problema que a previsão númerica visa atacar é duplo. O primeiro é caracterizar quantitativamente o estado inicial da atmosfera. O outro é aplicar as leis físicas que controlam as mudanças desse estado para a predição de estados futuros. Conforme mencionado anteriormente, existem dificuldades no ataque desse problema. Existe uma deficiência de dados, particularmente a respeito das camadas superiores da atmosfera. As equações que expressam as mudanças físicas na atmosfera são muito difíceis de serem solucionadas de maneira exata.

Assim, a previsão numérica teve que esperar pelo advento dos computadores eletrônicos e pelo aprimoramento das observações do tempo atmosférico durante a Segunda Grande Guerra. A previsão numérica foi primeiramente sugerida como possibilidade, em 1912, por V. Bjerknes, porém somente em 1922 foi que L.R. Richardson publicou os resultados da primeira tentativa de previsão numérica. Esta tentativa, embora teoricamente interessante, foi um fracasso como previsão prática. Isso ocorreu muito antes do advento dos computadores e bem antes de que os dados sobre as camadas superiores da atmosfera, provenientes de aeronaves e de radiossonda, se tornassem mais abundantes na década de 40.

A previsão numérica é atualmente feita nos centros meteorológicos nacionais de vários países desenvolvidos. As seguintes etapas gerais estão envolvidas na previsão numérica:

1. Uma grade é estabelecida sobre a área de interesse. Usualmente, a grade cobre uma área maior do que a área de previsão para minimizar os erros que surjam provenientes do limite da grade, que artificialmente delimita a extensão horizontal da atmosfera.
2. Valores de pressão, temperatura, etc., são então designados para a interseção da grade por meio da manipulação estatística dos dados observados a partir das redes de postos de superfície e das camadas superiores da atmosfera.
3. A previsão mais recente do estado atual da atmosfera é lançada no modelo, em termos de números sobre a grade. As observações da previsão usualmente recebem menos peso do que as observadas, exceto quanto feitas sobre os oceanos.

4. Com a utilização de várias equações que descrevem as leis físicas que governam o movimento atmosférico (como, por exemplo, as equações de movimento, de continuidade e de estado, e a equação termodinâmica), os estados futuros da atmosfera são computadorizados e apresentados na forma de mapa.

As previsões computadorizadas fornecem, atualmente, um arcabouço das curvas de nível e das isóbaras preditas. Os detalhes do tempo atmosférico, como os tipos de nuvens, insolação, chuva, geada, nevoeiro, etc., ainda têm que ser fornecidos pelo previsor que irá, então, ajustá-los no esquema fornecido pela previsão computadorizada (Wickham, 1970). As novas técnicas computacionais e a experiência tradicional do previsor ainda são requeridas. Da mesma forma, o êxito de todas as previsões, quer sejam derivadas por computação ou por métodos não-computacionais, depende da quantidade e da qualidade dos dados observacionais básicos utilizados no preparo das previsões.

Problemas da previsão meteorológica nos trópicos

Embora o tempo meteorológico nos trópicos seja menos variável do que em áreas extratropicais, a previsão do tempo nos trópicos está provida de alguns problemas peculiares. As redes de observação nas baixas latitudes são muito menos densas do que as das latitudes médias e há falta de informações sobre as camadas superiores da atmosfera. Muito embora as informações provenientes de satélites atmosféricos estejam ajudando a preencher as lacunas criadas pelas redes precárias de postos, parece não haver alternativa para o aperfeiçoamento das redes básicas de postos de superfície e das camadas superiores da atmosfera. A gama de instrumentos disponíveis nestes postos também tem que ser melhorada. Por exemplo, um número muito pequeno de postos possui radar meteorológico, enquanto os lançamentos de radiossonda são poucos e muito espaçados.

O problema da previsão nos trópicos também são menos suscetíveis de tratamento matemático do que os da região temperada. Não existe relação aproximada simples entre a distribuição dos ventos e das pressões nas latitudes baixas. De fato, sistemas bem definidos de pressão usualmente estão ausentes nos trópicos e as isóbaras dificilmente têm qualquer relacionamento com o tempo atmosférico, diferentemente do que ocorre nas latitudes temperadas, onde a previsão está baseada na associação entre as formas isobáricas e os tipos de tempo que as acompanham. Por outro lado, nas latitudes baixas, muitas das manifestações do tempo são fenômenos de instabilidade, incapazes de uma predição precisa (Forsdyke, 1949). O conceito de equilíbrio geostrófico é inaplicável nas latitudes baixas por causa dos valores muito baixos da força de Coriolis. Portanto, as isóbaras não fornecem uma indicação da velocidade e da direção dos ventos nas camadas superiores da atmosfera. Estas têm que ser diretamente observadas ou medidas. Portanto, é necessário usar uma base diferente das isóbaras para a análise sinótica nos trópicos. Esta base é proporcionada pela análise do perfil aerodinâmico. Um perfil aerodinâmico é uma linha traçada paralelamente à direção instantânea do vetor do vento em todos os pontos ao longo dele. Um mapa de perfil aerodinâmico fornece um quadro instantâneo do campo de movimento. Os perfis aerodinâmicos podem ser obtidos diretamente a partir das observações dos ventos ou podem ser computadorizados a partir da distribuição da pressão. Muito embora os perfis aerodinâmicos somente forneçam uma indicação dos ventos, as suas velocidades podem ser estimadas por meio da função da corrente, que está muito relacionada aos perfis aerodinâmicos, da mesma maneira que o vento geostrófico está relacionado com as isóbaras. Com a utilização destes valores estimados da velocidade do vento ou dos valores medidos, quando disponíveis, podem ser traçadas linhas de igual velocidade do vento, denominadas *isotachas.*

Da mesma forma, nos trópicos a convergência e a divergência somente podem ser estimadas a partir do campo observado do vento, diferentemente daquilo que ocorre na região temperada, onde elas podem ser pressupostas à medida que ocorrem em associação com certos aspectos dos campos isobáricos e isalobáricos e com frentes. Portanto, nos trópicos as cartas sinóticas de superfície têm que ser suplementadas com cartas das camadas superiores da atmosfera. A utilidade das tendências barométricas para a previsão nas baixas latitudes também é limitada. Isto ocorre porque os valores de tendências barométricas são bastante baixos e, freqüentemente, não são muito maiores do que os erros observacionais nas leituras barométricas.

Está claro, a partir do que foi visto, que algumas das técnicas usadas para a previsão do tempo na região temperada não são aplicáveis nos trópicos e quando aplicadas têm que ser amplamente modificadas. As cartas dos ventos das camadas superiores da atmosfera nos trópicos têm que ser construídas a partir de dados observados com a utilização de radiossondas. Os tefigramas também não são úteis nos trópicos como nas latitudes médias. Isto ocorre principalmente porque não existem mudanças bem definidas do tipo de massa de ar nos trópicos. Por conseqüência, os tefigramas marcadamente característicos, associados aos vários tipos de massa de ar na região temperada, inexistem nos trópicos. Particularmente, os tefigramas tendem a ser característicos da localidade e das estações, enquanto as flutuações do tempo no dia-a-dia são muito pequenas. Como as tempestades são comuns nas regiões tropicais, constituindo grandes riscos para a aviação, torna-se necessário distribuir adequadamente as estações de radar ou detectores eletrônicos de tempestades, para a previsão desses azares meteorológicos.

Referências Bibliográficas

ATKINSON, B.W. *The Weather Business.* Londres, Aldus Books, 1968.

BARRET, E.C. *Climatology From Satellites.* Londres, Methuen, 1974.

CHANDLER, T.J. *Modern Meteorology and Climatology.* Londres, Thomas Nelson, 1972.

FORSDYKE, A.G. Weather forecasting in tropical regions. *U.K. Meteorological Office Geophysical Memoirs,* nº 82.

LAMB, H.H. Problems and practice in longer-range weather and climate forecasting. In: Taylor, J.A. (ed.). *Weather Forecasting For Agriculture and Industry* Edinburgh, David and Charles, 1972.

WICKHAM, P.G. *The Practice of Weather Forecasting.* Londres, H.M.S.O., 1970.

CAPÍTULO 10
VARIAÇÕES E MUDANÇAS CLIMÁTICAS

Introdução

A atmosfera não é estática. Ao contrário, está sempre em constante agitação. As características atmosféricas mudam de lugar para lugar e com o decorrer do tempo em qualquer lugar e em escalas de tempo que variam desde os microssegundos até centenas de anos. Existem interações importantes dentro da atmosfera, que podem ser resultantes ou mesmo causadoras de tais mudanças. Essas são apropriadamente denominadas mecanismos de *feedback,* pois não existem simples processos unidirecionais de causa e efeito, uma vez que os efeitos freqüentemente retornam para alterar suas causas. Assim, as mudanças dentro da atmosfera podem ser internamente induzidas dentro do sistema Terra–atmosfera ou externamente induzidas por fatores extraterrestres.

É importante fazer uma distinção entre variações do *tempo atmosférico* e *variações climáticas.* O tempo atmosférico é extremamente variável, particularmente na região temperada. Porém, quer nos trópicos ou na região temperada, a existência de mudanças diurnas e sazonais do tempo atmosférico não pode ser negada. As mudanças climáticas agregadas formam o clima. Existem evidências de flutuações ou variações no próprio clima. Quando essas flutuações seguem uma tendência falamos de *tendências climáticas.* As flutuações também podem ser de natureza cíclica e fornecem o que se denomina *ciclos climáticos.* Por um longo período de tempo, as flutuações climáticas podem ocorrer de tal forma que passam a provocar uma mudança no tipo de clima predominante sobre determinada área. Neste caso, falamos de mudança no clima ou *mudança climática*. Os vários termos usados para descrever as variações no clima, a saber, a variabilidade climática, flutuações climáticas, tendências climáticas, ciclos climáticos e mudança climática referem-se a algumas escalas apropriadas de tempo e somente podem ser válidos quando usados dentro de tais escalas temporais.

Uma nomenclatura que foi sugerida para a mudança climática em várias escalas de tempo é mostrada na Fig. 10.1. Primeiramente, temos uma variabilidade no clima que é muito rápida para ser considerada como mudança climática. Tal variabilidade inclui flutuações no clima dentro de um período menor do que 30–35 anos, um período usualmente aplicado para cálculo dos valores das normais climáticas. Em segundo, existem mudanças seculares ou instrumentais no clima que ocorrem durante um período de 100–150 anos. Em terceiro, existem variações no clima durante um tempo histórico remontando a alguns milhares de anos. Finalmente, temos variações no clima nas escalas do tempo geológico abrangendo durações em milhões de anos.

Indicadores de climas passados

As mudanças climáticas do passado nas diferentes escalas de tempo são estudadas com a utilização de diferentes técnicas e evidências. A discussão dos climas passados, neste livro, está organizada em duas partes. A primeira trata dos climas passados durante um período geológico anterior à história registrada. A segunda trata dos climas durante a história registrada. Nosso conhecimento do clima predominante na fase anterior à história registrada vem de fontes indiretas de evidência na crosta terrestre. Tais evidências de climas passados são muitas e variadas. Contudo, elas podem ser agrupadas em três categorias amplas, a saber, biológicas, litogenéticas e morfológicas. Os indicadores biológicos dos climas passados incluem fósseis (remanescentes de plantas e animais antigos preservados em rochas sedimentares), pólens e anéis de árvores. Os indicadores litogenéticos dos climas passados incluem as camadas anuais de aluviões lacustres, os depósitos de sal e outros fenômenos de sedimentação, fenômenos de intemperismos como as lateritas, os depósitos glaciais como as morenas e os solos fósseis, entre outros. Os indicadores morfológicos dos climas passados incluem os *inselbergs*, os terraços fluviais, as dunas fósseis e os aspectos glaciais, como os *corries* (escavações circulares na encosta de uma montanha), os *eskers* e as formas residuais de relevo.

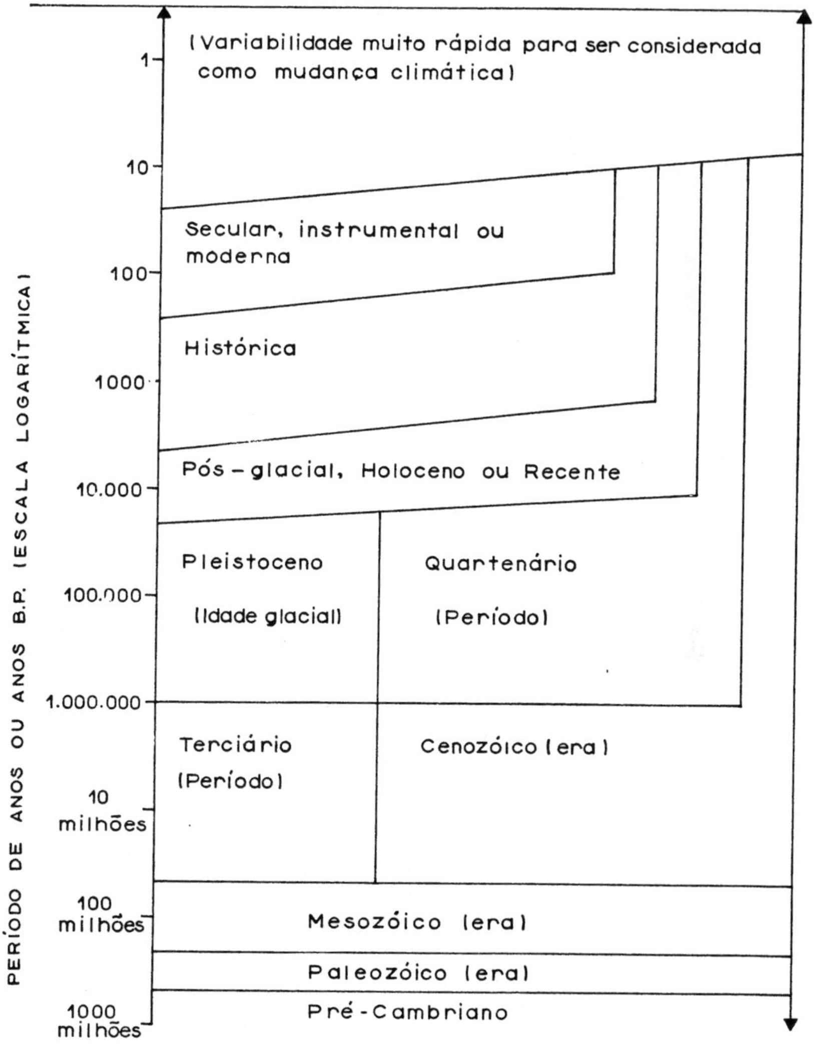

Figura 10.1 – Nomenclatura das mudanças climáticas.

a. Indicadores biológicos de climas passados

Os principais indicadores biológicos de climas passados são os fósseis, os pólens e os anéis de árvores. Os fósseis encontrados em depósitos sedimentares podem ser datados usando-se técnicas paleontológicas padrões, como a datação do carbono 14. Os fósseis e os depósitos sedimentares nos quais eles são encontrados são estudados para a determinação da duração e da extensão espacial das condições de temperatura e de umidade que favorecem a existência de tais organismos (plantas e animais), onde eles se fossilizaram. Contudo, existem incertezas envolvidas na interpretação ou na utilização de fósseis como indicadores de climas passados. A fossilização é seletiva, de maneira que os fósseis encontrados podem não ser muito representativos do agrupamento floral e faunístico que existia no passado em um determinado local. Da mesma forma, as exigências climáticas de um vegetal ou de um animal podem mudar ou variar no curso do tempo. É bastante possível que as espécies extintas de plantas/animais fossem adaptadas a um clima bastante diferente daquele no qual as suas modernas contrapartidas são encontradas. Finalmente, os fósseis podem sofrer derivação de maneira que indiquem condições climáticas que pertençam a um período anterior (Schwarzbach, 1963).

Os pólens são finas substâncias pulverulentas libertadas da antena das flores das plantas. Eles são carregados pelo vento e podem depositar-se sobre superfícies terrestres ou aquáticas. Se os pólens se depositam sobre uma superfície hídrica, afundam no lago ou pântano e são incorporados em camadas sedimentares. Os pólens que se depositam sobre a terra têm maior probabilidade de se deteriorarem; encontrados em rochas sedimentares podem ser analisados e datados. A técnica da análise do pólen é conhecida como *palinologia*. Comparando-se os pólens encontrados em rochas sedimentares com os pólens da vegetação moderna é possível inferir os climas das épocas em que os pólens foram preservados. As mudanças climáticas são refletidas nos espectros das camadas sedimentares sucessivas. As duas maiores limitações dos pólens como indicadores de climas passados são:

1. que, da mesma forma como os fósseis, os pólens são seletivamente preservados e podem não ser representativos da vegetação existente naquela época;

2. os pólens, da mesma forma como os fósseis, podem também sofrer derivação de maneira que indiquem condições climáticas que, de fato, pertencem a um período anterior.

A análise dos anéis de árvore pode ser usada para detectar mudança climáticas nos últimos poucos séculos, mais ou menos. Este procedimento é conhecido como *dendrocronologia*. Em áreas com mudanças sazonais regulares do tempo atmosférico, geralmente as árvores sazonais produzem um anel de crescimento por ano. O anel de crescimento é muito espesso quando as condições de clima são ótimas para o crescimento das árvores, ao passo que é estreito se as condições não são favoráveis. A dendrocronologia é útil na detecção de mudanças climáticas somente durante o passado muito recente porque a maioria das árvores atingem a velhice dentro de um período relativamente curto de algumas centenas de anos. Da mesma forma, a espessura dos anéis de crescimento é influenciada não somente pelas condições climáticas como também pela idade da árvore, que nada tem a ver com o clima.

b. Indicadores litogenéticos de climas passados

Os indicadores litogenéticos de climas passados, freqüentemente usados em estudos de mudança climática, incluem as camadas anuais de aluviões lacustres (varvitos), os evaporitos, os processos de intemperismo, particularmente a laterização, e seus produtos. Os varvitos são camadas providas de faixas distintas de siltes e de areias depositadas anualmente em lagos situados nas proximidades das geleiras continentais. O material mais grosseiro, que é também mais claro quanto à cor, deposita-se primeiro durante o derretimento de verão, enquanto o material mais fino e mais escuro é depositado no inverno. Cada faixa de material claro e escuro representa uma varva (camada anual de aluviões lacustres). Por meio da contagem do número de camadas anuais de aluviões lacustres, o número de anos envolvidos na formação de um depósito varvítico pode ser estimado. A espessura relativa da sedimentação de cada ano individual pode ser usada para inferir variações nas condições climáticas através de todo o período da deposição.

Os evaporitos ou depósitos de sal somente podem ocorrer sob condições moderadamente quentes e secas, nas quais a evaporação excede a precipitação. A existência desses depósitos em áreas atualmente úmidas e moderadamente frias é uma indicação de que no passado o clima foi mais seco e mais quente. As lateritas também estão associadas como os meios ambientes moderadamente secos e úmidos ou sazonalmente úmidos. Portanto, sua ocorrência sugere que tais condições tenham prevalecido no passado nas áreas onde são encontradas atualmente.

c. *Indicadores morfológicos de climas passados*

As evidências morfológicas de climas passados são muitas e variadas. Elas incluem formas residuais de relevo (como, por exemplo, antigas praias, dunas e relevos glaciais como as morenas e *eskers*) e terraços fluviais. As formas residuais de relevo geralmente não apresentam problemas de interpretação, desde que sejam reconhecidas. As dunas são aspectos de um meio ambiente árido e, portanto, sugerem aridez. De maneira semelhante, os aspectos glaciais, como as morenas e os *eskers*, sugerem a ocorrência de glaciação no passado. Contudo, as antigas praias podem ter surgido por outros motivos que não sejam a mudança climática. Uma queda no nível do mar ocasionada pela epirogênese, por exemplo, irá causar o surgimento de novas praias à medida que as antigas se tornam localizadas a uma maior distância da costa. Similarmente, os terraços fluviais podem ser formados por mudança climática envolvendo variações no relacionamento débito fluvial/carga detrítica do rio, bem como por processos de captura fluvial e tectonismo, que nada têm a ver com mudanças no clima.

Portanto, as evidências de mudanças climáticas devem ser cuidadosamente estudadas e avaliadas antes que sejam aceitas como tais. Além disso, várias evidências que se corroboram mutuamente deveriam ser normalmente usadas na determinação do padrão de mudanças climáticas no passado. Freqüentemente torna-se errôneo confiar em apenas uma evidência na determinação do padrão do clima no passado. Em grande parte, o estudo do clima passado assemelha-se à solução de um quebra-cabeças. Exige paciência. Todas as evidências disponíveis têm que ser consideradas em conjunto para que se chegue a decisões razoáveis concernentes ao padrão de clima no passado. As várias evidências de mudanças climáticas resultam dos efeitos do clima sobre os animais, vegetação e relevo, entre outros. Então, quais são as causas de mudanças no clima? É a essa importante indagação que passamos a dirigir nossa atenção.

Causas das mudanças climáticas

Uma mudança no clima implica uma mudança na circulação geral da atmosfera, da qual o clima depende em última análise. Contudo, o clima envolve não somente a atmosfera como também a hidrosfera, a biosfera, a litosfera e a criosfera. Estes são os cinco componentes que formam o sistema climático. Este sistema também está sujeito a influências extraterrestres, particularmente à do Sol. Portanto, o clima depende de, ou é determinado por, dois fatores principais:

1. a natureza dos componentes que formam o sistema climático e as interações entre os vários componentes;
2. a natureza das condições geofísicas exteriores ao sistema climático e as influências que exercem sobre o sistema climático.

A Fig. 10.2 é uma ilustração esquemática do sistema climático com alguns exemplos dos processos físicos responsáveis pelo clima e pelas mudanças climáticas. O estado climático em qualquer período dado depende de três fatores cruciais que são:

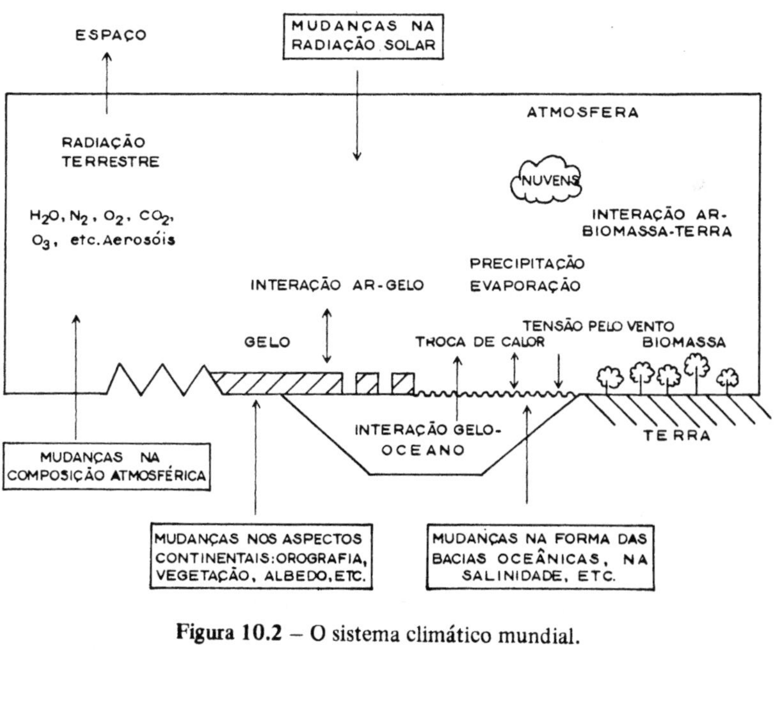

Figura 10.2 – O sistema climático mundial.

1. a quantidade de energia proveniente do Sol recebida pelo sistema climático;
2. a maneira pela qual esta energia é distribuída e absorvida sobre a superfície da Terra;
3. a natureza da interação dos processos entre os vários componentes do sistema climático.

As teorias de mudança climática tentam explicar as variações temporais nos três fatores acima. Contudo, as variações no clima ocorrem em diferentes escalas de tempo e, portanto, podemos requerer diferentes teorias para explicar tais variações. Esta é a razão por que nenhuma teoria isolada de mudança climática foi considerada satisfatória na explicação de todas as variações que ocorreram no clima mundial. Além disso, acredita-se que vários fatores atuam para causar uma mudança no clima. As várias teorias de mudança climática, que foram formuladas pelos vários pesquisadores no decorrer dos anos, podem ser discutidas sob três amplas categorias, a saber: causas terrestres, astronômicas e extraterrestres (ver Tabela 10.1).

a. Causas terrestres de mudança climática

As teorias das mudanças climáticas pertencentes a este grupo tentam relacionar as mudanças do clima às variações nas condições terrestres. As mudanças na distribuição dos continentes e oceanos acarretariam uma mudança na distribuição de energia e, conseqüentemente, na circulação geral da atmosfera e no clima por causa das diferenças bem conhecidas nas características térmicas das superfícies hídricas e continentais. Exemplos de tais teorias incluem aquelas da migração polar e da deriva continental. Mudanças nas localizações dos continentes e dos oceanos também significariam que determinadas áreas estariam localizadas mais próximas ou mais afastadas dos pólos ou do Equador, com mudanças concomitantes no clima. Também existem teorias relacionadas com mudanças na topografia dos continentes e dos oceanos, particularmente dos primeiros. Os processos de formação de montanhas podem ser considerados como influenciando o clima de duas maneiras. Primeiramente, a alteração na topografia liga-se com mudanças concomitantes na influência exercida sobre o fluxo de ar, insolação e outros elementos do tempo atmosférico, como a temperatura e

Tabela 10.1 – Teorias das causas de mudanças climáticas

A. *Causas terrestres*
   1. Migração polar e deriva continental
   2. Mudanças na topografia da Terra
   3. Variações na composição atmosférica
   4. Mudanças na distribuição das superficíes continentais e hídricas
   5. Variações na cobertura de neve e de gelo

B. *Causas astronômicas*
   1. Mudanças na excentricidade da órbita terrestre
   2. Mudanças na precessão dos equinócios
   3. Mudanças na obliqüidade do plano de eclíptica

C. *Causas extraterrestres*
   1. Variações na quantidade de radiação solar (*output* solar)
   2. Variações na absorção da radiação solar exterior à atmosfera terrestre

a precipitação. Em segundo lugar, a orogênese pode envolver vulcanismo, que forneceria aerossóis e outros poluentes que afetariam a transparência da atmosfera e, conseqüentemente, a quantidade de energia que chega ou que sai da superfície terrestre. Todos eles terão efeitos sobre o equilíbrio energético da Terra e, conseqüentemente, sobre o clima.

Várias outras teorias terrestres de mudança climática estão baseadas em variações na transparência atmosférica. À parte os aerossóis vulcânicos mencionados anteriormente, têm havido variações nos seguintes constituintes atmosféricos: bióxido de carbono (CO_2), ozônio (O_3) e vapor d'água. Todos esses constituintes desempenham importantes papéis no equilíbrio energético da Terra. Portanto, pode-se esperar que as variações em suas concentrações na atmosfera influenciem o equilíbrio energético global e, conseqüentemente, a circulação geral da atmosfera da qual o clima depende.

b. Causas astronômicas de mudança climática

As teorias astronômicas das mudanças climáticas estão baseadas em mudanças na geometria da Terra. As principais são as seguintes: mudanças na excentricidade da órbita terrestre, na precessão dos equinócios, e na obliqüidade do plano da eclíptica. As flutuações na excentricidade da órbita terrestre causam variações na recepção de energia solar pela Terra. A distância do Sol a partir do centro da órbita eclíptica controla a distância da Terra ao Sol em diferentes épocas do ano, bem como a duração das quatro estações. Quanto menor a excentricidade da órbita eclíptica, menores serão as diferenças na duração das estações, e quanto maior a excentricidade maiores serão as variações entre as estações. No periélio, quando a Terra está mais próxima do Sol, a recepção de energia solar é 6% maior do que no afélio, quando a Terra está mais afastada do Sol. A excentricidade da órbita terrestre oscila com a periodicidade de cerca de 92.000 anos. Isto significa que em aproximadamente 50.000 anos a Terra em sua órbita estará mais próxima do Sol em julho, e não em janeiro como atualmente. Os verões no hemisfério Norte podem, portanto, se tornar mais quentes e os invernos mais frios durante os próximos 50.000 anos.

A precessão dos equinócios também varia com a periocidade de aproximadamente 22.000 anos. O termo refere-se à mudança regular no tempo em que a Terra está a uma dada distância do Sol. Atualmente os equinócios ocorrem em 21 de março e 23 de setembro, enquanto os solstícios ocorrem em 21 de junho (solstício de verão) e em 21 de dezembro (solstício de inverno). O deslocamento dos quatro pontos sazonais resultará na migração das estações ao longo da órbita. Acredita-se que esse deslocamento seja causado pela atração gravitacional entre o Sol, a Lua e a Terra. As flutuações na precessão dos equinócios causarão mudanças nas estações.

Também existem variações na obliqüidade do plano da eclíptica com periocidade aproximada de 41.000 anos. Atualmente, a obliqüidade é de cerca de 23½°, porém variou no passado periodicamente de 21½° para 24½°. As estações resultam do fato de que a Terra está inclinada nesse ângulo, em sua órbita em torno do Sol. Assim, uma diminuição na obliqüidade da eclíptica diminuiria as diferenças entre as estações, mas aumentaria a distinção das zonas climáticas. Por outro lado, um aumento no ângulo causaria marcantes diferenças sazonais, porém as zonas geográficas seriam menos distintas ou até mesmo desapareceriam (Gates, 1972).

c. *Causas extraterrestres de mudança climática*

As teorias das causas extraterrestres sobre as mudanças climáticas postulam alterações na quantidade de energia solar que chega à Terra, por causa de mudanças no *output* solar ou por causa de mudanças na quantidade de radiação solar absorvida no exterior da atmosfera terrestre. Existem flutuações cíclicas a curto, médio e longo prazo na quantidade de *output* solar. As manchas solares causam flutuações de *output* com ciclos de 11, 22, 44 anos, etc. As labaredas solares também causam flutuações a curto prazo na natureza e na quantidade de radiação solar. Sabe-se que tais flutuações ocorrem no espectro solar especialmente na gama ultravioleta e nos raios-X (radiação cósmica), que aumentam durante as explosões solares. As oscilações das marés provocadas no Sol pelos planetas em suas órbitas também causam flutuações no *output* solar. Finalmente, as variações nas partículas de poeira interestelar causam variações na quantidade de energia solar que alcança a parte superior da atmosfera terrestre. De todas estas influências, as manchas solares têm sido as mais intensamente estudadas. Os aumentos nas manchas solares foram associados às condições mais moderadamente frias e mais úmidas, enquanto as diminuições são associadas com as condições moderadamente quentes e mais secas.

O clima do mundo durante os períodos geológicos

Já está bem estabelecido que o clima tem variado durante a história da Terra, muito embora as causas destas variações ainda não estejam inteiramente entendidas. Não obstante se calcule que a Terra possua cerca de 3 a 4 bilhões de anos, o estudo de climas passados (paleoclimatologia) cobre apenas mais ou menos 500–600 milhões de anos. Isto ocorre porque as evidências de climas passados só raramente são encontradas em rochas pré-cambrianas. Conforme mencionado anteriormente, a paleoclimatologia depende de fósseis e de alguns indicadores não-biológicos de climas passados, enquanto as suas técnicas de datação são emprestadas da paleontologia – um ramo da geologia voltada para o estudo dos fósseis.

Um sumário da história do clima do mundo desde o pré-Cambriano é apresentado na Fig. 10.3. Nosso conhecimento do clima do mundo melhora à medida que consideramos períodos mais recentes. Por exemplo, mais conhecimento se tem a respeito das variações climáticas durante o Pleistoceno do que durante o período Terciário. Acredita-se que na maior parte do último bilhão de anos tenham ocorrido condições climáticas moderadamente quentes e, portanto, sem ocorrência

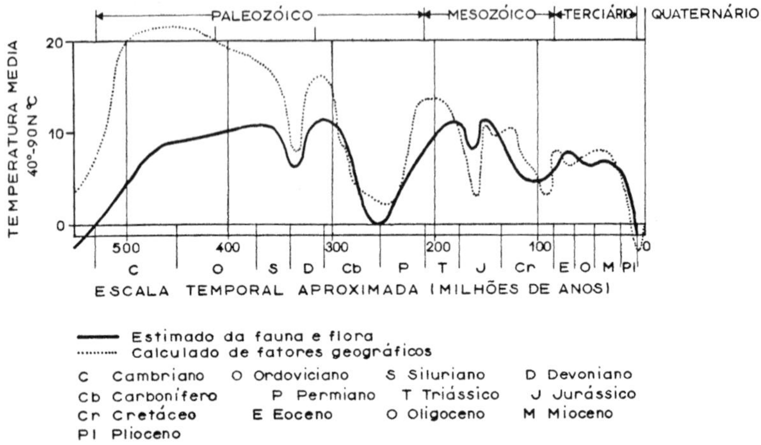

Figura 10.3 – Variações das temperaturas durante os períodos geológicos.

de gelo . Este clima moderadamente quente foi interrompido por duas idades glaciais anteriores à época do Pleistoceno, do último milhão de anos. Há cerca de 300–350 milhões de anos atrás, geleiras continentais cobriam as atuais América do Sul, África, Índia, Austrália e Antártica. Essas massas continentais estavam unidas em um supercontinente chamado "Continente de Gondwana". Anteriormente, entre cerca de 600–800 milhões de anos atrás, ocorreu extensiva glaciação na Groenlândia, África, Austrália e Ásia. A Fig. 10.3 mostra um período de 150 milhões de anos de altas temperaturas entre 500 e 350 milhões de anos atrás. Desde então, a tendência geral da temperatura tem sido descendente, embora tenham havido algumas grandes variações notáveis. As temperaturas mais baixas no hemisfério Norte, desde o Cambriano, ocorreram durante a glaciação do Pleistoceno, datado de aproximadamente um milhão de anos.

Um sumário suficientemente detalhado das variações do clima na Terra, desde o período pré-Cambriano até a época atual, é mostrado na Tabela 10.2. Três períodos de glaciação ocorreram nos últimos 600 milhões de anos, mais ou menos. Houve uma glaciação no período pré-Cambriano, durante o Permiano e, mais recentemente, durante o Pleistoceno. A Fig. 10.4 mostra o gráfico da temperatura do ar sobre a Terra nos últimos 850.000 anos. Ele indica que o clima da Terra tem

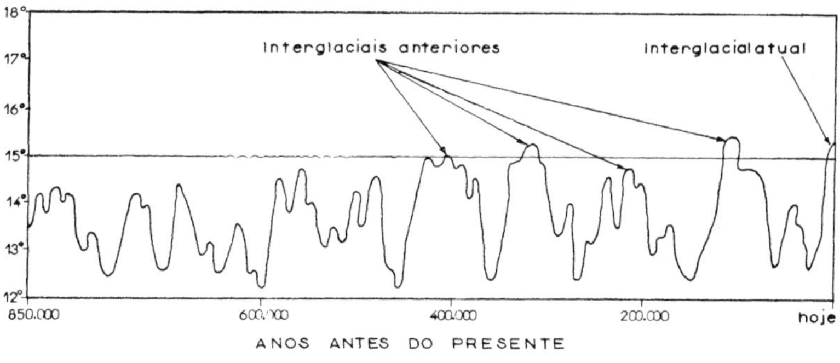

Figura 10.4 – Variações da temperatura do globo terrestre nos últimos 850.000 anos (conforme Roberts e Landsford, 1979).

estado frio na maior parte do último milhão de anos, oscilando através de uma série de episódios glaciais e interglaciais, durante os quais as geleiras continentais alternadamente avançaram e recuaram à medida que a temperatura abaixava ou se elevava (Roberts e Landsford, 1979). O último período de glaciação continental extensiva durante o Pleistoceno ocorreu entre 22.000 e 14.000 anos atrás. As geleiras continentais começaram a recuar. Por volta de 8.500 anos atrás, as geleiras continentais na Europa haviam recuado até as suas posições atuais, enquanto as geleiras continentais norte-americanas recuaram para as suas atuais posições há cerca de 7.000 anos atrás.

O período de 7.000 a 5.000 anos atrás era mais moderadamente quente do que a época atual, porém os últimos 5.000 anos foram marcados por temperaturas no geral declinantes com intervalos excepcionalmente frios há cerca de 2.800 e 350 anos atrás. O último intervalo frio entre 1.550 e 1.850 foi denominado "a pequena idade do gelo". Durante este período, os glaciares europeus aumentaram e os vinhedos desapareceram da Inglaterra. Muitos climatologistas acreditam que atualmente estamos atravessando um período interglacial, cuja duração ninguém realmente conhece.

O clima do mundo durante a história registrada

Nossos conhecimentos e compreensão das variações climáticas durante a história registrada não são muito melhores do que sobre o

Tabela 10.2 – Climas dos vários períodos geológicos (conforme Brooks, 1949)

Era	Período	Idade por meio de radiatividade (em milhões de anos)	Clima
Quaternária	Recente (Holoceno) Pleistoceno	1	Glaciações nas latitudes temperadas
Terciária	Plioceno	13	Moderadamente frio
	Mioceno	30	Moderado
	Oligoceno	60	Moderado para moderadamente quente
	Eoceno	..	Moderado tornando-se quente
Mesozóica	Cretáceo	110	Moderado
	Jurássico	155	Moderadamente quente e invariável
	Triássico	190	Moderadamente quente e invariável
Paleozóica	Permiano	210–240	Glacial a princípio, tornando-se moderado
	Carbonífero	260–300	Moderadamente quente a princípio, tornando-se glacial
	Devoniano	310–340	Moderado tornando-se quente
	Siluriano	340	Moderadamente quente
	Ordoviciano	400	Moderado para quente
	Cambriano	510	Frio, tornando-se moderadamente quente
Pré-Cambriana		560	Glacial

período geológico. As evidências são obtidas a partir de uma variedade de fontes incluindo arqueologia, antropologia, evidência documentária e, mais recentemente, registros instrumentais. Durante todo o período da história humana escrita e inferida, as fontes citadas serviram para explicar as informações controladas provenientes da análise das camadas de varvitos, da análise dos anéis de árvores e de análises geocronológicas concernentes às mudanças no clima.

As escavações arqueológicas têm fornecido indicações a respeito de qual tipo de clima predominava em muitas áreas no passado. Por exemplo, desenhos de animais de savanas feitos nas rochas foram sendo usados para mostrar que as periferias setentrionais e meridionais do deserto do Saara estavam a 100–250 quilômetros para o interior, há 7.000 anos atrás. A distribuição dos artefatos também indica que o homem neolítico e seu rebanho podiam deslocar-se através do Saara de maneira relativamente fácil nessa época. Portanto, somos levados a concluir que nenhum deserto real existia em determinadas partes do atual deserto do Saara. Antigos locais de poços e de instalações hidráulicas também têm fornecido evidências de que as populações viviam em áreas onde a vida é atualmente insuportável. O relato oral sobre fomes e migração em grande escala também indica a deterioração do clima no passado. Estas evidências têm que ser cuidadosamente consideradas, pois a fome e a migração poderiam ser induzidas pela guerra ou pelas pestes, que não possuem qualquer relacionamento com a deterioração das condições climáticas.

O padrão de mudança climática nos trópicos, particularmente na África e durante os últimos 2.000 anos, foi delineado por Grove (1968, 1972). A seqüência das variações climáticas na África nos últimos 2.000 anos parece ser a seguinte. Há cerca de 20.000 a 15.000 anos atrás, o clima era mais seco do que atualmente em grandes áreas da África tropical, particularmente em regiões atualmente semi-áridas e subúmidas. Também era mais frio do que o atual, com as temperaturas variando de 4–6°C mais baixas do que no presente. As perdas por evaporação eram de aproximadamente 2/3 dos valores atuais. A elevação pós-glacial do nível do mar resultou na formação de estuários, restingas e lagoas fechadas.

Cerca de 12.000 a 7.000 anos anteriores ao presente, o clima na maior parte das regiões da África era moderadamente quente e mais úmido do que agora. Contudo, as temperaturas eram mais baixas, porém mais elevadas do que as obtidas para a época de 20.000 a 15.000 anos atrás. Durante essa época, no Saara meridional provavelmente predominava clima mediterrâneo, que persistiu na área do Chade até 5.000 anos atrás (Grove, 1972). O deserto do Saara era muito menor quanto a sua extensão, em comparação com a atual. Conforme mencionado anteriormente, os desenhos rupestres de animais da savana no

Saara indicam que seus limites setentrional e meridional estavam a 100–250 quilômetros mais para o interior, aproximadamente há 7.000 anos atrás. O lago Chade era muito maior. O nível do Mega-Chade era de 320–330 metros, enquanto o nível apresentado pelo lago Chade atualmente é de 282 metros (Grove, 1972).

Este período pluvial foi sucedido por um outro período seco que durou mil anos, que possibilitou o surgimento, em várias áreas, de uma ou mais fases quando o clima era mais úmido do que atualmente. As mudanças de clima durante os últimos 2.000 anos foram menores, deixando poucas evidências na paisagem. Isso dificultou bastante o estudo das variações climáticas durante os últimos 2.000 anos, até chegarmos ao período dos registros instrumentais, no final do século XIX. Para algumas áreas existem registros de variações nos níveis dos lagos ou rios para as épocas mais antigas, notavelmente para a bacia do Nilo e África Oriental.

No caso da Europa, contudo, os registros meteorológicos instrumentais remontam a cerca de três séculos e, na América do Norte, há aproximadamente dois séculos. Em outros continentes, incluindo a África, eles estão confinados aos últimos 100–150 anos e, em muitos casos, a este século. Tem-se que ter em mente, contudo, que a precisão dos instrumentos muito antigos nem sempre deixa de merecer descrédito. Isto aplica-se particularmente aos registros da precipitação, por causa das várias maneiras em que os pluviômetros primitivos eram expostos. Alguns dos primeiros tipos de pluviômetros não faziam anteparos adequados para evitar a reevaporação da chuva caída.

Uma arranjo cronológico das variações do clima da Europa nos últimos 8.000 anos é mostrado na Tabela 10.3. Uma lista cronológica similar de variação no clima no norte da África nos últimos 2.500 anos, até o século XIV, é mostrada na Tabela 10.4. Arranjos cronológicos similares sobre as variações no clima da Ásia e da América durante o período da história registrada foram tentados por vários pesquisadores (Brooks, 1949).

O padrão de variação da temperatura no hemisfério Norte, desde quando os registros instrumentais começaram, é mostrado na Fig. 10.5. Houve tendência de aquecimento global, que se iniciou na década de 1880 e terminou na década de 1940, quando começou um resfriamento. A tendência de resfriamento parece ter sido invertida desde a década de 60. A tendência da temperatura é importante, particularmente nas áreas extratropicais, onde a temperatura determina a duração

Tabela 10.3 – Flutuações do clima na Europa (principalmente segundo Brooks, 1949)

AC	
5400	Úmido e moderadamente quente
5000	Mais seco e mais moderadamente frio
4500	Úmido e muito moderadamente quente
4000–3000	Tornando-se mais moderadamente frio e mais seco
2200	Muito seco especialmente na Europa Central
2000	Período chuvoso
1200–1000	Seco e moderadamente quente
850	De certa forma mais úmido e mais moderadamente frio
700–500	Seco e moderadamente quente
500	Brusco aumento da precipitação, muito mais moderamente frio
DC	
0	Clima similar ao atual
100	Mais seco e mais moderadamente quente
180–350	Mais chuvoso
600–700	Seco e moderadamente quente
800–1200	Pouco gelo, precipitação intensa na Europa Central
1200–1300	Grande turbulência, invernos amenos, provavelmente chuvosos
1500–1600	Seco
1600	Início do avanço geral dos glaciares
1677–1750	Período seco, invernos geralmente amenos
1850–1950	Elevação da temperatura de inverno, recessão geral dos glaciares
1950–Presente	Tendência de ligeiro resfriamento resultante no decréscimo da duração da estação de crescimento

da estação de crescimento. A precipitação também tem variado desde o começo dos registros instrumentais, conforme indicam os estudos provenientes de várias regiões. Na África Ocidental, por exemplo, as maiores secas aconteceram pelo menos três vezes desde o começo deste século. Houve seca em 1913-4, 1943-6 e, recentemente, em 1972-4. A seca de 1913-4 afetou a maior parte das regiões africanas. Similarmente, a seca de 1972-4 no Sahel da África Ocidental estendeu-se à Etiópia e às regiões da África Oriental.

Desde que começaram os registros instrumentais dos elementos do tempo atmosférico, foram observados amplas variações na precipitação da América do Norte, Europa e Ásia. Secas intensas foram experimentadas nos Estados Unidos, em 1893-4, na década de 1930 e em 1975-6. A Europa também experimentou várias secas no passado,

Tabela 10.4 – Variações do clima no norte da África (conforme Brooks, 1949)

Data	Oásis Kharga	Nilo	Outras localidades
500 a.C	Próspero	Cheias elevadas	
100	Excessiva perfuração de poços	Cheias benignas	Alexandria mais chuvosa no verão
200	Declínio temporário de prosperidade	Cheias mais precárias	
400	Melhoria	Cheias benignas	Império Mandingano (320–680 d.C)
700	Grande declínio	Nível mínimo (700–1000 d.C)	Dissolução do Império Mandingano
1150	Quase despovoado	Evolução do estágio de nível baixo, em torno de 1100 d.C	
1225	Mais próspero	Nível baixo	Tráfego no Deserto Oriental desprovido de água
1300	Mais melhorias novas	Nível baixo	Estados sudaneses prósperos

sendo 1975-6 a mais recente. O sudeste da Ásia também sofreu variações na precipitação ocorrendo períodos de secas e de inundações. O abaixamento das chuvas sazonais de monção é a principal causa de seca nesta parte do mundo. As inundações, por outro lado, são causados por ciclones ou por pancadas de chuvas de monção. Estes extremos de suprimento de umidade são bem exemplificados no subcontinente indiano, onde desastres por inundações e secas ocorrem muito freqüentemente.

É perfeitamente aparente, a partir do exposto, que o estudo do clima do passado requer a habilidade do geólogo, do botânico, do climatologista, dentre outros, e exige paciência e dedicação. As várias fontes de evidência têm que ser cuidadosamente consideradas e harmonizadas. Uma tendência supostamente climática pode ser, de fato, parte de um ciclo climático. Uma mudança no clima pode ser ainda mais difícil de determinar. Enquanto a temperatura ou a precipitação decrescem com o passar do tempo em uma determinada área, a tendência em um outro local pode ser oposta. As tendências climáticas locais, os ciclos ou até mesmo as mudanças podem estar em desacordo com o padrão global

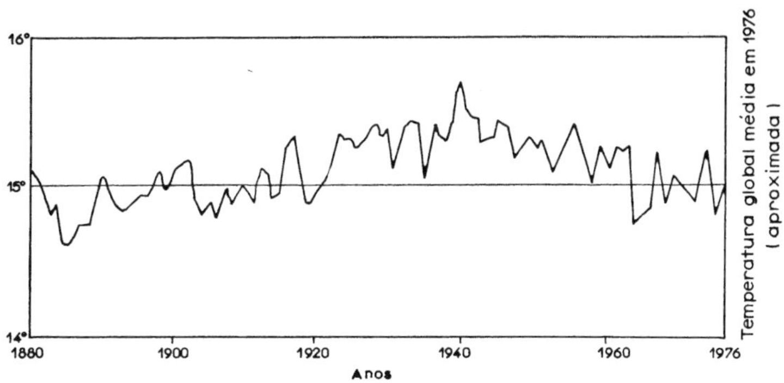

Figura 10.5 – Variações das temperaturas no hemisfério Norte, em épocas recentes (conforme Roberts e Landsford, 1979).

regional ou continental de flutuações climáticas. As técnicas de análise das evidências de climas passados estão sendo aprimoradas e, atualmente, são muito sofisticadas. As variações no clima em épocas recentes estão melhor documentadas, graças ao aprimoramento da rede de postos meteorológicos, muito embora ainda seja necessário maior aperfeiçoamento. As latitudes baixas, as áreas polares, os desertos e os oceanos ainda estão precariamente servidos por estações meteorológicas.

Referências Bibliográficas

BROOKS, C.E. *Climate Through the Ages,* 2ª ed., Nova Iorque, Dover Publications, 1949.

GATES, E.S. *Meteorology and Climatology for the Sixth Form and Beyond.* 4ª ed., Londres, Harrap, 1972.

GROVE, A.T. The last 20,000 years in the tropics. In: Harvey, A.M. (ed.). *Geomorphology in a Tropical Environment.* Brittish Geomorphological Research Group Occasional Paper nº 5, 1968.

GROVE, A.T. Climate change in Africa in the last 20,000 years. In: *Les Problèmes de Développement du Sahara Septentrional,* vol. 2, Algiers, 1972.

ROBERTS, W.O. e LANDSFORD, H. *The Climate Mandate.* San Francisco, W.H. Freeman, 1979.

SCHWARZBACH, M. *Climates of the Past: An Introduction to Palaeoclimatology.* Londres, Van Nostrand, 1963.

W.M.O *Proceedings of the World Climate Conference W.M.O.* Genebra, 1979.

CAPÍTULO 11
CLASSIFICAÇÕES CLIMÁTICAS E CLIMAS REGIONAIS

Introdução

As variações do clima no decorrer do tempo foram examinadas no capítulo anterior. Neste capítulo será dada ênfase ao padrão de variações espaciais no clima. Apesar de que dois lugares na superfície terrestre não tenham climas idênticos, é possível definir áreas nas quais o clima é relativamente uniforme entre diversos lugares. Essa região é usualmente conhecida como *região climática.* A climatologia regional é um ramo da climatologia que se preocupa com a identificação, mapeamento e descrição de regiões climáticas sobre a superfície da Terra ou parte dela.

O clima sobre uma localidade é a síntese de todos os elementos climáticos em uma combinação de certa forma singular, determinada pela interação dos controles e dos processos climáticos. Portanto, existe uma variedade de climas ou de tipos climáticos reinantes sobre a superfície terrestre. Para facilitar o mapeamento das regiões climáticas, os numerosos climas têm que ser classificados por meio da utilização de critérios adequados. Portanto, a classificação climática surge da necessidade de sintetizar e agrupar elementos climáticos similares em tipos climáticos a partir dos quais as regiões climáticas são mapeadas.

Finalidade e problemas da classificação climática

A finalidade predominante de qualquer sistema de classificação é a obtenção de um arranjo eficiente de informações em uma forma simplificada e generalizada. A classificação climática tem por objetivo fornecer um arcabouço eficiente para a organização dos dados climáticos e para a compreensão das complexas variações do clima no mundo. Através da classificação climática, os detalhes e as complexidades das estatísticas climáticas mensais e sazonais são condensadas em formas mais simples, tornando-se facilmente entendidas. Em resumo, nós classificamos para simplificar, esclarecer e compreender os complexos padrões climáticos do mundo.

A classificação climática, apesar de ser conveniente, é um exercício difícil. Certos problemas enfrentados na classificação climática são comuns a todos os tipos de classificação, quer do solo, quer da vegetação. Temos de reconhecer o fato de que todas as classificações são artificiais até o ponto em que impomos uma ordem (fronteira) a uma complexidade ou a um *continuum*. Conseqüentemente, muitas classificações são subjetivas. De fato, a classificação é mais um produto da engenhosidade humana do que um fenômeno natural. Na classificação climática enfrentamos outros problemas que surgem da inadequação dos dados climáticos disponíveis, tanto em termos de cobertura da superfície terrestre como em termos da duração e confiabilidade. O clima também é dinâmico, não-estático, assim, ele flutua e varia com o decorrer do tempo. Naturalmente, isto implica que nossas fronteiras climáticas também flutuarão. Finalmente, o clima é um fenômeno multivariado, consistindo de vários elementos climáticos. Portanto, existe o problema da identificação de parâmetros climáticos cruciais que constituem tipos climáticos distintos. Os elementos climáticos mais freqüentemente usados para caracterizar o clima sobre uma determinada área são a temperatura e a precipitação pluvial. Com freqüência, apenas os valores médios desses elementos são empregados no exercício da classificação. A necessidade de considerar outros elementos climáticos não pode ser excessivamente enfatizada. Da mesma forma, os valores médios dos elementos climáticos têm que ser considerados juntamente com a atividade de tais médias, à medida que os extremos podem ser valores limitativos mas significantes. Para superar os problemas criados pela natureza multivariada do clima, alguns esquemas de classificação têm tomado a vegetação natural como um índice das condições climáticas predominantes na área. Contudo, vários outros fatores não-climáticos exercem controle sobre o caráter da vegetação em uma determinada área. Tais fatores incluem a topografia, o tipo de solo e os efeitos da atividade humana, como a agricultura e a exploração florestal.

Abordagens aplicadas à classificação climática

Atualmente existem vários esquemas de classificação dos climas. O valor de qualquer classificação climática tem que ser julgado pelo seu êxito ao atingir o objetivo para o qual foi projetada. Existem duas abordagens fundamentais à classificação climática: a abordagem genética e a abordagem genérica ou empírica. Na primeira abordagem, a classificação está baseada nos controles climáticos. Este são fatores que determinam ou causam os diferentes climas. Exemplos incluem os padrões de circulação aérea, a radiação líquida e os fluxos de umidade. Na segunda abordagem, a classificação está baseada nos próprios elementos climáticos observados ou em seus efeitos sobre outros fenômenos, usualmente a vegetação ou o homem. Estas classificações climáticas baseadas na influência do clima sobre o homem são na realidade biometeorológicas quanto à natureza, portanto, são classificações especializadas. Os exemplos incluem as baseadas no conforto fisiológico humano, nos tipos de construção para a conservação do conforto fisiológico ótimo ou nos requisitos de vestuário (ver Capítulos 4 e 13). Dado que os controles de clima são muito mais difíceis de medir do que os elementos climáticos, há uma escassez de dados adequados para a maioria das regiões da Terra. Desta forma, a maior parte das classificações climáticas adotaram a abordagem empírica para a qual há maior disponibilidade de informações.

Assim, em um levantamento recente de 169 esquemas de classificação climática, apenas 21 puderam ser considerados genéticos quanto à abordagem, enquanto os 148 esquemas restantes foram considerados empíricos (Terjung e Louie, 1972). A maioria dos esquemas de classificação genética trabalha com sistemas dinâmicos-sinóticos amplos, mas apenas dois levam em consideração o balanço de energia da superfície da Terra.

a) Modelos de classificação genética

De maneira resumida serão revisados quatro exemplos de modelos de classificação climática que adotam a abordagem genética. Dois estão baseados em sistemas dinâmicos-sinóticos gerais, enquanto os outros dois estão baseados no balanço de energia. Uma classificação genética sugerida por H. Flohn, em 1950, reconhece sete tipos climáticos, baseados nas zonas de ventos globais e nas características da precipitação (ver Tabela 11.1). A temperatura não aparece de maneira explícita na classificação. Outra classificação genética simples, embora extremamente eficaz, dos climas do mundo foi proposta por Strahler (ver Tabela 11.2). Os climas do mundo são classificados em três divisões principais – os climas das latitudes baixas, os das latitudes médias e os das latitudes altas. Essas três divisões estão subdivididas em 14 regiões climáticas, às quais se acrescenta o clima das terras altas, onde a altitude surge como controlador dominante.

Budyko, em 1956, propôs uma classificação simples do clima, porém altamente generalizada, com base no balanço de energia.

Tabela 11.1 – Classificação genética dos climas, proposta por Flohn (1950)

Os dois critérios principais usados no esquema de classificação são:
1. as zonas globais de ventos, e
2. características da precipitação geral.

A temperatura não aparece explicitamente no esquema de classificação.

Tipo climático	Característica da precipitação
I. Zona equatorial (ventos de oeste)	Constantemente úmida
II. Zona tropical (ventos alísios de inverno)	Precipitação pluvial de verão
III. Zona subtropical seca (ventos alísios ou alta pressão subtropical)	Condições secas predominam durante o ano todo
IV. Zona subtropical de chuva de inverno (tipo Mediterrâneo)	Precipitação de inverno
V. Zona extratropical (ventos de oeste)	Precipitação geral durante o ano todo
VI. Zona subpolar	Precipitação limitada durante o ano todo
VIa. Subtipo continental boreal	Precipitação pluvial de verão limitada; precipitação de neve de inverno
VII. Zona polar alta	Precipitação escassa; precipitação pluvial de verão; precipitação de neve no início do inverno

Tabela 11.2 – Classificação genética para os climas, proposto por Strahler (Strahler, 1969)

Os critérios usados neste esquema de classificação são:

1. a característica das massas de ar dominantes, e
2. as características da precipitação

I. Climas das latitudes baixas – controladas pelas massas de ar equatoriais e tropicais
   a) Equatorial úmido
   b) Litorâneo com ventos alísios
   c) Desértico tropical e de estepe
   d) Desértico da costa ocidental
   e) Tropical seco-úmido

II. Climas das latitudes médias – controladas pelas massas de ar tropicais e pelas massas de ar polares
   a) Subtropical úmido
   b) Marítimo da costa ocidental
   c) Mediterrâneo
   d) Desértico e de estepe de latitude média
   e) Continental úmido

III. Climas das latitudes altas – controlados pelas massas de ar polar e ártica
   a) Continental subártico
   b) Marítimo subártico
   c) Tundra
   d) Calota de gelo
   e) Climas de terras altas – as principais áreas de terras altas do mundo, onde a altitude é o controlador dominante do clima

A classificação está baseada nos valores do índice radiativo de aridez (Id) definido pela equação da fórmula:

$$Id = \frac{Rn}{Lr}$$

onde Rn é a quantidade de radiação disponível para evaporação a partir de uma superfície úmida, supondo um albedo de 0,18, L é o calor latente de evaporação, e r é a precipitação média anual. O valor do índice de radiação de aridez (Id) é menor do que a unidade em áreas úmidas e maior do que a unidade em áreas secas. Usando-se este índice, os cinco tipos climáticos principais reconhecidos por Budyko (1956) são:

Tipo climático	Índice radiativo de aridez (*Id*)
I. Desértico	$>3{,}0$
II. Semidesértico	2,0 – 3,0
III. Estepe	1,0 – 2,0
IV. Floresta	0,33 – 1,0
V. Tundra	$<0{,}33$

Este modelo de classificação fornece apenas um quadro generalizado dos climas mundiais devido à natureza do índice, e ao fato de que um número muito pequeno de postos no mundo têm dados confiáveis a respeito do fluxo radiativo líquido.

Uma classificação genética mais rigorosa e mais detalhada dos climas do mundo, baseada nos fluxos de energia e de umidade, foi recentemente proposta por Terjung e Louie (1972). A seguinte versão simplificada da equação do balanço de energia foi usada na proposta:

$$Rn + F_{\downarrow} = LE_{\uparrow} + H_{\uparrow} + F_{\uparrow}$$

onde Rn é a radiação líquida, $F_{\downarrow}$ é a importação horizontal de calor sensível, $LE_{\uparrow}$ é o calor latente da vaporização, $H_{\uparrow}$ é o fluxo de calor sensível que remove energia da interface (convecção) e $F_{\uparrow}$ é a exportação horizontal de calor sensível. A marcha sazonal dos parâmetros desta equação, cobrindo 12 meses, foi determinada para 1.058 postos localizados em diversos pontos do globo. Após uma análise cuidadosa dos vários gráficos, foram identificados seis grupos climáticos principais e 62 tipos climáticos (ver Tabela 11.3).

Os seis grupos climáticos principais são os seguintes:

A Climas macrotropicais
B. Climas subtropicais
C. Climas continentais das latitudes médias
D. Climas mesotropicais

E. Climas ciclônicos marítimos
G. Climas polares

Tabela 11.3 – Climas considerando o balanço de energia do mundo, de acordo com Terjung e Louie (1972)

O *input* de energia determina os principais grupos climáticos e as subdivisões são feitas tomando-se por base o *output* de energia.
Os principais grupos climáticos são os seguintes:

A. Climas (climas macrotropicais) – macro *input* de energia, microamplitude
B. Climas (climas subtropicais) – macro *input* de energia, amplitude média
C. Climas (climas continentais de latitude média) – grande *input*, grande amplitude
D. Climas (climas mesotropicais) – *input* médio, amplitude muito baixa
E. Climas (climas marítimo-ciclônicos) – *input* médio, *output* médio
G. Climas (climas polares) – *input* e amplitude mínimos

Abaixo está a matriz dos 62 climas obtidos em função do balanço de energia

Climas de *input*	Climas de *output*		Oceânicos transicionais				
	Úmidos	Secos					
A	A	A	BE	CC	DA	DD	DG
	D	B	CB	CC	GD		
			EE				
B	A	B	BE		DA	DD	DG
	B	C	CC		GA	GD	GG
	D	C	EB	EE			
			GB				
C	B	C	EC	EE	DA		
	C	E			EB		
	E				GA	GB	GG
	G						
D	A	D	AE		DG		
	D		CE		GD	GG	
			EE				
E	GE		BF				
G			CF				
			DE				
			GD	GE	GG		
G	G		GE	GG			

Não obstante a classificação global de climas baseada no *input* de energia e na sua distribuição subseqüente na interface seja considerada teoricamente adequada e satisfatória, a sua maior deficiência reside na ausência geral de dados confiáveis a respeito dos componentes do balanço de energia para a maior parte das regiões do mundo.

b) Modelos empíricos de classificação

Dos numerosos modelos de classificação climática que adotam a abordagem empírica, somente três serão revistos de maneira resumida: o de Köppen, desenvolvido entre 1900 e 1936, o de Thornthwaite (1948) e o de Miller (1965). O modelo de classificação climática feito por Köppen é relativamente simples e muito popular. Atualmente, depois de mais de quatro décadas, a maioria dos livros-textos a respeito de geografia regional e climatologia tem adotado a classificação climática de Köppen, ou uma das suas modificações. Isto não significa dizer que o modelo seja perfeito, conforme será demonstrado posteriormente. No modelo de Köppen existem cinco grupos climáticos principais, reconhecidos principalmente com base nas características das temperaturas. Estes cinco grupos são subdivididos com base na distribuição sazonal da precipitação e nas características adicionais de temperatura, a fim de fornecerem um total de 24 tipos climáticos (ver Tabela 11.4).

Apesar de sua abordagem quantitativa, da objetividade e dos méritos inestimáveis como um dispositivo de ensino, várias críticas têm sido feitas ao modelo. A classificação de Köppen recebe críticas pela ausência de uma categoria subúmida, por ser mais empírica do que genética, pela ausência de uma justificativa para a utilização de alguns critérios numéricos e até mesmo pelo uso de critérios rígidos de limites, à luz da escassez de observações climáticas para a maior parte das regiões do mundo. A classificação climática de Köppen foi particularmente criticada por Thornthwaite, que a descreveu como não-sistemática, como estando baseada numa mesclagem de normas e definições não afins. As regiões climáticas de Köppen são, em sua essência, regiões de vegetação climaticamente definidas. O modelo elaborado por Miller (Miller, 1965) é bastante similar ao de Köppen. Há sete grupos principais reconhecidos usando os critérios de temperatura, que são subdivididos tomando-se por base as características da precipitação pluvial para fornecerem 19 tipos climáticos (Tabela 11.5). Muitas das críticas feitas ao modelo de Köppen

Tabela 11.4 – O modelo de classificação climática de Köppen

O sistema de classificação climática mais usado é o de W. Köppen (1846-1940), quer na sua forma original ou com modificações. O próprio Köppen modificou e revisou sua classificação lançada pela primeira vez em 1900. O modelo de Köppen basicamente relaciona o clima com a vegetação, mas critérios numéricos são usados para definir os tipos climáticos em termos de elementos climáticos. O primeiro modelo de classificação feito por Köppen, em 1900, baseava-se nas zonas de vegetação do mapa de vegetação feito por Alphonse de Candolle, um fisiólogo francês da vegetação. O modelo foi revisado em 1918, dando maior atenção à temperatura, à precipitação pluvial e às suas características sazonais.

O esquema de classificação de Köppen tem cinco tipos climáticos principais reconhecidos com base na temperatura e designados por letras maiúsculas, da seguinte forma:

A	Climas tropicais chuvosos
B	Climas secos
C	Climas temperados chuvosos e moderadamente quentes
D	Climas frios com neve-floresta
E	Climas polares

A eles acrescenta-se um grupo de climas de terras altas, não-diferenciados e representados pelo símbolo H. Cada um dos climas A, B, C, D, e E é posteriormente subdividido com a utilização de características adicionais de temperatura e precipitação pluvial, conforme definidos abaixo:

A	*CLIMAS TROPICAIS CHUVOSOS*
Af	Clima tropical chuvoso de floresta
Aw	Clima de savana
Am	Clima tropical de monção
B	*CLIMAS SECOS*
BSh	Clima quente de estepe
BSk	Clima frio de estepe
BWh	Clima quente de deserto
BWk	Clima frio de deserto
C	*CLIMAS TEMPERADOS CHUVOSOS E QUENTES*
Cfa	Úmido em todas as estações, verão quente
Cfb	Úmido em todas as estações, verão moderadamente quente
Cfc	Úmido em todas as estações, verão moderadamente frio e curto
Cwa	Chuva de verão, verão quente
Cwb	Chuva de verão, verão moderadamente quente
Csa	Chuva de inverno, verão quente
Csb	Chuva de inverno, verão moderadamente quente
D	*CLIMA FRIO COM NEVE-FLORESTA*
Dfa	Úmido em todas as estações, verão quente
Dfb	Úmido em todas as estações, verão frio

Tabela 11.4 – *(Cont.)*

Dfc	Úmido em todas as estações, verão moderadamente frio e curto
Dfd	Úmido em todas as estações, inverno intenso
Dwa	Chuva de verão, verão quente
Dwb	Chuva de verão, verão moderadamente quente
Dwc	Chuva de verão, verão moderadamente frio
Dwd	Chuva de verão, inverno intenso
E	*CLIMAS POLARES*
ET	Tundra
EF	Neve e gelo perpétuos

As principais categorias (isto é, A, B, C, D, E) estão baseadas principalmente em critérios de temperatura, da seguinte forma:

A O mês mais frio tem temperatura média superior a 18°C. A isoterma de inverno de 18°C é crítica para a sobrevivência de certas plantas tropicais. A precipitação pluvial anual é maior do que a evapotranspiração anual.

B A evapotranspiração potencial média anual é maior do que a precipitação média anual. Não existe excedente de água, por isso nenhum rio permanente origina-se aqui.

C O mês mais frio tem temperatura média entre – 3°C e 18°C. O mês mais moderadamente quente tem uma temperatura média maior do que 10°C. A isoterma de 10°C de verão correlaciona-se com o limite, na direção do pólo, do crescimento de árvores e a isoterma de – 3°C indica o limite na direção do Equador do *permafrost* (subcamada do solo constantemente gelada).

D O mês mais frio tem temperatura média abaixo de – 3°C e o mês mais moderadamente quente tem temperatura média maior do que 10°C.

E O mês mais moderadamente quente tem temperatura média menor do que 10°C. O mês mais moderadamente quente de ET tem temperatura média entre 0°C e 10°C. O mês mais moderadamente quente de EF tem temperatura média menor do que 0°C.

As subdivisões de cada uma das principais categorias são feitas com referência a:

1. distribuição sazonal da precipitação
   - f = nenhuma estação seca, úmido o ano todo (A, C, D)
   - m = de monção, com uma breve estação seca e com chuvas intensas durante o resto do ano (A)
   - w = chuva de verão (A, C, D)
   - S = estação seca de verão (B)
   - W = estação seca de inverno (B).
2. características adicionais de temperatura
   - a = verão quente, o mês mais quente tem temperatura média maior do que 22°C

Tabela 11.4 – *(Cont.)*

b = verão moderadamente quente, o mês mais quente tem temperatura média inferior a 22°C
c = verão breve e moderadamente frio, menos do que 4 meses têm temperatura média maior do que 10°C
d = inverno muito frio, o mês mais frio tem temperatura média menor do que – 38°C

Nas regiões áridas (BW e BS), os seguintes subscritos são usados:

h = quente, temperatura média anual maior do que 18°C
k = moderadamente frio, temperatura média anual menor do que 18°C

---

também são aplicáveis ao modelo de Miller, devido à similaridade óbvia entre os dois modelos.

Em 1948, Thornthwaite propôs uma classificação climática racional baseada no conceito de evapotranspiração potencial, no balanço hídrico (ver Capítulo 7) e em um índice de umidade, derivado de dados puramente climáticos. A abordagem de Thornthwaite à classificação climática foi considerada útil em diversos campos, tais como na ecologia, na agricultura e no desenvolvimento dos recursos hídricos. Contudo, o modelo de classificação de Thornthwaite não ficou ileso às críticas. Os valores de evapotranspiração potencial, sobre os quais o índice de umidade está baseado, não estão prontamente disponíveis em muitas áreas. A fórmula empírica de Thornthwaite para calcular os valores desse parâmetro falhou ao construir estimativas satisfatórias para muitas regiões do mundo, particularmente nas áreas áridas e semi-áridas. O índice de umidade de Thornthwaite foi considerado inconsistente, estruturalmente fraco e teoricamente inexato (ver Ayoade, 1972). A razão da evapotranspiração real com a potencial foi mostrada como sendo um índice mais expressivo na delimitação das regiões úmidas, pelo menos na Nigéria. O método de Thornthwaite para classificação é bastante difícil de manejar e, de acordo com o próprio Thornthwaite, deficiente quanto ao refinamento matemático e seria difícil usá-lo sem um nomograma. Passamos a considerar o esquema de classificação, que está delineado com algum detalhe na Tabela 11.6.

A classificação de Thornthwaite está baseada em dois índices climáticos principais – o índice de umidade e a evapotranspiração

Tabela 11.5 – Modelo de classificação climática de Miller

O esquema de classificação climática de Miller está baseado em critérios de temperatura e de precipitação pluvial. Duas considerações básicas desse esquema são:

1. a distribuição sazonal da precipitação pluvial, particularmente a duração da estação seca, se é que existe;
2. a distribuição sazonal da temperatura e particularmente a duração da estação fria, se é que existe uma.

Por causa da importância óbvia do primeiro fator nas latitudes baixas, ele é usado para subdividir os climas quentes. Similarmente, o segundo fator é usado para subdividir os climas temperado e frio.

Sete categorias principais de clima são reconhecidas e cada uma delas, exceção para os climas de montanha, são ainda subdivididas. As principais categorias climáticas estão representadas por letras diagnósticas, da seguinte maneira:

A Climas quentes
B Climas temperados quentes
C Climas temperados moderadamente frios
D Climas temperados frios
E Climas árticos
F Climas de deserto
G Climas de montanha

As várias subdivisões estão definidas a seguir, juntamente com os critérios empregados:

A CLIMAS QUENTES (temperatura média anual maior do que 21,1°C, nenhum mês tem temperatura média inferior a 18°C)
- 1 Tipo equatorial, com duplo máximo de chuvas
- 1m Tipo monção equatorial
- 2 Marítimo tropical: nenhuma estação seca marcante
- 2m Marítimo tropical: do tipo monção
- 3 Continental tropical: chuva de verão
- 3m Continental tropical: do tipo monção

B CLIMAS TEMPERADOS QUENTES (nenhuma estação fria, nenhum mês tem temperatura média inferior a 6,1°C)
- 1 Borda ocidental (Mediterrâneo): chuva de inverno
- 2 Borda oriental: chuva uniforme
- 2m Borda oriental (tipo monção): chuva máxima marcante de verão

C CLIMAS TEMPERADOS MODERADAMENTE FRIOS (estação moderadamente fria, de 1–5 meses com temperatura média menor que 6,1°C)
- 1 Marítimo: chuva uniforme ou máxima de inverno
- 2 Continental: máximo chuvoso de verão
- 2m Continental (tipo monção): forte máximo chuvoso de verão

Tabela 11.5 – *(Cont.)*

D	CLIMAS FRIOS (longa estação fria, 6 meses ou mais tendo temperatura média menor do que 6,1°C)
	1 Marítimo: chuva uniforme ou máxima de inverno
	2 Continental: máximo chuvoso de verão
	2m Continental (tipo monção): forte máximo chuvoso de verão
E	CLIMAS ÁRTICOS (sem estação moderadamente quente; 3 meses ou menos têm temperatura média acima de 6,1°C)
	Climas de gelo (sempre frio, nenhum mês tem temperatura média acima de 6,1°C)
F	CLIMAS DE DESERTO (precipitação média anual é menor do que 1/5 da média anual de temperatura)
	1 Desertos quentes: nenhuma estação fria; nenhum mês tem temperatura média menor do que 6,1°C
	2 Desertos de latitude média: um ou mais meses têm temperatura média menor do que 6,1°C
G	CLIMAS DE MONTANHA

potencial anual. O índice de umidade (*Im*) é fornecido da seguinte maneira:

$$Im = \frac{100\,S - 100\,D}{EP}$$

onde S é o excedente anual de água, D é o déficit hídrico anual e EP é a evapotranspiração potencial. Os valores do excedente hídrico e do déficit hídrico são obtidos pelo método de armazenagem hídrica climática (ver Thornthwaite e Mather, 1955), enquanto os valores de evapotranspiração potencial podem ser calculados com a utilização da fórmula empírica baseada na temperatura (Thornthwaite, 1948). As províncias de umidade são delimitadas tomando-se por base os valores computados no índice de umidade (Tabela 11.6). As províncias térmicas são similarmente definidas por meio da utilização da evapotranspiração potencial, que é considerada como um índice da energia disponível.

Com a utilização destes dois índices e critérios adicionais, 120 tipos climáticos foram hipotetizados por Thornthwaite (1948), dos quais apenas 32 puderam ser expressos no mapa-múndi. Tais subdivisões são excessivas quando comparadas às 24 de Köppen. Para simplificar o esquema e para certos fins (como, por exemplo, para agricultura e hidrologia) usa-se freqüentemente apenas o índice de umidade. Os

Tabela 11.6 – Classificação racional de clima de Thornthwaite (Thornthwaite, 1948)

Na classificação de Thornthwaite, a evapotranspiração potencial (*EP*), a precipitação (*P*), e o relacionamento entre estas variáveis fornecem as bases dos quatro critérios climáticos usados na classificação. Os quatro critérios são, cada um deles, representados por um valor-índice e os limites são estabelecidos quantitativamente. Os quatro critérios são.

1 adequação da umidade, representada por valores do índice de umidade;
2 eficiência térmica, representada pelos valores de evapotranspiração potencial;
3 distribuição sazonal da adequação da umidade;
4 concentração no verão da eficiência térmica.

Tipo de umidade climática		Índice de umidade
A	Perúmido	100 e acima
B_4	Úmido	80–100
B_3	Úmido	60– 80
B_2	Úmido	40– 60
B_1	Úmido	20– 40
C_2	Subúmido chuvoso	0– 20
C_1	Subúmido seco	–33,3–0
D	Semi-árido	–66,7 até –33,3
E	Árido	–100 até –66,7

Eficiência térmica e sua concentração no verão

	Eficiência térmica		Concentração no verão	
Tipo		EP (cm)	Tipo	Concentração (%)
A'	Megatérmico	114 e acima	a'	abaixo 48,0
B'_4	Mesotérmico	99,7–114,0	b'_4	48,0–51,9
B'_3	Mesotérmico	85,5– 99,7	b'_3	51,9–56,3
B'_2	Mesotérmico	71,2– 85,5	b'_2	56,3–61,6
B'	Mesotérmico	57,0– 71,2	b'_1	61,6–68,0
C'_2	Microtérmico	42,7– 57,0	c'_2	68,0–76,3
C'_1	Microtérmico	28,5– 42,7	c'_1	76,3–88,0
D'	Tundra	14,2– 28,5	d'	acima de 88,0
E'	Geada	abaixo 14,2		

Tabela 11.6 – *(Cont.)*

A adequação sazonal da umidade é determinada para os climas úmidos pelos valores do índice de aridez, calculado como sendo:

$$\frac{D}{EP} \times 100$$

onde D é o déficit de água e EP a evapotranspiração potencial. A adequação sazonal da umidade para os climas secos é determinada pelos valores da umidade, calculado como sendo:

$$\frac{S}{EP} \times 100$$

onde S é o excedente de água e EP a evapotranspiração potencial.

Adequação Sazonal de Umidade

Clima úmido (A, B, C_2)		Índice de aridez
r	pouco ou nenhum déficit hídrico	0–10
s	déficit moderado de verão	10–20
w	déficit moderado de inverno	10–20
s_2	grande déficit de verão	acima de 20
w_2	grande déficit de inverno	acima de 20

Climas secos (C, D, E)		Índice de umidade
d	pequeno ou nenhum excedente de água	0–16,7
s	excedente moderado de inverno	16,7–33,3
w	excedente moderado de verão	16,7–33,3
s_2	grande excedente de inverno	acima de 33,3
w_2	grande excedente de verão	acima de 33,3

mapas-múndi da distribuição dos tipos climáticos, qualquer que seja o modelo de classificação usado, indicam os tipos climáticos que tendem a ser zonais quanto à distribuição (ver Figs. 11.1 e 11.2). Isto indica o papel dominante da radiação (e da latitude que a controla) no clima.

Para concluir este rápido levantamento das abordagens aplicadas à classificação climática, deve-se mencionar as recentes tentativas de classificação dos climas utilizando as técnicas estatísticas multivariadas, notavelmente a análise fatorial e a análise dos componentes principais. Um problema maior da classificação surge do fato de que o clima, como

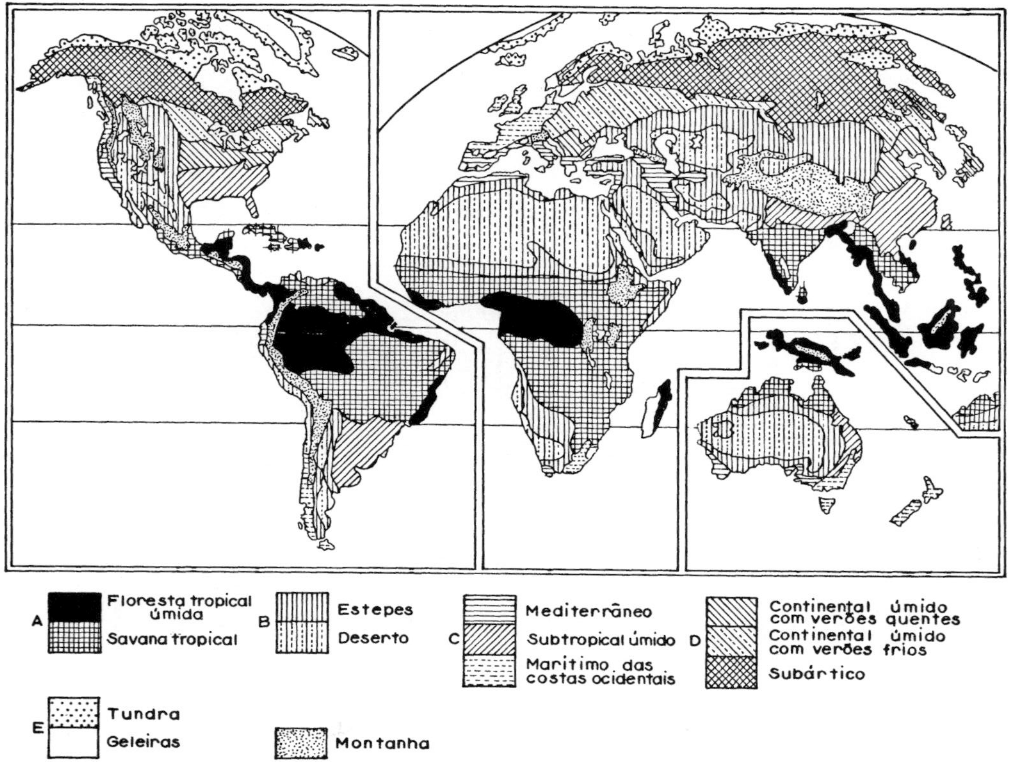

Figura 11.1 – Um exemplo dos tipos climáticos mundiais, de acordo com a classificação genérica (conforme Gates, 1972).

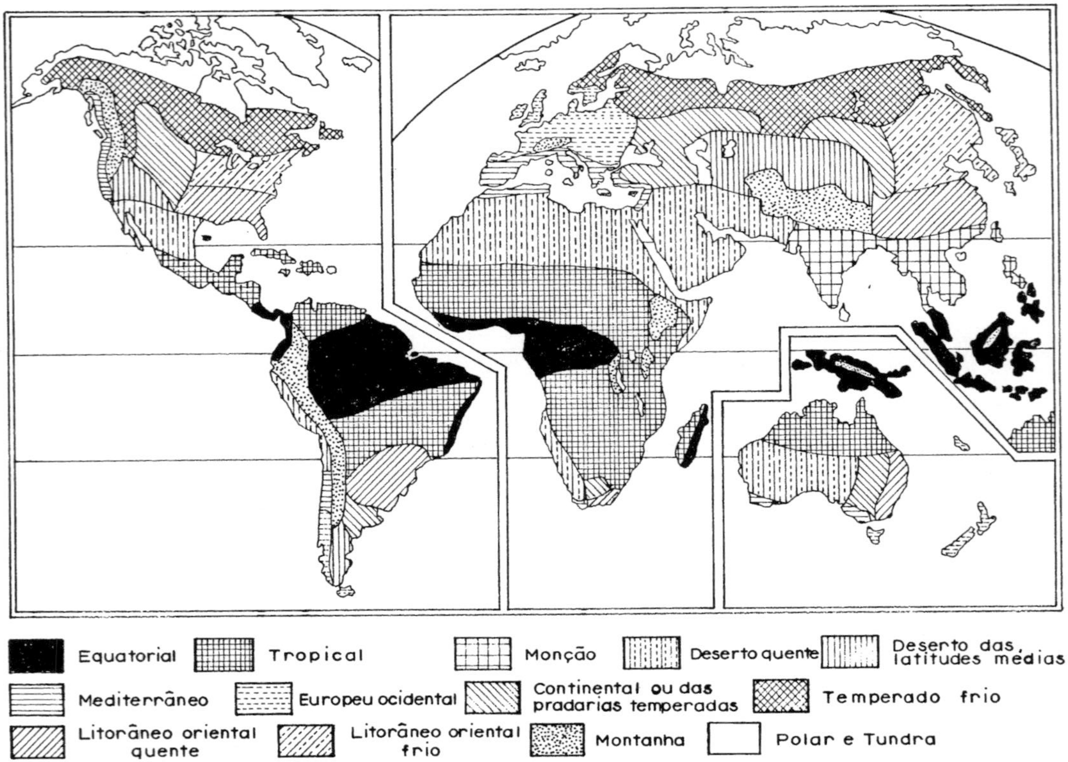

Figura .1.2 – Um exemplo dos tipos climáticos mundiais, de acordo com uma classificação genética (conforme Gates, 1972)

Um problema maior da classificação surge do fato de que o clima, como uma síntese do tempo atmosférico, é um fenômeno multivariado que requer a utilização de muitas variáveis climáticas para caracterizá-lo. A utilização de técnicas estatísticas multivariadas capacita-nos a considerar simultaneamente tantas variáveis climáticas quanto desejarmos como critérios para a classificação. As numerosas variáveis são desmembradas em alguns componentes ou fatores, que explicam a maior parte da variância na matriz dos dados originais. Por causa das muitas computações envolvidas, a ampla utilização das técnicas multivariadas teve que aguardar o advento do computador eletrônico, na década de 50.

Uma das mais antigas classificações dos climas que emprega técnicas estatísticas foi utilizada por Steiner (1965). Dezesseis variáveis de tempo atmosférico para 67 postos meteorológicos, em estados adjacentes nos Estados Unidos, foram englobados em quatro componentes, explicando 87% da variância na matriz original. As dezesseis variáveis representam várias características dos quatro elementos principais do tempo atmosférico, a saber: temperatura, precipitação, insolação e umidade. À parte o mapeamento dos escores componentes e de sua interpretação em termos regionais, a regionalização é feita por meio de análise de grupo (*cluster analysis*), com a utilização de medidas de distância calculadas a partir dos escores de componentes de postos meteorológicos, como índices de similaridade do clima em tais postos. A partir do trabalho feito por Steiner, tentativas similares foram realizadas para classificar os climas da Austrália, Europa, África do Sul e Nigéria. Contudo, o uso de técnicas estatísticas multivariadas nas classificações climáticas e outras tem seus próprios problemas e limitações (Johnston, 1969 e Ayoade, 1977). Diferentes agrupamentos são obtidos com a utilização de diferentes algoritmos de agrupamento. As variáveis do tempo atmosférico usadas na classificação também exercem influência nos tipos climáticos que eventualmente são obtidos. O número de grupos obtidos é também alta e subjetivamente determinado pelo indivíduo, depois de levar em conta a finalidade da classificação entre outras coisas.

Abordagens utilizadas na climatologia regional

A climatologia regional é essencialmente descritiva em sua abordagem. O clima de determinada região é descrito com a ajuda de gráficos das variações sazonais nos valores dos elementos climáticos, usualmente a temperatura e a precipitação. Poucas ou nenhuma tentativa tem sido feita para explicar o clima observado. Porém recentemente foi dada ênfase crescente à explicação dos padrões climáticos observados. Estas análises têm envolvido a relação do tempo meteorológico e do clima observados ao modelo da circulação atmosférica predominante – constituindo a denominada abordagem sinótica.

A unidade espacial adotada na climatologia regional também varia de um autor para outro. Alguns discutem a climatologia regional dentro da estrutura de um esquema de classificação climática. As regiões climáticas são delimitadas e seus climas descritos, por sua vez, com a ajuda de gráficos característicos, assinalando as variações sazonais da temperatura e da precipitação. Outros discutem a climatologia regional tomando por base mais o continente do que uma região ou zona climática de âmbito mundial. O clima de um dado continente é descrito primeiramente de maneira ampla e explicado com referência aos sistemas de circulação atmosférica. Isto é seguido por explicações das variações regionais do clima no continente.

Neste livro estamos preocupados principalmente com os princípios da climatologia e com as bases para uma classificação climática. Portanto, nosso objetivo não é o estudo exaustivo da climatologia regional. Existem textos excelentes a respeito da climatologia regional, que devem ser consultados pelos estudantes para obter exposições detalhadas das variações regionais do clima do mundo (por exemplo, Kendrew, 1947; Trewartha, 1961; Miller, 1965). No restante deste capítulo trataremos em termos gerais os principais aspectos diferenciadores dos climas tropicais e temperados, bem como os fatores que explicam as variações regionais observadas nos climas dos trópicos e da região temperada. Tais aspectos serão ilustrados com gráficos climáticos adequados e diagramas de estações representativas.

Climas tropicais e temperados

Os climas tropicais diferem em muitos aspectos dos climas temperados. Talvez a diferença mais importante resida na natureza do balanço de energia. A quantidade de insolação recebida nos trópicos é muito mais elevada do que a insolação recebida na região temperada, embora nesta as variações sazonais sejam maiores. Similarmente, as temperaturas do ar nas baixas latitudes são mais elevadas e mostram menos variações sazonais do que na região temperada. De fato, conforme mencionado no Capítulo 4, as variações diurnas da temperatura nas latitudes baixas são mais dominantes do que as variações sazonais. Na região temperada ocorre o inverso, uma vez que as variações sazonais são mais importantes do que as variações diurnas.

Em termos de características e de distribuição, a precipitação nos trópicos é sinônimo de precipitação pluvial, exceto por algumas tempestades com granizo. Há ausência de neve, com exceção de algumas altas montanhas. Pelo fato da precipitação nos trópicos originar-se principalmente da convecção, ela tende a ser mais localizada em sua distribuição espacial, contrastando com a precipitação dominantemente ciclônica da região temperada, que tende a se distribuir mais espacialmente. Tormentas fortes (como, por exemplo, os furacões) estão virtualmente restritas às baixas latitudes. Na região temperada geralmente a precipitação é distribuída mais igualmente durante o ano, exceto no interior dos continentes. Contudo, o tempo atmosférico na região temperada varia mais do que o das baixas latitudes. Isto deu origem à noção popular de que a região temperada tem tempo atmosférico e não clima, enquanto as latitudes baixas têm clima e não tempo atmosférico. A variabilidade do tempo na região temperada deve-se ao fato de que a área se encontra sob a influência de várias massas de ar com características contrastantes de temperatura e de umidade. Esta situação provoca a formação de depressões frontais e seus anticiclones associados, que dominam o tempo e o clima desta região. Ao contrário, as massas de ar nos trópicos são em menor número e muito similares, particularmente com relação às propriedades térmicas. Portanto, estão ausentes as depressões frontais associadas com as suas conseqüentes seqüências de tipos de tempo.

À parte o que foi visto, os climas dos trópicos e da região temperada estão sujeitos a controles similares. Exemplos de tais controles comuns incluem as correntes oceânicas, os efeitos topográficos e os da continentalidade, que surgem do padrão de distribuição de superfícies continentais e oceânicas. Tanto nos trópicos como na região temperada, existem diferenças nos climas dos locais marítimos e dos locais continentais, entre as terras baixas e as terras altas e entre as áreas costeiras banhadas pelas correntes frias e aquelas banhadas pelas correntes quentes.

Passaremos a considerar as principais características, os tipos, e a distribuição dos climas tropicais e temperados.

Variações regionais em climas temperados

Todos os modelos de classificação reconhecem maior número de tipos climáticos na região temperada do que nos trópicos. Os climas temperados geralmente predominam em latitudes superiores a 30°, enquanto os climas tropicais são encontrados entre os dois paralelos de 30°. Conforme mencionado anteriormente, o tempo e o clima na região temperada são dominados por sistemas de pressão que controlam a variabilidade diária e sazonal do tempo. Contudo, existem marcantes variações espaciais no clima da região temperada, ocasionadas pelos seguintes fatores:

1. localização relativa aos oceanos;
2. localização latitudinal, que determina o regime de radiação, a duração e a intensidade da estação fria;
3. topografia, que influencia tanto a temperatura como a precipitação;
4. o grau de influência das correntes oceânicas, quentes ou frias.

Os climas temperados variam desde o tipo moderadamente quente, passando pelo moderadamente frio, até o tipo frio. Com a utilização do volume de precipitação como sendo característica diferenciadora, os climas temperados podem ser úmidos ou secos em graus variáveis.

As áreas do mundo que têm clima temperado são as seguintes:

1. Europa;
2. a maioria das regiões da América do Norte;
3. Ásia, excluindo-se o sul e o sudeste da Ásia;
4. Nova Zelândia e regiões orientais da Austrália;
5. as regiões meridionais da América do Sul;
6. as bordas setentrionais e meridionais do continente africano.

As estações na região temperada são determinadas mais pela temperatura do que pelo volume de precipitação, como acontece nos trópicos. As latitudes médias e altas dos dois hemisférios são influenciadas por massas de ar contrastantes, cujo avanço e recuo controlam o tempo e o clima, bem como as atividades humanas. Os tipos principais de climas temperados serão descritos brevemente. Cada tipo climático é ilustrado com a ajuda de gráficos de temperatura e de precipitação para as estações típicas.

Justamente fora dos trópicos, nas costas ocidentais dos continentes, o clima é caracterizado por um verão quente e seco e por um inverno ameno e chuvoso, Este é o *clima mediterrâneo* (Fig. 11.3), assim chamado por causa de sua predominância nas áreas continentais que margeiam o mar Mediterrâneo. O mesmo tipo de clima é conhecido como o clima subtropical de verão seco. A precipitação anual neste clima varia desde 350 mm nas bordas semi-áridas até 900 mm no sentido do clima marítimo da costa ocidental. As temperaturas médias anuais são mais baixas que as dos climas tropicais. Portanto, o clima é subtropical em termos de temperatura e de localização latitudinal. A precipitação de inverno provém de tormentas ciclônicas, enquanto a baixa precipitação de verão consiste de chuvas esparsas.

O *clima subtropical úmido* (Fig. 11.4) é encontrado nas mesmas latitudes que o clima mediterrâneo, porém nos lados orientais dos continentes. O clima subtropical úmido predomina no sudeste dos Estados Unidos, nas costas orientais da Austrália e da África do Sul, no sul e no leste da China, no norte da Índia e no nordeste da Argentina. As temperaturas são similares às do clima mediterrâneo, porém as umidades relativas são mais elevadas, de maneira que os verões são mais semelhantes aos climas tropicais chuvosos. Os totais anuais de precipitação variam de 750 mm até cerca de 1.500 mm. Os invernos são moderadamente frios devido à influência das massas de ar polares. Na maioria das partes desta região climática, as temperaturas para os meses de inverno variam de 5 a 12°C.

O *clima marítimo da costa ocidental* (Fig. 11.5) é encontrado nas costas ocidentais dos continentes, na direção dos pólos e a partir dos subtrópicos de verão seco. Este tipo de clima predomina sobre as Ilhas Britânicas e sobre o noroeste europeu, costa ocidental da América do Norte, sul do Chile, sudeste da Austrália e Nova Zelândia. As temperaturas médias anuais variam de 7 a 13°C. O total anual de precipitação varia de menos de 500 até mais de 2.500 mm, ocorrendo a maior parte no inverno. No verão, a evapotranspiração potencial geralmente excede a precipitação. A precipitação é essencialmente ciclônica quanto à origem, muito embora as tormentas sejam comuns no verão. Devido à

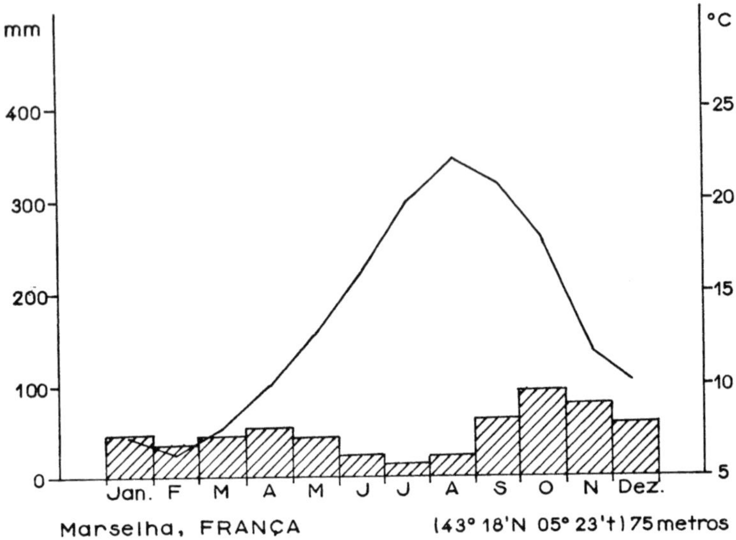

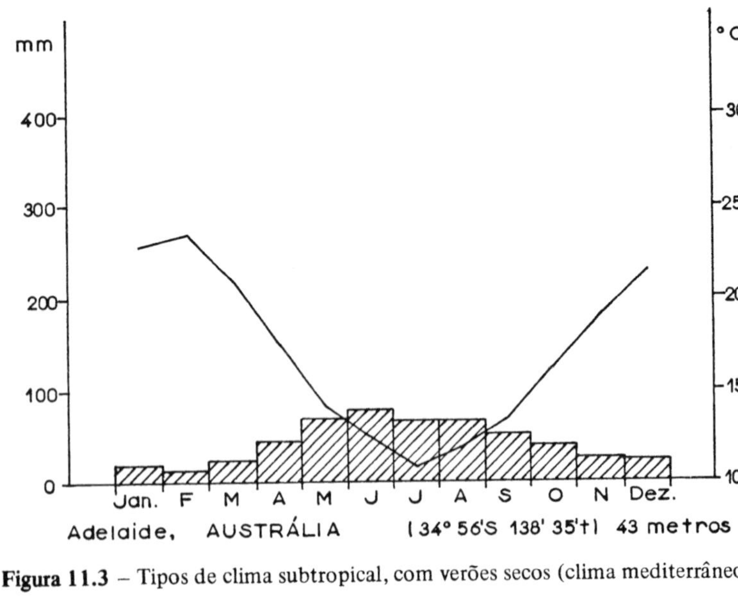

Figura 11.3 – Tipos de clima subtropical, com verões secos (clima mediterrâneo).

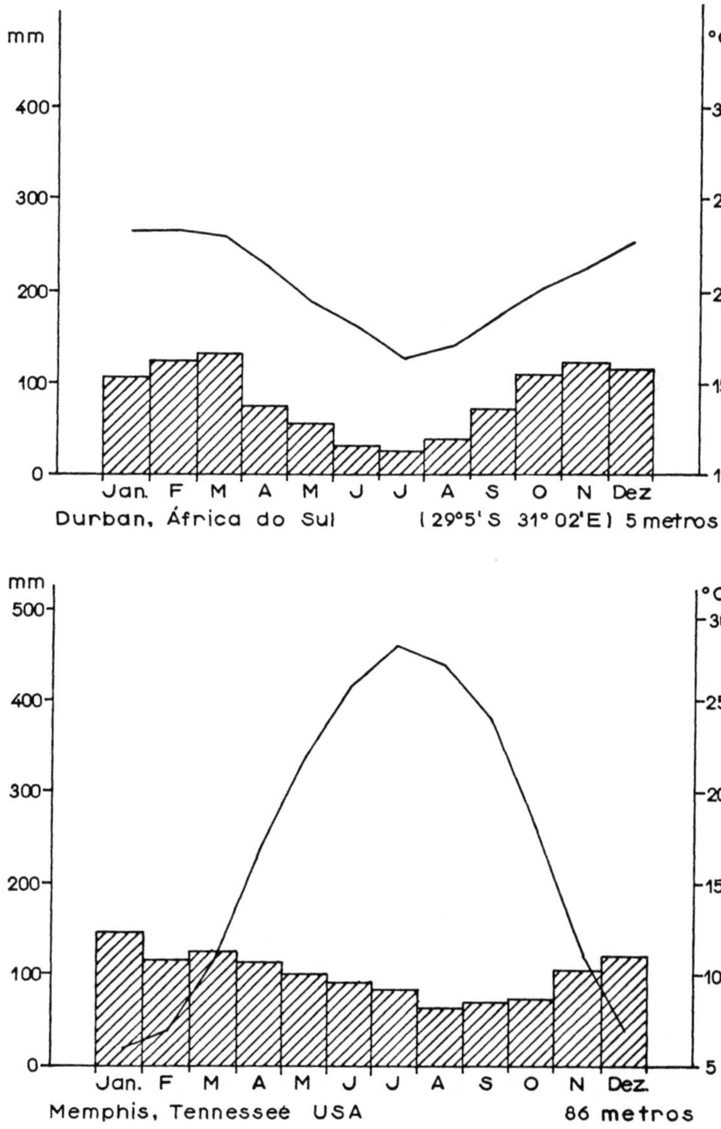

Figura 11.4 – Exemplos de clima subtropical.

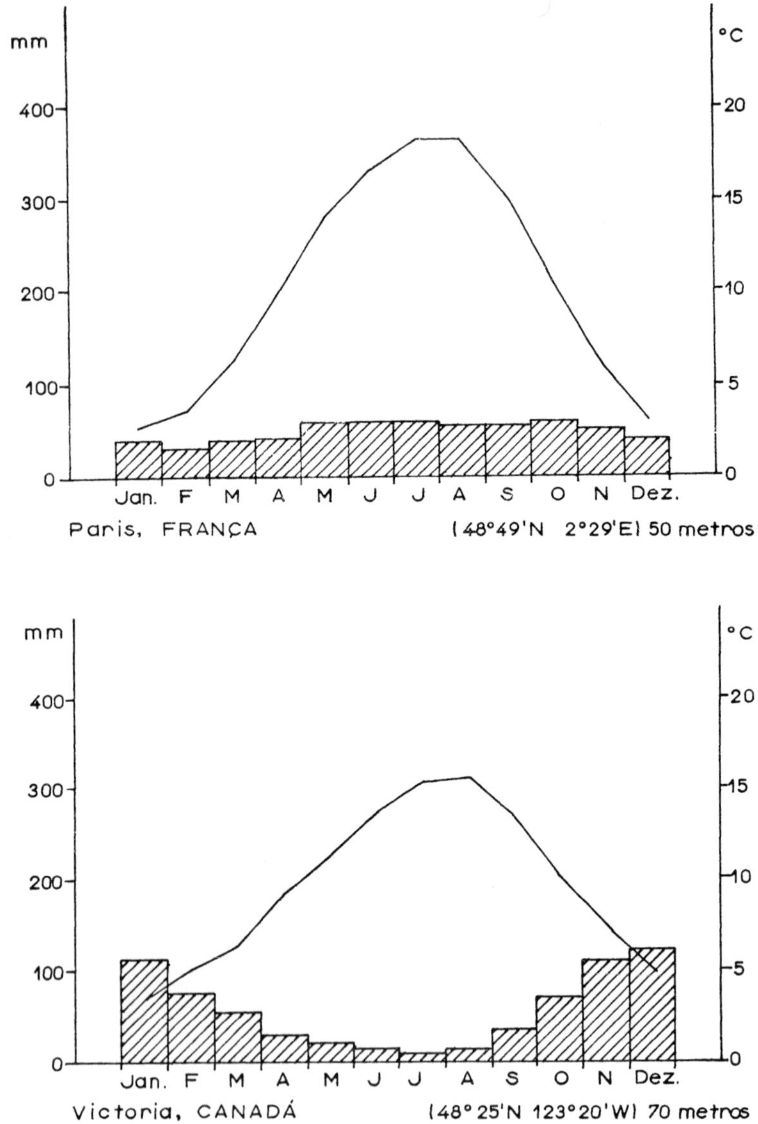

Figura 11.5 – Exemplos de clima marítimo das costas ocidentais.

influência das correntes oceânicas quentes, as temperaturas são amenas no inverno e frias no verão, para essa latitude.

Os *climas continentais úmidos* (Fig. 11.6) ocorrem somente no hemisfério Norte, pois nessas latitudes o hemisfério Sul possui maior porção de superfícies oceânicas. O clima é caracterizado por uma grande amplitude anual de temperatura. O inverno é frio, enquanto o verão é quente (subtipo de verão moderadamente quente) ou moderadamente frio (subtipo de verão moderadamente frio). A precipitação anual no subtipo de verão moderadamente quente varia de 500 a 1.250 mm, com volume decrescendo tanto na direção dos pólos como na direção dos interiores continentais. A primavera, ou o verão, é a estação de precipitação máxima. Embora haja sistemas frontais ocasionais, a maior parte da precipitação da estação moderadamente quente é devida às chuvas convectivas. No subtipo de verão moderadamente quente, a precipitação anual é menor e varia de 350 a 700 mm. Novamente a precipitação máxima ocorre geralmente no verão ou no outono. No inverno, precipita mais neve do que no subtipo de verão moderadamente quente, onde o inverno é menos intenso.

Os *climas semi-árido e árido de latitude média* (Fig. 11.7) têm temperaturas médias mais baixas do que os climas áridos e semi-áridos dos trópicos, porém ambos são caracterizados pela precipitação baixa. Diferentemente dos trópicos, as massas de ar em subsidência não são os principais controles dos climas árido e semi-árido das latitudes médias. O principal controle é a sua localização em interiores continentais bem distantes da influência das massas de ar marítimas. A amplitude anual de temperatura é grande, com verões quentes e invernos frios. A precipitação é baixa e variável de ano para ano, com aproximadamente 150–400 mm por ano no clima semi-árido e muito menor do que isso no clima árido. A vegetação de deserto é característica de desertos de latitudes médias, enquanto as gramíneas de estepe predominam na região semi-árida. Os climas árido e semi-árido das latitudes médias predominam no sul da União Soviética, nas bacias intermontanas e nas Grandes Planícies do oeste dos Estados Unidos, no norte da China e nas partes ocidentais e meridionais da Argentina.

Na direção dos pólos, próximo das latitudes de 55–60° Norte e Sul do Equador, o clima é frio sendo dominado pelas massas de ar polares e do tipo ártico. Os verões curtos são moderadamente quentes com dias compridos, enquanto os invernos são longos e intensos, com noites longas. Portanto, o inverno é a estação dominante. A precipitação,

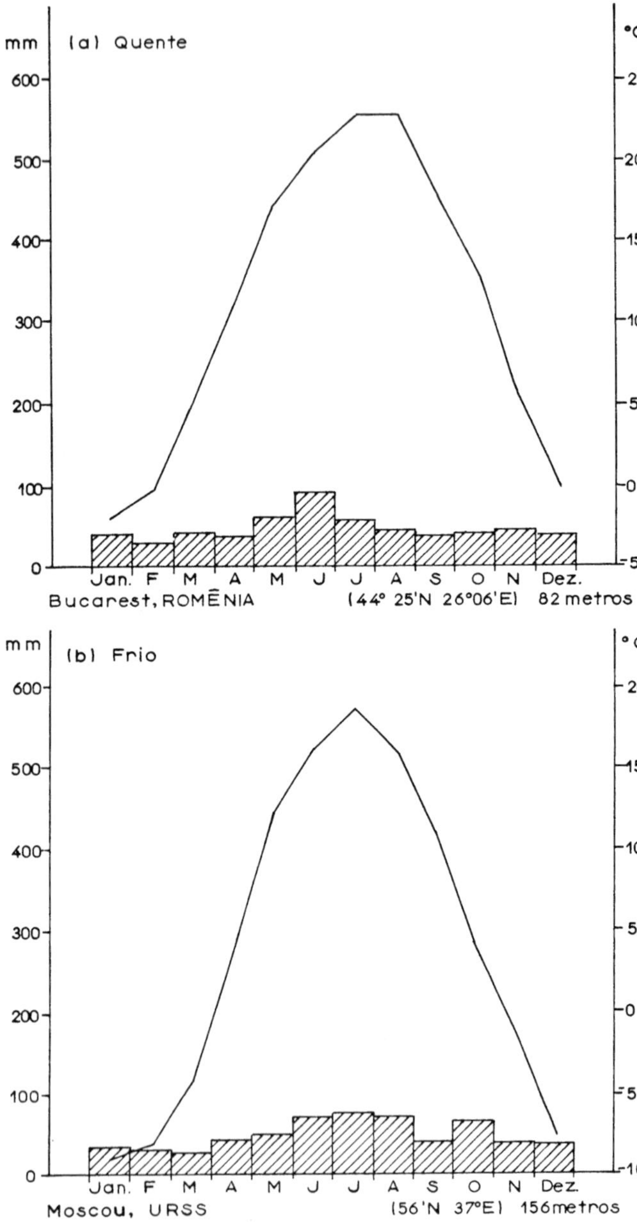

Figura 11.6 – Exemplos de clima continental úmido.

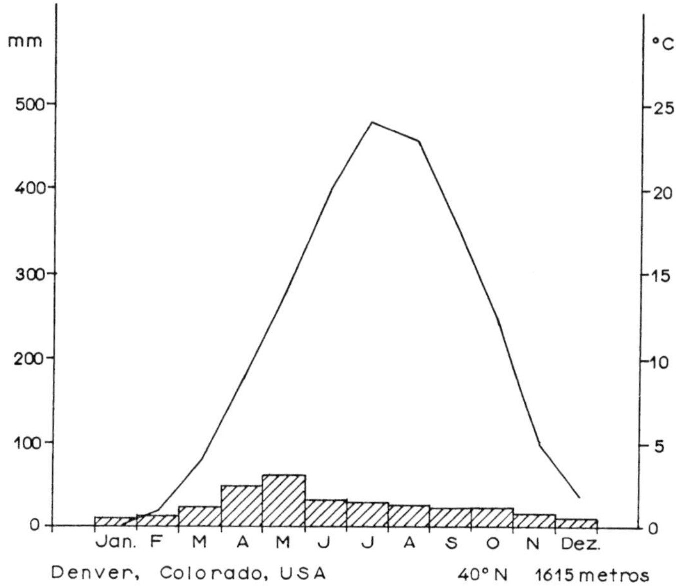

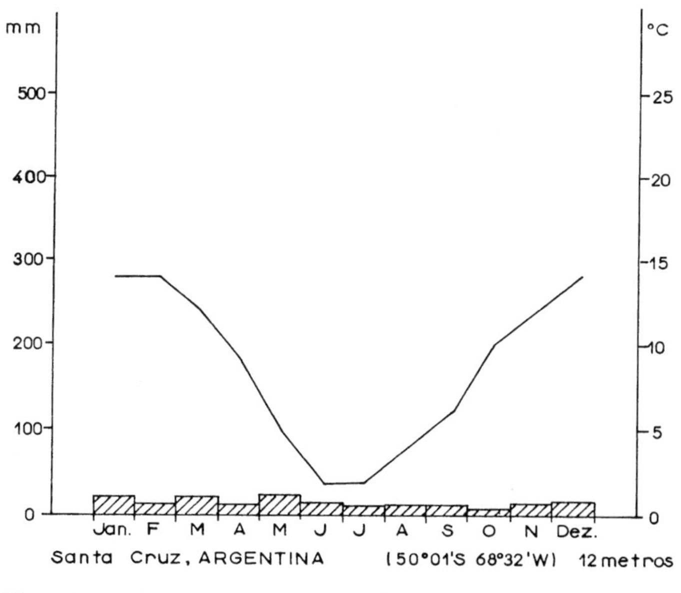

Figura 11.7 – Exemplos de climas semi-árido e árido, das latitudes médias.

que quase sempre ocorre na forma de neve, varia com as localizações, mas no geral é menor que 500 mm. Na direção dos pólos, as temperaturas médias mensais ficam todas abaixo de 0° e a vegetação é totalmente ausente, com o solo coberto por neve e gelo. A precipitação é virtualmente nula, daí o nome desértico frio. A Fig. 11.8 mostra os aspectos característicos das três categorias de climas de altas latitudes, a saber: *climas subárticos ou Taiga, Tundra,* e *climas polares.*

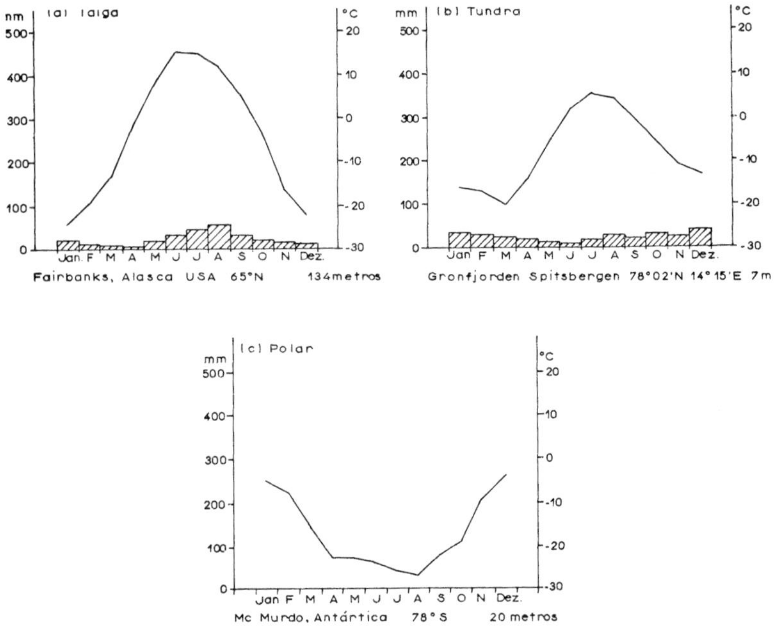

Figura 11.8 – Exemplos de climas das latitudes elevadas.

Finalmente existem os *climas das terras altas* (Fig. 11.9), que são caracterizados pelas baixas temperaturas devido à diminuição normal da temperatura com a altitude, à taxa de cerca de 6°C por 1.000 metros. Estes climas mostram grande diversidade de lugar para lugar, de acordo com a latitude e a altitude. Também mostram grandes diferenças em pequenas distâncias horizontais, devido às variações no relevo local. As áreas designadas como apresentando climas de terras altas são as cadeias montanhosas e as terras altas das latitudes baixa e média, tais como as

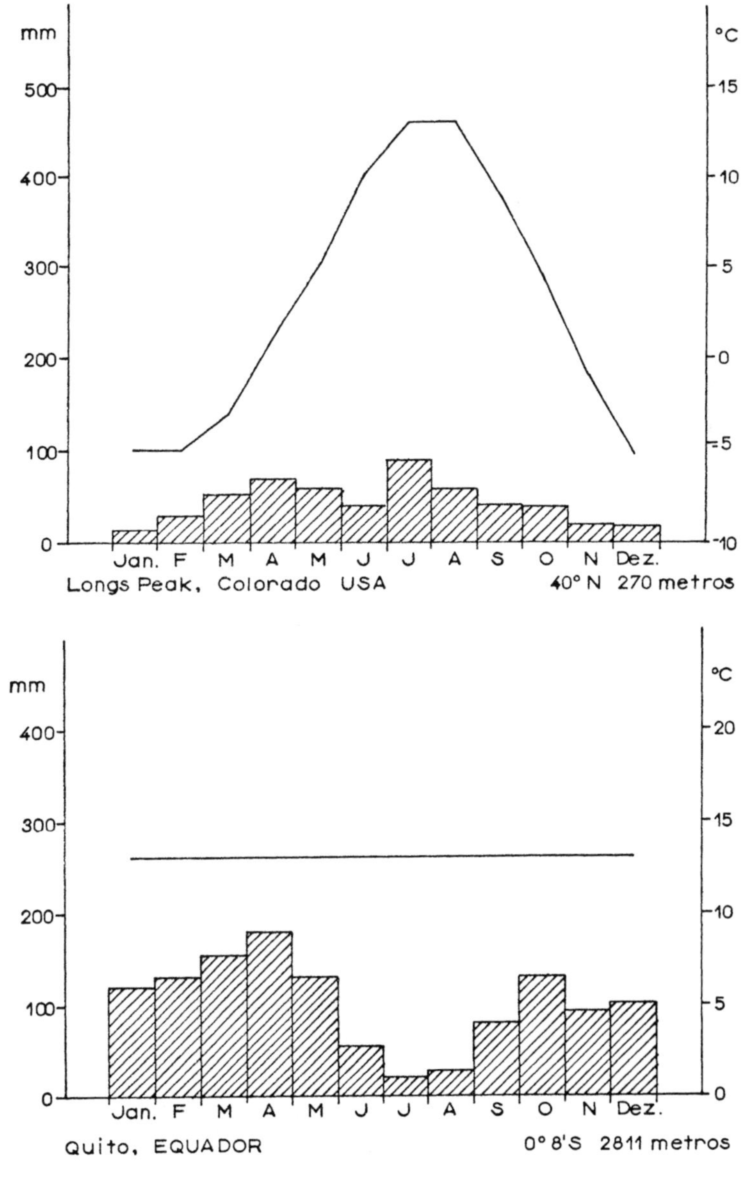

Figura 11.9 – Exemplos de climas das terras altas.

Rochosas e Cascada – Sierra Nevada, na América do Norte, os Andes na América do Sul, os Alpes na Europa, o Himalaia e o Tibete na Ásia, e as Terras Altas Ocidentais da África.

Os climas das terras altas variam em suas características de temperatura e de precipitação, pois estão localizados em diferentes zonas latitudinais, podendo estar próximas ou distantes dos oceanos. Os climas de terras altas têm temperaturas mais baixas que os climas das terras baixas vizinhas. Um aspecto distinto dos climas de terras altas nos trópicos é uma amplitude de temperatura diurna maior do que a anual. Da mesma forma, enquanto as temperaturas nos climas de terras altas são mais baixas, com a elevação da temperatura a precipitação tende a aumentar com a altitude até cerca de 3.000–5.000 metros, e então diminuir com a altitude (Critchfield, 1974). A proporção da precipitação que cai como neve também aumenta com a crescente elevação da altitude e a cobertura de neve permanece por um período mais longo. A nebulosidade é geralmente maior nas áreas montanhosas do que nas planícies ou vales vizinhos.

Variações regionais nos climas tropicais

Os climas tropicais são caracterizados pela ausência de estação fria e são principalmente encontrados nas seguintes áreas:

1. o continente da África, com exceção das bordas setentrionais e meridionais;
2. a Ásia de monção, que cobre o sul e o sudeste asiáticos e o norte da Austrália;
3. as partes central e setentrional da América do Sul.

Pelo fato das temperaturas mostrarem muita uniformidade nos trópicos, as subdivisões dos climas tropicais são usualmente baseadas no volume e na distribuição da precipitação. As variações regionais nos climas tropicais são, portanto, devidas principalmente aos dois fatores principais que influenciam a distribuição da precipitação, a saber:

1. localização relativa à fonte de suprimento de umidade nos oceanos ou à zona de convergência intertropical;
2. topografia.

Esses fatores também influenciam parcialmente as temperaturas do ar. Os climas marítimos tropicais geralmente têm maior precipitação, porém temperaturas mais baixas do que os climas tropicais continentais. Também os climas tropicais marítimos possuem menores variações diurnas e sazonais de temperatura do que suas contrapartidas continentais. Com exceção de alguns lugares, principalmente em torno da zona equatorial, onde as chuvas ocorrem durante mais ou menos o ano todo, a precipitação pluvial sobre a maioria das regiões tropicais é sazonal. O volume da precipitação geralmente diminui com a crescente continentalidade, enquanto a sazonalidade das chuvas torna-se cada vez mais pronunciada com o crescente afastamento da fonte de suprimento de umidade no oceano. De maneira geral, as áreas de alta elevação têm melhores climas fisiológicos do que as terras baixas, que tendem a ser quentes e úmidas. Os principais tipos de climas tropicais são descritos a seguir, com a ajuda de gráficos de temperatura e de precipitação.

O *clima tropical chuvoso* predomina principalmente nas terras baixas do Equador ou nas suas proximidades, sendo também conhecido como clima equatorial. O clima é caracterizado por uma combinação de temperaturas constantemente altas e precipitação pluvial abundante e bem distribuída durante o ano todo (ver Fig. 11.10). O clima literalmente não tem estações, com temperaturas mensais na média de 25 – 28°C. A amplitude anual da temperatura é usualmente menor do que 3°C, mas as variações diurnas não são muito maiores e podem ser de 8 – 10°C. As taxas de evaporação e de transpiração são elevadas por causa das temperaturas constantemente altas.

O *clima tropical de monções* (Fig. 11.11) difere do clima tropical chuvoso porque apresenta estação bem distinta. Os totais anuais da precipitação e as condições de temperatura são similares aos do clima tropical chuvoso, porém o regime de precipitação é semelhante ao do clima tropical seco-úmido. As principais áreas do clima de monções são as regiões costeiras ocidentais da África Ocidental, as costas ocidentais da Índia e de Burma, e a costa nordeste da América do Sul.

O *clima tropical úmido-seco* (Fig. 11.12) tem estações úmidas e secas alternantes. Os totais anuais da precipitação são menores do que nos climas tropical chuvoso e de monção. O clima tropical úmido-seco é geralmente encontrado entre as localizações médias das baixas pressões equatoriais e das altas pressões subtropicais nos dois hemisférios. Neste tipo de clima, a estação seca é severa e tem um efeito profundo sobre a vegetação e sobre culturas, diferentemente do que se verifica no clima tropical de monção. O clima é caracterizado pela vegetação de savana.

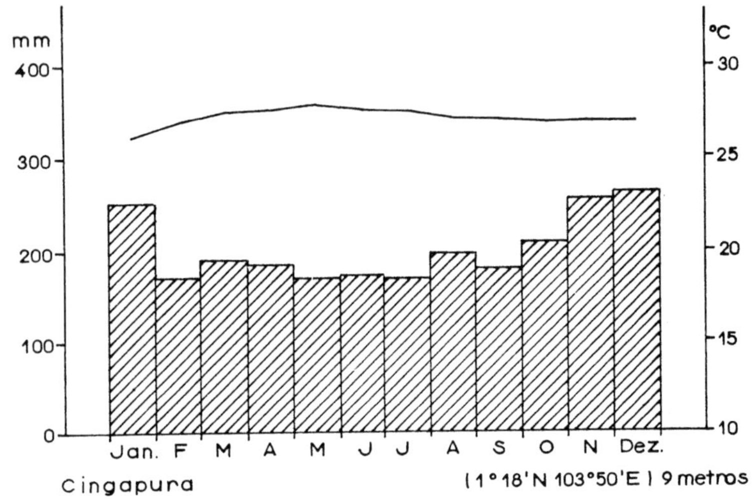

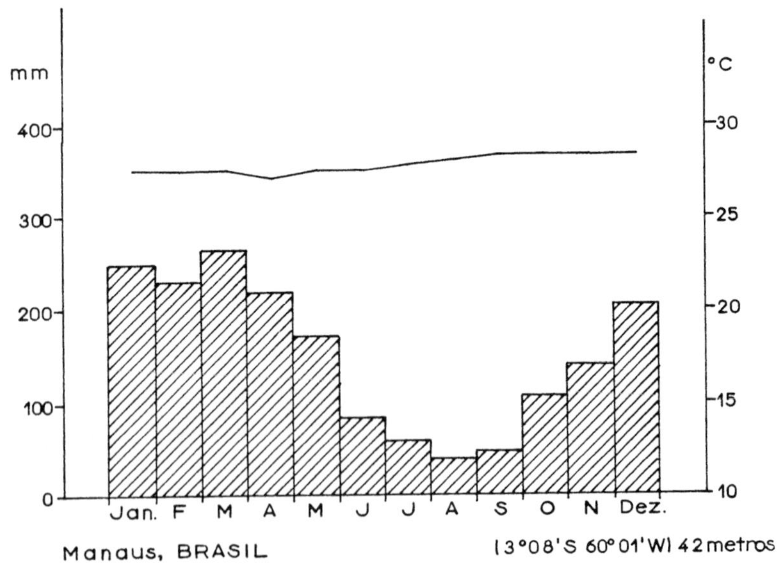

Figura 11.10 – Exemplos do clima tropical chuvoso (clima equatorial).

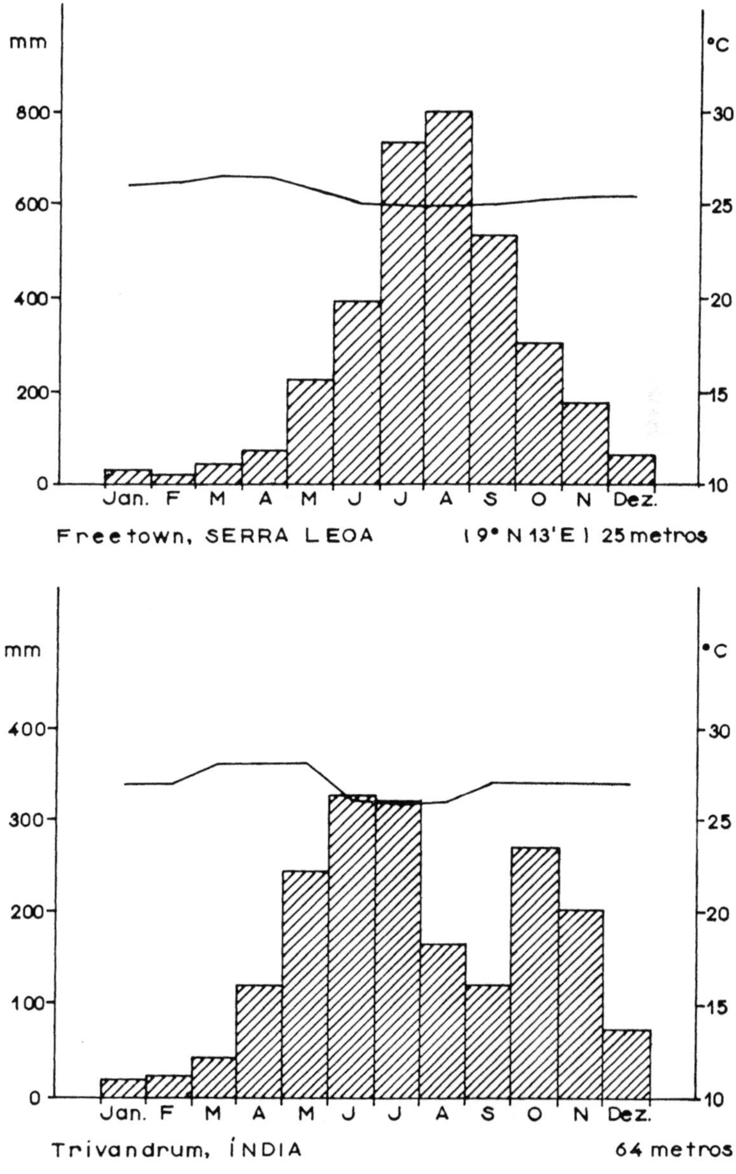

Figura 11.11 – Exemplos do clima tropical de monção.

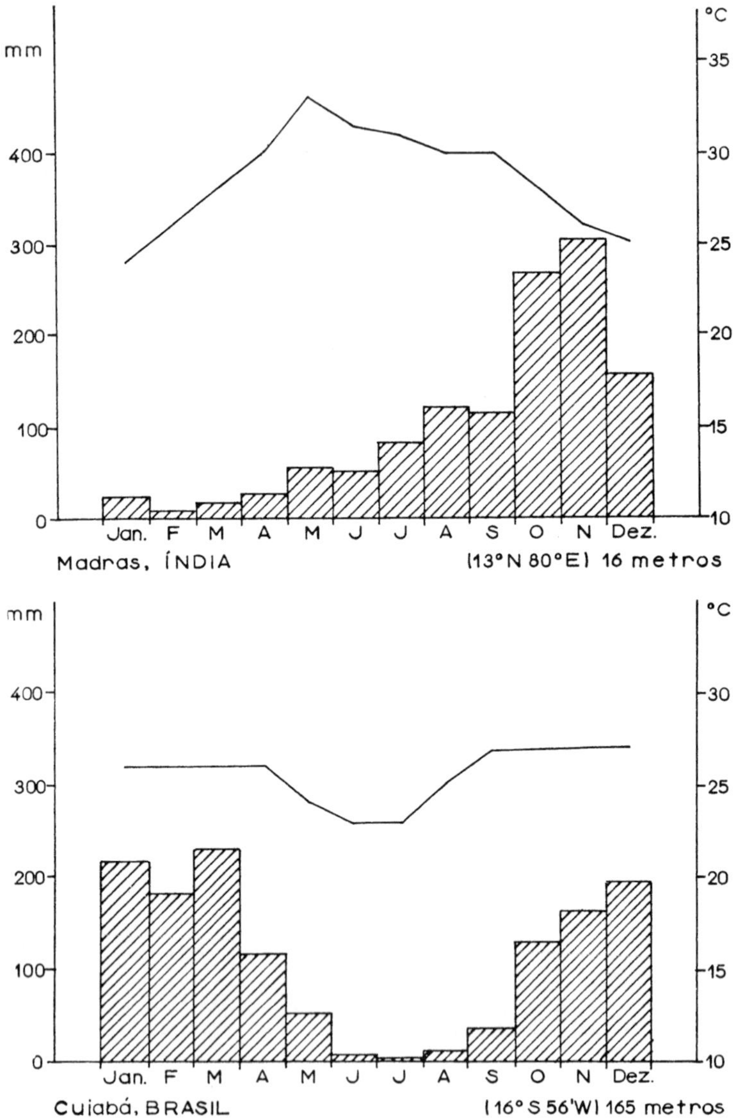

Figura 11.12 – Exemplos do clima tropical úmido e seco (clima de savana).

Os *climas tropical semi-árido e árido* (Fig. 11.13) são encontrados em torno das latitudes de 20–30° Norte e Sul do Equador, na zona de altas pressões subtropicais. Ocorre subsidência de massas de ar resultando em aquecimento adiabático e baixa umidade relativa. As taxas de evaporação são muito altas, enquanto a precipitação é muito baixa e insuficiente para sustentar o crescimento de densa vegetação. No clima tropical semi-árido a precipitação pluvial anual é de pelo menos 250 mm. No clima tropical árido, o volume de chuvas, além de ser muito pequeno, também é mais aleatório. De fato, não existe regime sazonal definido, neste caso. As temperaturas são bastante similares tanto no clima árido como no semi-árido. Contudo, as temperaturas máximas são mais elevadas no clima árido, geralmente considerado como tendo as mais elevadas temperaturas no mundo. As amplitudes de temperatura, tanto anual como diurnas, são elevadas, sendo comuns diferenças de 20–25°C.

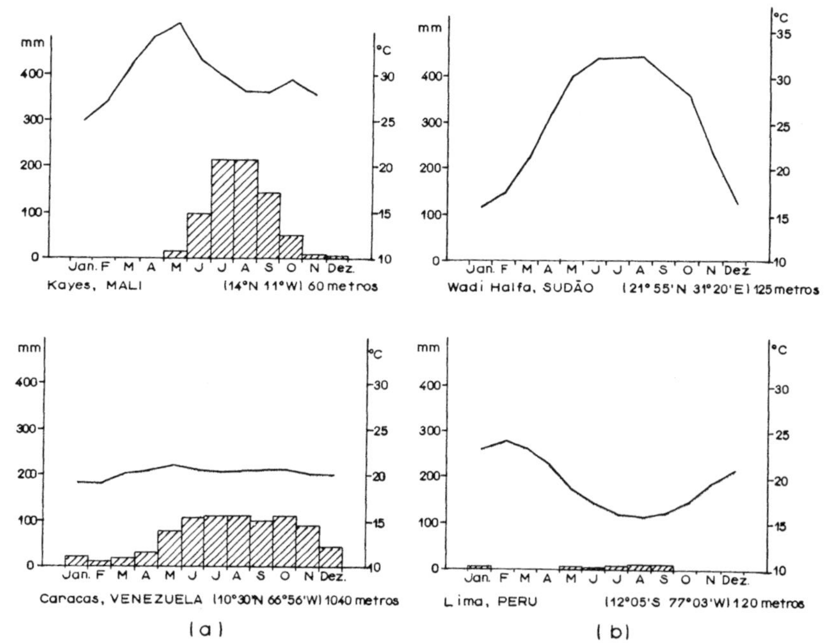

Figura 11.13 – Exemplos dos climas tropical semi-árido (a) e tropical árido (b)

Referências Bibliográficas

AYOADE, J.O. A re-examination of Thornthwaite's moisture index and climatic classification. *Quarterly Meteorological Magazine (Lagos)*, vol. 2, nº 4, pp. 190-204, 1972.

AYOADE, J.O. On the use of multivariate techniques in climatic classification and regionalisation. *Arch. Met. Geophys. Biokl. Series B, 24*: 257-267, 1977.

BUDYKO, M.I. *The Heat Balance of the Earth's Surface.* (Traduzido para o inglês por N.A. Stepanova.) Washington, D.C., U.S. Department of Commerce, 2958.

CRITCHFIELD, H.J. *General Climatology.* 3ª ed., Nova Iorque, Prentice-Hall, 1974.

FLOHN, H. Neue Auschavvgen über die allgemeina zirulation der Atmosphäre und ihre klimatische Bedeutung. *Erdkunde, 4*: 141-162, 1950.

GABES, E.S. *Meteorology and Climatology for the Sixth Form and Beyond.* 4ª ed., Londres, Harrap, 1972.

JOHNSTON, R.J. Choice in classification: the subjectivity of objective methods. *Annals Assoc. Amerc. Geog., 58*: 575-589, 1969.

KENDREW, W.G. *Climate of the Continents.* 3ª ed., Oxford, Oxford University Press, 1947.

MILLER, A.A. *Climatology.* Londres, Methuen, 1965.

STEINER, D. A multivariate statistical approach to climatic regionalisation and classification. *Tijfdschr. K. ned aardrijksk. Geroot, 82*: 329-347, 1965.

STRAHLER, A.N. *Physical Geography.* 3ª ed. Nova Iorque, John Wiley, 1969.

TERJUNG, W.H. e LOUIE, S. Energy input output climates of the world: a preliminary attempt. *Arch. Met. Geoph. Bickl. Series B, 20:* 129-166, 1972.

THORNTHWAITE, C.W. An approach towards a rational classification of climate. *Geog. Rev., 38*: 55-94, 1948.

THORNTHWAITE, C.W. e MATHER, J.R. *The water balance.* Publications in Climatology, vol. 8, nº 1, Laboratory of Climatology, Centerton, New Jersey, 1955.

TREWARTHA, G.T. *The Earth's Problem Climates.* Wisconsin, University of Wisconsin Press, 1961.

TREWARTHA, G.T. *Introduction to Climate.* Nova Iorque, McGraw-Hill, 1968.

INSTITUTO FEDERAL DE EDUCAÇÃO,
CIÊNCIA E TECNOLOGIA
CAMPUS CABEDELO

CAPÍTULO 12

O CLIMA E A AGRICULTURA

Introdução

Apesar dos recentes avanços tecnológicos e científicos, o clima é ainda a variável mais importante na produção agrícola. O fator climático afeta a agricultura e determina a adequação dos suprimentos alimentícios de dois modos principais. Um é através dos azares (imprevistos) climáticos para as lavouras e o outro é através do controle exercido pelo clima sobre o tipo de agricultura praticável ou viável numa determinada área. Os parâmetros climáticos exercem influência sobre todos os estágios da cadeia de produção agrícola, incluindo a preparação da terra, semeadura, crescimento dos cultivos, colheita, armazenagem, transporte e comercialização.

Relações clima-lavoura

Qualquer sistema agrícola é um ecossistema feito pelo homem, que depende do clima para funcionar, de forma semelhante ao ecossistema natural. Os principais elementos climáticos que afetam a produção agrícola são os mesmos que influenciam a vegetação natural. Entre eles se incluem a radiação solar, a temperatura e a umidade. Esses parâmetros climáticos e outros que dependem deles determinam em larga escala a distribuição global dos cultivos e da pecuária, assim como a produção agrícola e a produtividade dos rebanhos dentro de uma zona climática. Todos os cultivos apresentam seus limites climáticos para a produção econômica. Esses limites podem ser ampliados até certo ponto pela seleção vegetal e por métodos de cultivo, no que tange à lavoura, e por cruzamento aperfeiçoado e criação melhorada, no que tange à pecuária.

Examinemos agora alguns dos modos pelos quais os principais elementos climáticos influenciam o crescimento dos cultivos e sua produtividade. Dois pontos importantes devem ser salientados de início. O primeiro é que as variáveis climáticas estão intimamente inter-relacionadas na influência que exercem sobre as lavouras. O efeito de uma certa variável climática é modificado pelas outras. Também as variações diárias, sazonais ou anuais nos valores dos elementos climáticos são de grande importância na determinação da eficiência do crescimento dos cultivos. O segundo ponto é que, ao considerar o ambiente climático nos quais as lavouras se desenvolvem, o microclima imediatamente em torno das mesmas é de vital importância. As condições climáticas reinantes no interior dos solos, onde a germinação ocorre, e nas proximidades do terreno em que os cultivos crescem, podem ser bastante diferentes das que predominam no ar logo acima dos mesmos.

a. Radiação solar

A radiação solar é de vital importância agrícola, pois é essa energia que aciona o sistema agrícola, como qualquer outro ecossistema. A radiação solar determina as características térmicas do ambiente, principalmente as temperaturas do ar e do solo, a duração do dia ou fotoperíodo. A fotossíntese, processo básico de produção de alimento na natureza, e o fotoperiodismo, resposta dos vegetais à luminosidade, são ambos controlados pela radiação solar. A quantidade máxima do tecido vegetal que pode ser fotossintetizado depende da disponibilidade de radiação adequada, supondo quantidade ilimitada de bióxido de carbono, água e nutrientes no solo. O processo de fotossíntese, a que muitas vezes fazemos referência como sendo uma produção biológica primária, pode ser resumido no seguinte:

$$\left[CO_2 + H_2O\right] \rightarrow \left[\begin{array}{l}\text{luz absorvida pela}\\ \text{clorofila contida nas}\\ \text{células das plantas verdes}\end{array}\right] = \begin{array}{l}\text{Carboidrato} + O_2\\ (CH_2O)\end{array}$$

Na fotossíntese os raios visíveis são os mais eficientes, apesar de que os raios ultravioletas influenciam a germinação e a energia e qualidade das sementes. A intensidade da radiação é também um fator importante. Os valores de luz ótimos para o crescimento e desenvolvimento normais dos cultivos estão geralmente em torno de 8–20 quiloluxes.

Os valores de luminosidade para florescimento e frutificação ótimos, determinados para alguns cultivos, são:

Ervilha	850–1.100 luxes
Milho	1.400–1.800 luxes
Cevada e trigo	1.800–2.000 luxes
Feijão e pepino	2.400 luxes
Tomates	4.000 luxes

Se não há radiação suficiente o sistema radicular da planta não se desenvolve completamente, a folhagem fica amarelada e surge a tendência do caule crescer às custas da folhagem. De acordo com Griffiths (1976), a planta média começa a aumentar a matéria orgânica por volta de 0°C, aumentando em quantidade até 25°C, diminuindo então até zero nos 40°C. Isso indica que radiação demais ou insuficiente é prejudicial ao processo de fotossíntese.

No fotoperiodismo os raios solares importantes são os que estão entre 0,5 e 0,7 micrômetros. Algumas plantas são indiferentes à duração do dia, enquanto outras são muito sensíveis. Também alguns vegetais são heliófilos (por exemplo, o pinheiro, a bétula e o caniço), enquanto outros são umbrófilos (por exemplo, a faia e o abeto). As plantas umbrófilas requerem pequena quantidade de luz solar, são plantas de sombra. Os cultivos podem ser classificados em cultivos de dia curto e dos tipos de dia longo, dependendo do período em que alcançam seu crescimento ótimo ou seu tempo de maturação. Os cultivos que atingem seu crescimento ótimo durante o período de dias curtos (cerca de 10 horas de radiação) são denominados "cultivos de dia curto" e entre eles estão o feijão, milho, algodão, pepino, tomate e o painço. Os cultivos que atingem seu crescimento ótimo durante o período de dias longos (cerca de 14 horas de radiação) são os "cultivos de dia longo" e incluem a mostarda, trevos, aveia, trigo e centeio. Portanto, as plantas tropicais são geralmente do tipo de dia curto, enquanto as plantas que se originam nas latitudes médias são do tipo de dia longo. Os vegetais como a couve, a alface e o espinafre, que são todos originários da latitudes médias, terão seu florescimento retardado se forem cultivados mais próximos do Equador, pois a duração do dia será mais curta do que aquela com o qual estão adaptados nas latitudes médias.

b. Temperatura

A temperatura do ar e do solo afeta todos os processos de crescimento das plantas. Todos os cultivos possuem limites térmicos mínimos, ótimos e máximos para cada um de seus estágios de crescimento. Os cultivos tropicais, como o cacau e as tâmaras, exigem altas temperaturas o ano inteiro. Muitos cultivos, como o café, banana e cana-de-açúcar, são muito sensíveis às geadas. Por outro lado, o centeio tem necessidade de baixas temperaturas e pode suportar as temperaturas de congelamento durante o longo período hibernal de dormência. Temperaturas abaixo de 6°C podem ser letais à maior parte das plantas. As temperaturas letais mais altas para a maior parte das plantas situam-se entre 50 e 60°C, dependendo da espécie, estágio de crescimento e tempo de exposição à alta temperatura. As baixas temperaturas matam ou prejudicam as plantas. O resfriamento prolongado das plantas, com temperaturas acima do ponto de congelamento, retarda o crescimento vegetal e pode matar as plantas adaptadas somente a condições quentes. Apesar de que o resfriamento não possa matar diretamente as células vegetais, ele reduz o fluxo de água das raízes e então interfere na transpiração e na nutrição do vegetal. Quando as temperaturas estão abaixo do ponto de congelamento a matéria viva das células pode congelar e pode acontecer a desidratação da célula. Isto eventualmente irá matar as plantas.

Geralmente as altas temperaturas não são tão destrutivas para as plantas quanto as baixas temperaturas, desde que o suprimento da umidade seja suficiente para evitar o murchamento e que a planta esteja adaptada à referida região climática. O calor excessivo pode destruir o protoplasma vegetal. Ele tem um efeito ressecante sobre as plantas e as rápidas taxas de transpiração podem levar ao murchamento.

A maior parte dos cultivos não pode ser feita com sucesso a menos que a temperatura exceda alguns valores críticos. Por exemplo, o coco e o abacaxi crescem somente quando as temperaturas estão sempre acima de 21°C durante pelo menos uma parte da estação de crescimento. As frutas cítricas, o algodão, a cana-de-açúcar e o arroz não crescerão bem se as temperaturas estiverem abaixo de 15°C. Muitos vegetais exigem temperaturas de pelo menos 8°C. A temperatura crítica para o trigo é 3°C (Hobbs, 1980). A estação de crescimento é determinada na região temperada pelas condições térmicas, ao contrário dos trópicos, onde as condições de precipitação são as que determinam a estação de crescimento. Na região temperada, a estação de crescimento é geralmente determinada de duas maneiras. Primeira, a estação de crescimento pode ser definida como o período entre a última geada devastadora da primavera e a primeira do outono. Esta é a definição comumente usada nos Estados Unidos. Segunda, a estação de crescimento pode ser definida como o período no qual as temperaturas médias diárias excedem algum valor crítico, usualmente 6°C. Esta é a definição usada na Grã-Bretanha. Contudo, há certa discordância: se as temperaturas médias diárias, semanais ou mensais devem ser empregadas. Questiona-se também sobre quais temperaturas se deve usar, se as temperaturas do ar ou as do solo. Para a maior parte das lavouras, as temperaturas do solo são mais importantes que as temperaturas do ar porque elas influenciam diretamente a germinação das sementes. Para a batata, as temperaturas do solo devem estar entre 8°C e 28°C, sendo a temperatura ótima do solo 18°C. As sementes do algodão em sua germinação requerem pelo menos 10°C de temperatura no solo, mas sempre abaixo de 18°C.

A intensidade da estação de crescimento é representada pelo acúmulo de unidades térmicas acima do limiar do crescimento. A unidade usada é o grau-dia, que leva em conta a quantidade pela qual a temperatura média diária excede o mínimo estabelecido, usualmente 6°C. Assim, um dia de 16°C seria contado como 10 graus-dia. O conceito de grau-dia pode ser utilizado para estimar a adequação de um cultivo para uma determinada região climática, supondo-se que a água seja disponível. Uma vez que se conheça o limiar térmico para um cultivo, o acúmulo de unidades térmicas acima desse limiar pode ser calculado a partir de dados disponíveis da temperatura. Isso pode também fornecer um índice para comparar as necessidades térmicas das plantas, assim como para indicar a conveniência de uma localização no cultivo de determinada cultura. É importante salientar, contudo, que o conceito de graus-dia ou temperatura acumulada está baseado nas seguintes suposições:

1. que há somente um operante térmico-base significativo durante toda a vida da planta;

2. que as temperaturas diurnas e noturnas são de igual importância para o crescimento vegetal;
3. que a resposta da planta à temperatura é linear no contexto de todas as amplitudes térmicas.

Um índice bem semelhante foi calculado para a Nigéria por Oshodi (1966). O índice de energia para o crescimento efetivo baseia-se tanto nos dados de temperatura quanto na precipitação. Primeiro, um mês de crescimento é determinado em termos de uma certa quantidade crítica de precipitação que deve ser recebida. O valor da energia para o crescimento efetivo é então calculado como sendo a soma das temperaturas médias mensais acima de 40°F (4,4°C), durante todos os meses de crescimento, em determinado local. O padrão de energia para o crescimento efetivo em °F, para a Nigéria, é mostrado na Fig. 12.1. Nesse cartograma os valores de energia para o crescimento efetivo decrescem de 350°F nas partes do sudeste do país para menos de 100°F, nas áreas

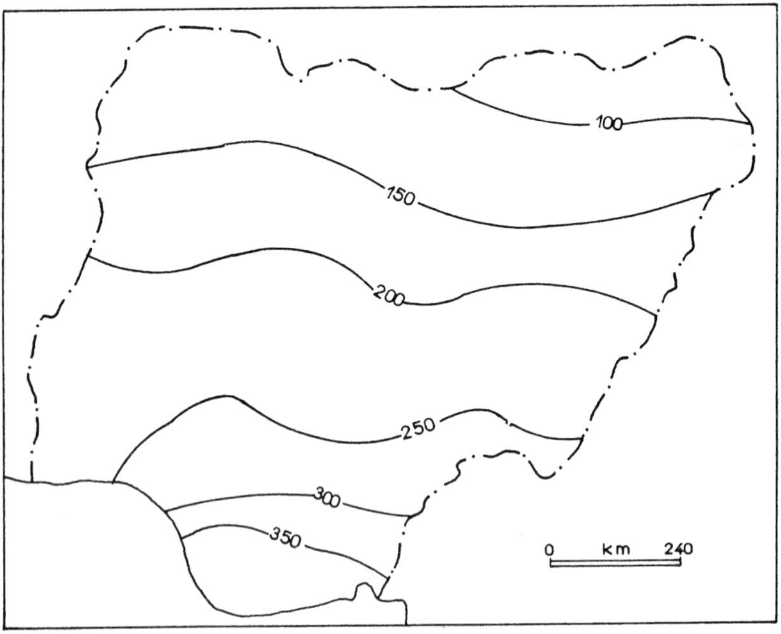

Figura 12.1 – Padrão da energia para o crescimento efetivo, na Nigéria.

do extremo nordeste. Oshodi (1966) também relacionou os índices de energia a algumas culturas praticadas na Nigéria, como segue:

Cultura	Valor da energia para o crescimento efetivo
Arroz de várzea	ECE maior que 350°F
Palmeiras oleaginosas	ECE 250–350°F
Borracha, cacau, coco	ECE 250–300°F
Arroz, milho e *beniseed*	ECE 200–250°F
Sorgo	ECE 100–250°F
Algodão e amendoim	ECE 100–200°F
Painço	ECE 75–150°F

c. Umidade

A água, em todas as suas formas, desempenha um papel vital no crescimento dos vegetais e na produção de todos os cultivos. Ela propicia o meio pelo qual os agentes químicos e os nutrientes são carregados através da planta. A água é também o principal constituinte do tecido fisiológico vegetal e um reagente na fotossíntese. A umidade do solo é a fonte de água significativa para a lavoura e o estado da umidade do solo é controlado pela precipitação, taxa de evaporação e pelas características do solo. O suprimento de umidade no solo pode variar desde o ponto de murchamento, quando não há água disponível para o uso vegetal, até a capacidade de campo, quando o solo fica completamente saturado de umidade, mas é ainda bem drenado. Quando a umidade do solo é excessiva, todos os seus poros são completamente preenchidos de água, predominando o encharcamento. Em tal situação o movimento livre do ar dentro do solo fica impedido e podem-se formar compostos tóxicos para as raízes das plantas. No outro extremo está a condição de seca, na qual a quantidade de água exigida pela evapotranspiração excede a quantidade de água disponível no solo. Desta foma, há um déficit hídrico que, se não for abastecido pela precipitação ou irrigação, provocará o murchamento, podendo ocasionar a morte da planta. Portanto, nem temperaturas extremamente altas ou baixas, nem água insuficiente ou em excesso, constituem condições favoráveis para um bom desempenho da agricultura.

O papel da umidade na agricultura é de grande importância nos trópicos, principalmente pela ação das temperaturas elevadas durante todo o ano, e também porque são constantemente elevados os valores da evapotranspiração. Por outro lado, a precipitação é marcadamente sazonal em grandes extensões dos trópicos. Pelo fato das temperaturas serem altas durante todo o ano, elas garantem o crescimento das culturas na maior parte dos trópicos (com exceção de poucas áreas montanhosas), sendo que a estação de crescimento, ao contrário da região temperada, passa a ser determinada principalmente pela disponibilidade da precipitação.

Tabela 12.1 – Necessidades hídricas de culturas alimentícias e comerciais na África Ocidental.

Culturas	Precipitação média anual
Inhame (cará)	pelo menos 1.250 mm
Cola (gênero cultivado no oeste africano)	pelo menos 1.250 mm
Amendoim	500 – 1.000 mm
Soja e *beniseed*	1.250 – 1.500 mm
Palmeira oleaginosa	1.500 – 3.000 mm
Cacau	1.250 – 2.000 mm
Borracha	2.000 – 2.500 mm
Algodão	625 – 1.250 mm

Técnicos e pesquisadores têm usado valores-limites críticos da precipitação para demarcar a duração da estação de crescimento. Por exemplo, o número de meses que recebam pelo menos 100 mm de precipitação tem sido considerado como o da estação de crescimento. Um parâmetro mais útil é o número de meses em que a precipitação é suficiente para satisfazer as necessidades de evapotranspiração das plantas. Kassam *et al.* (1976) verificaram que na Nigéria as necessidades hídricas dos cultivos são geralmente satisfeitas quando a precipitação é somente metade do valor da evapotranspiração potencial. A estação de crescimento no norte da Nigéria foi, assim, definida como o período durante o qual a precipitação é pelo menos a metade da quantidade de evapotranspiração potencial. O cálculo da duração da estação de crescimento é tarefa aleatória por causa da variabilidade da precipitação em torno do valor médio. Também o início e o final das chuvas às vezes variam marcadamente de um ano para outro. Por essas razões, alguns estudos das necessidades hídricas das culturas nos trópicos destacam o aspecto da confiabilidade das quantidades críticas de precipitação necessárias ao crescimento de certas culturas (ver, por exemplo, Manning, 1956). As necessidades hídricas de alguns cultivos alimentares e comerciais comuns na África Ocidental são mostradas na Tabela 12.1. As áreas com alta probabilidade (cerca de 80%) de receber quantidades críticas de precipitação num dado ano podem ser consideradas para o cultivo de importantes lavouras, desde que os solos sejam adequados.

d. Vento

O vento, ar em movimento, é um outro parâmetro climático que afeta a agricultura. Positivamente, o vento constitui-se num agente eficiente na dispersão das plantas. O consumo de bióxido de carbono das plantas e as taxas de transpiração tendem a crescer com o aumento de velocidade do vento, até um certo nível. Negativamente, o vento pode causar danos físicos às culturas, favorecendo também um alto índice de transpiração e conseqüente ressecamento da planta, quando são constantes. Juntamente com o transporte de pólens e sementes, os ventos carregam plantas indesejáveis, como as ervas daninhas. A erosão provocada pelo vento pode arruinar a terra agrícola de boa qualidade, removendo a camada superficial do solo, como se viu em Oklahoma e Kansas, nos Estados Unidos, durante o *dust bowl*, período de seca da década de 30. Também os ventos de alta velocidade, em áreas relativamente secas ou durante a estação seca nas regiões subúmidas, podem aumentar o risco de incêndios florestais, e conseqüentemente poderão também prejudicar os cultivos.

Pelo exposto pode-se constatar que as condições climáticas não somente influenciam o crescimento e o desenvolvimento dos vegetais, mas também determinam amplamente a produtividade da cultura. Portanto, onde predominam condições climáticas ótimas e onde o solo é bom a produtividade será elevada. Ao mesmo tempo, condições climáticas extremas constituem graves riscos para a agricultura e têm que ser controladas. Assim sendo, passamos a dedicar atenção aos riscos ou azares climáticos.

Azares climáticos na agricultura

O desenvolvimento da lavoura não depende somente das condições climáticas, mas as culturas ficam sujeitas a um grande número de azares climáticos durante todo o seu desenvolvimento. Os principais fenômenos climáticos que constituem azares para a agricultura são as geadas, secas, granizos e ventos de alta velocidade. Passamos, portanto, a discorrer sobre a natureza desses fenômenos, os riscos que representam para a agricultura e as técnicas de controle empregadas.

a. Geada

O fenômeno da geada ocorre se a temperatura do ar em contato com o solo (geada superficial), ou num nível mais elevado, estiver abaixo de 0°C. A geada superficial é particularmente importante na agricultura. Nas previsões de tempo, "geada superficial" significa temperatura mínima no nível do solo de 0°C. Há dois tipos genéticos principais de geada: a geada de radiação e a geada de advecção ou de massa de ar. A geada de radiação resulta do rápido resfriamento da camada de ar próxima ao solo, devido às grandes perdas de radiação terrestre em noites calmas e claras. A geada de advecção ou de massa de ar ocorre quando uma área é invadida por uma massa de ar frio. Conseqüentemente, a geada de advecção afeta uma grande área em sua ocorrência, ao passo que a geada de radiação tende a ser restrita a uma pequena área.

As geadas geralmente são desconhecidas nos trópicos, exceto em áreas montanhosas isoladas. As geadas são, por outro lado, comuns na região temperada e nas áreas subtropicais, onde ocorrem incursões ocasionais de massas de ar frio. Por não se poder controlar a temperatura das massas de ar, pouco pode ser feito para controlar ou prevenir o risco representado por uma geada de advecção. Contudo, é mais fácil a prevenção dos prejuízos provocados pela geada de radiação. As medidas preventivas estão baseadas no conhecimento das condições que favorecem a ocorrência de geada de radiação. As condições são:

1. massa de ar estável e fria;
2. céu sem nuvens, para permitir a perda de radiação térmica da superfície da Terra;

3. condições calmas para prevenir a mistura de ar próximo da superfície com o ar mais quente acima;
4. temperatura do ponto de orvalho relativamente alta;
5. formas topográficas que favoreçam a drenagem do ar frio para as baixadas.

O objetivo das medidas de prevenção à geada é essencialmente quebrar a inversão que acompanha a intensa radiação noturna. Isso pode ser conseguido:

1. aquecendo-se o ar através do uso de fogareiros a óleo, que devem ser estrategicamente localizados por toda a fazenda. A camada de fumaça formada reduz a perda de calor pela radiação terrestre, como se fosse uma cobertura de nuvens. O calor dos fogareiros também cria correntes de convecção e provoca a mistura do ar na camada de inversão térmica. O problema dos fogareiros a óleo é que a fuligem se deposita sobre os cultivos e sobre outras coisas ao redor. Durante o dia, a fumaça retarda o aquecimento da superfície do solo. Os aquecedores que produzem menos fumaça são agora mais comumente usados;
2. misturando-se ou agitando-se o ar através do uso de ventiladores gigantes operados por motores elétricos ou a gasolina. Aviões leves e helicópteros são também usados com o mesmo objetivo, particularmente em situações de emergência, pois sua utilização resulta em gastos elevados.

Os dois métodos são usados às vezes conjuntamente e funcionam bem, contanto que o ar esteja estável.

Outros métodos de proteção à geada consistem em espalhar água na folhagem das lavouras e usar os chamados "quebra-ventos" (faixas de abrigo). O objetivo deste primeiro método é reduzir o resfriamento excessivo e aumentar a condutividade térmica do solo. O calor latente liberado no congelamento da água faz com que a temperatura das plantas não caia abaixo do nível de congelamento, durante a mudança de estado. Contudo, esse método de proteção às geadas apresenta algumas limitações. O calor adquirido durante o dia é limitado, assim como a perda de calor durante a noite é retardada. Também as sucessivas aplicações de água tornam-se progressivamente menos eficazes, havendo dificuldades em determinar quando e quanta água deve ser espalhada sobre os cultivos.

O método da varredura (*brushing*) envolve o uso de uma cobertura protetora de papel pardo grosso sobre as plantas para reduzir a perda de radiação noturna. É obviamente um processo lento, que exige mão-de-obra. O uso de palha (*mulching*) pode também inibir a geada. Quebra-ventos podem ser usados para minimizar os efeitos da geada, particularmente da advectiva. Os quebra-ventos são, entretanto, mais comumente usados para prevenir danos à lavoura causados por ventos constantes e para controlar as taxas de transpiração. Para que qualquer método de prevenção das geadas seja eficaz, torna-se necessária a previsão de incidência das mesmas. É mais fácil prever a ocorrência de geada de massa de ar, ou advectiva, do que a geada de radiação. Isso envolve a análise das características das massas de ar e as predições de seus movimentos e possíveis modificações ocasionadas por aspectos locais. As previsões detalhadas das geadas de radiação somente são possíveis em termos de perigo potencial, porque sua ocorrência é localizada e geralmente determinada por fatores locais. As fazendas em áreas sob risco de geada devem ser equipadas para monitorar as temperaturas, umidade e vento, de modo que os fazendeiros possam determinar o grau de risco das geadas em suas fazendas.

b Seca

A seca constitui um grave risco para a agricultura tanto nas regiões temperadas quanto nas regiões tropicais. Apesar de haver várias definições do termo "seca", concorda-se geralmente que esta pode ocorrer sempre que o suprimento de umidade das precipitações ou de umidade armazenada no solo seja insuficiente para atender às necessidades hídricas ótimas das plantas. Quatro tipos de seca podem ser identificados. São eles: permanente, sazonal, contingente e invisível.

Nas regiões áridas ocorre a *seca permanente*, onde nenhuma estação de precipitação é suficiente para satisfazer as necessidades hídricas das plantas. Em tais áreas a agricultura é impossível sem a irrigação por toda a estação de plantio e crescimento. A *seca sazonal* ocorre em áreas com estações seca e úmida bem definidas, como na maior parte dos trópicos. Todos os anos a seca pode ser esperada, pois esta se deve às variações sazonais nos padrões de circulação atmosférica. A agricultura é praticada com maior êxito durante a estação chuvosa ou com o uso de irrigação durante a estação seca. A seca contingente e a invisível resultam da irregularidade e da variabilidade da precipitação. A *seca contingente* é característica de áreas subúmidas e úmidas e ocorre quando a chuva deixa de cair num dado período de tempo. A seca contingente constitui um sério risco para a agricultura devido a sua imprevisibilidade. A *seca invisível* é diferente dos outros tipos porque é menos facilmente reconhecida. Outros tipos de seca são evidenciados pelo murchamento dos cultivos ou pela falta de maior crescimento vegetativo. A seca invisível ocorre sempre que o suprimento de umidade do solo ou das precipitações deixe de ser igual às necessidades hídricas diárias das plantas. Disso resulta uma lenta secagem do solo, deixando as plantações de crescer em índice ótimo. A produtividade da lavoura torna-se, portanto, menor que o ótimo. A necessidade de irrigação para combater a seca invisível é difícil de ser estabelecida, pois os cultivos não murcham. Eles não crescem em seu nível ótimo, que é parcialmente determinado pela qualidade da semente e dos nutrientes do solo.

Uma vez que a seca é uma condição na qual a necessidade de água é maior que a umidade disponível, os danos da seca aos cultivos em crescimento podem ser prevenidos:

1. diminuindo-se as necessidades de água dos cultivos, e/ou
2. aumentando-se o suprimento de água.

Assim sendo, cultivos resistentes à seca, com pequenas necessidades de água para seu crescimento e desenvolvimento, e os de curta estação devem ser plantados, evitando-se cultivar culturas que exijam muita umidade ou longa estação de crescimento, para não acontecer o conseqüente aumento da probabilidade de ocorrência da seca. Certas práticas de cultivos ajudam a conservar a umidade do solo e devem ser desenvolvidas em áreas propensas à seca. Por exemplo, os legumes e as gramíneas melhoram a capacidade de retenção da água do solo, assim como o uso de matéria orgânica e de fertilizantes. As ervas daninhas devem ser controladas, uma vez que aceleram a perda de água pela transpiração, em detrimento das culturas. Em ambientes subúmidos e semi-áridos a técnica de cultivo em áreas secas é comumente praticada. Isso envolve o uso de dois ou três anos de precipitação para se realizar o cultivo de um ano. Melhor explicando: durante os dois primeiros anos, deixa-se o campo em pousio. Ele é somente cultivado para matar as ervas daninhas e criar uma estrutura edafológica que permitirá reter tanta umidade quanto possível (Critchfield, 1974).

O método mais eficiente de combater a seca é através da adução de água artificialmente ou pela irrigação. O estímulo artificial da precipitação é, no presente, um método insignificante de combater a seca. Por outro lado, a irrigação é um método comum e difundido com a finalidade de atender a todas as necessidades hídricas dos cultivos ou parte dessas necessidades. Num meio árido a agricultura é possível somente com a irrigação. Em áreas semi-áridas e subúmidas a irrigação aumenta a produtividade da lavoura e a duração da estação de crescimento, tornando possível o cultivo de maior variedade de plantas. Em uma região úmida, a irrigação ajuda a combater o efeito da seca e a aumentar a produtividade da lavoura. Entretanto, a prática da irrigação apresenta problemas, sendo os maiores deles:

1. a disponibilidade de água, superficial ou subterrânea;
2. o custo da exploração e adução da água nos campos cultivados.

Há também necessidade de aplicação criteriosa da água de irrigação nas lavouras. As necessidades hídricas das culturas em vários estágios de seu crescimento devem ser cuidadosamente conhecidas. Enquanto a subutilização da água é indesejável, o excesso de utilização também o é, pois pode reduzir a produtividade do cultivo e criar outros problemas. Desta forma, a irrigação excessiva pode:

1. reduzir a utilização de nutrientes pela planta por causa da diluição;
2. causar a dispersão de nutrientes para fora da área de cultivo;
3. supersaturar o solo com a umidade, de modo que a falta de oxigênio se torne um problema.

Além de tudo, a irrigação é muitas vezes limitada e cara, de modo que a superutilização não faz sentido econômica e ecologicamente.

c. *Granizo*

O granizo pode danificar fisicamente os cultivos no campo (principalmente aqueles em crescimento), constituindo-se em risco para a agricultura onde ocorra com mais freqüência. Os granizos são bolinhas duras de gelo, de tamanhos variáveis, que caem de nuvens cumulonimbus. O granizo é uma forma sólida de precipitação e ocorre tanto na região temperada quanto nos trópicos. Os danos causados são consideráveis. Várias medidas são geralmente tomadas para minimizar ou prevenir os danos causados pelo granizo. Estas envolvem a semeadura das nuvens com iodeto de prata, lançado pelos aviões ou por bombas de artilharia. O objetivo da semeação é criar mais partículas de gelo e granizos de tamanhos menores, para que sejam menos danosos às lavouras. Esta técnica é comumente utilizada na URSS e tem sido praticada geralmente em bases experimentais em países da África Oriental, principalmente no Quênia.

d. Vento

O vento transporta a umidade e o calor na atmosfera e apresenta certo efeito sobre a produção agrícola. O vento também influencia as taxas de evapotranspiração e exerce pressão diretamente sobre os cultivos, no transcurso de seu desenvolvimento. O vento pode constituir-se em risco para a agricultura, nas seguintes formas:

1. O vento, mecanicamente, pode danificar a lavoura se sua velocidade for elevada, pois a pressão exercida sobre os cultivos aumenta em sua trajetória com a crescente velocidade.
2. O vento quente estimulará altas taxas de evapotranspiração e pode causar dessecação das lavouras. Além disso, o risco de incêndio aumenta consideravelmente.
3. O vento pode favorecer a erosão do solo quando a velocidade exceder certo valor-limite, crítico para um dado ambiente. As culturas podem ser soterradas pela areia ou sedimentos finos carregados pelo vento, enquanto os caules e as folhas dos cultivos altos sofrem abrasão pelo impacto das partículas de areia.
4. O vento pode acelerar o resfriamento das plantas em condições de baixa temperatura, da mesma forma que acelera a dessecação das plantas em condições de alta temperatura.

Os danos causados à lavoura pelo vento podem ser minimizados ou prevenidos pelo uso de quebra-ventos (faixas de abrigo). Estes são barreiras naturais (por exemplo, árvores, arbustos ou sebes) ou artificiais (por exemplo, muros, cercas), para abrigar os animais ou os cultivos do fluxo do vento. O grau de abrigo fornecido pelo quebra-vento depende de muitos fatores, incluindo os seguintes:

1. a altura da barreira;
2. a extensão lateral da barreira;
3. a permeabilidade da barreira (isto é, a facilidade com a qual o ar pode passar através da barreira);
4. o ângulo de incidência do vento na barreira.

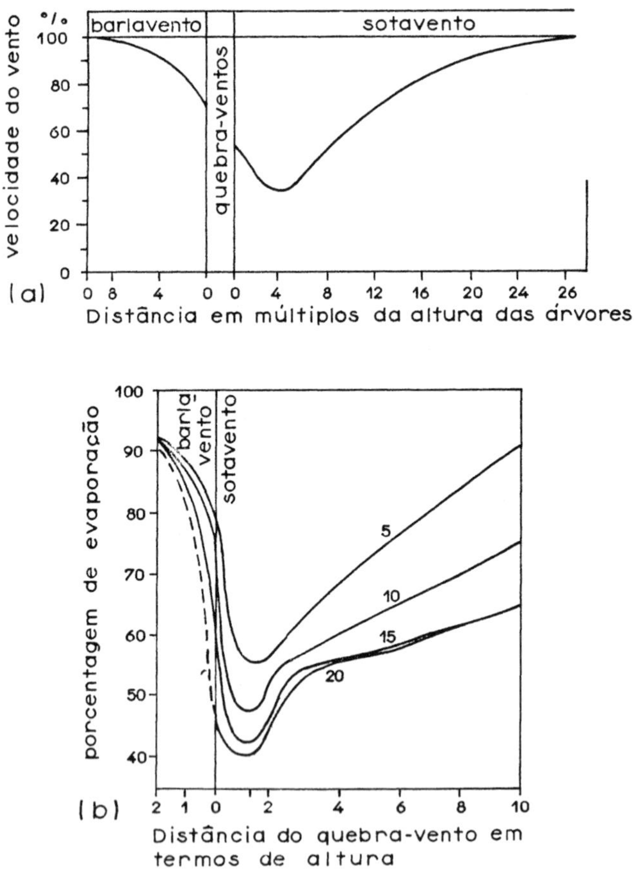

Figura 12.2 – Efeitos dos quebra-ventos sobre (a) a velocidade dos ventos e (b) as taxas de evapotranspiração.

Os efeitos dos quebra-ventos sobre a velocidade do vento e sobre as taxas de evapotranspiração são mostrados na Fig. 12.2. Há uma redução tanto na velocidade do vento quanto nas taxas de evaporação antes que o quebra-vento seja atingido. A diminuição se torna mais acentuada imediatamente depois da barreira, e posteriormente fica menos perceptível até que a velocidade do vento e as taxas de evaporação retornem aos níveis anteriores à barreira. Além de influenciar a velocidade do vento e as taxas de evaporação, a presença de quebra-ventos também altera a temperatura e a umidade do ar e a temperatura e a umidade do solo, nas áreas jusantes que sofrem sua influência.

Aspectos climáticos das pestes e doenças das lavouras

Além dos riscos (azares climáticos) discutidos anteriormente, a produção agrícola também sofre quebras periódicas provocadas por pestes e doenças, que são dependentes do clima. As perdas das lavouras causadas pelas pestes e doenças podem ser consideráveis, particularmente nos trópicos úmidos e subúmidos. As perdas causadas por insetos na Nigéria, por exemplo, foram estimadas em 50–60%.

As pestes atacam as culturas no campo e as colheitas armazenadas nos silos. Alguns insetos também agem como vetores de germes causadores de doenças e devem ser considerados tão perigosos quanto os germes que carregam.

A natureza periódica ou sazonal das perdas de muitas lavouras sugere que as condições climáticas desempenham importante papel. As epidemias são muitas vezes dependentes do clima, tanto em termos de condições climáticas locais que são favoráveis a seu crescimento e desenvolvimento como em termos de ventos predominantes, que ajudam a transportar os germes ou os esporos para outras áreas. Também alguns vírus causadores de doenças são transmitidos ou difundidos pelos insetos (por exemplo, afídios e larvas de folhas), de modo que as condições climáticas favoráveis à propagação desses vetores são as que facilitam a transmissão de tais doenças.

Nos trópicos úmidos e na região temperada, a temperatura tende a ser fator crítico que influencia no aparecimento de doenças e de pestes nas lavouras. Nos ambientes áridos, semi-áridos e subúmidos, o fator responsável é a precipitação. Contudo, qualquer que seja o ambiente, o microclima da área do cultivo é de importância fundamental na epidemiologia das doenças na agricultura. A temperatura ótima para a reprodução de afídios (pulgões) é de 26°C. Uma primavera atrasada é favorável à proliferação de insetos na cultura do milho, pois a ocorrência de uma temporada seca e quente acabaria com a proliferação de insetos. Na maior parte da savana africana, todos os anos os gafanhotos destroem muitas plantações. Os gafanhotos geralmente se originam nas bordas do deserto do Saara, onde há umidade suficiente para seu desenvolvimento e para que o crescimento dos vegetais alimentem as larvas. Os gafanhotos voam em nuvens na direção sul com os ventos de nordeste, quando as temperaturas diurnas estão entre 20 e 40°C. Os gafanhotos não conseguem seguir tal percurso se a velocidade do vento exceder 16–20 quilômetros/hora.

Outros inimigos da lavoura, tais como o bolor (mofo), ferrugem, pulgão e outras pragas reproduzem-se e se difundem mais rapidamente quando o tempo está quente e muito úmido. Nas áreas de cultivo de cacau da Nigéria meridional constatou-se que a precipitação em excesso reduz o número de cocos do cacau por árvore e aumenta o grau de infecção causada pela doença atacante (Adejuwon, 1962). Também na Nigéria, a incidência de bolor, que ataca o sorgo na área setentrional, foi parcialmente atribuída à alta umidade atmosférica (Kassam *et alii*, 1976). Os esporos das doenças causadas por fungos são espalhados pelo vento, tornando muito difícil o seu controle.

Apesar de o controle das doenças e das pragas das lavouras ser função dos patologistas vegetais, o clima é importante fator em tal controle e deve ser considerado pelo patologista. Qualquer prática agrícola pode ser controladora das pragas, desde que venha a oferecer um ambiente climático desfavorável para as mesmas. É importante salientar o fato de que o conhecimento do microclima da lavoura, ou o que muitas vezes se chama de bioclimatologia da plantação, é de fundamental importância no controle das doenças e pragas na agricultura. As condições climáticas que favorecem a propagação de vetores de pragas e doenças devem ser cuidadosamente estudadas e identificadas. As condições microclimáticas desfavoráveis ao redor dos cultivos podem ser artificialmente modificadas e aperfeiçoadas. Onde isto não é possível, e havendo necessidade do uso de inseticidas e fungicidas, é importante que se tenha conhecimento das condições climáticas predominantes. A aplicação de produtos químicos sobre as lavouras é feita mais eficientemente sob condições de ventos moderados, quando será minimizada a dispersão de tais produtos químicos. Nos trópicos, onde a turbulência e a instabilidade atmosférica constituem um fenômeno comum, tais condições de calmaria ocorrem mais freqüentemente nos períodos da manhã e da noite.

O clima e os animais domésticos

As condições climáticas influenciam a criação de animais direta ou indiretamente de três modos principais. Primeiro, a disponibilidade de forragem é altamente dependente do clima, e como os animais domésticos são altamente dependentes da disponibilidade de forragem, há influência indireta dos fatores climáticos. Assim, as condições climáticas determinam o tipo, a quantidade e a qualidade da forragem disponível. Os elementos climáticos que afetam o suprimento de ração ou de forragem para os animais são os mesmos que influenciam o crescimento vegetal ou a difusão de insetos e de doenças que atacam as plantações de forragem ou de cereais, tais como a precipitação, a temperatura e a radiação.

Segundo, as condições climáticas exercem influência direta sobre os animais domésticos, pois afetam suas funções físicas normais. Para os animais sobreviverem em determinada zona climática, eles devem estar fisiologicamente ajustados àquele ambiente climático. Todos os animais, e em particular todas as raças de animais, têm suas exigências climáticas ótimas para assegurar um crescimento e um desenvolvimento máximo. Quando os animais são transportados para ambientes climáticos aos quais não estejam acostumados, geralmente seus níveis de produção econômica caem abaixo do mínimo, embora possam não morrer, como acontece com as plantas (Critchfield, 1974).

Finalmente, o clima influencia a produção pecuária indiretamente, determinando os tipos de animais e de doenças que seriam predominantes em um dado ambiente.

Os três modos pelos quais o clima influencia a criação de animais serão brevemente discutidos. A quantidade e a qualidade nutritiva dos pastos são prejudicados pelas condições de seca. Conseqüentemente, sob tais condições há uma redução na produção de leite e uma perda de peso generalizada por parte dos animais. Há também carência de água para os animais beberem. Isso se acrescenta ao desconforto dos animais, particularmente nos ambientes e nas estações quentes. Os números de reses são drasticamente reduzidos pela seca, pois muitos animais morrem de fome e de sede, e outros são abatidos para serem comercializados pelos seus donos, para evitar mais mortes e facilitar o racionamento da forragem entre um número menor de reses. Milhares de cabeças de gado morreram na seca do Sahel de 1973/74, na África Ocidental, em tais circunstâncias. As baixas temperaturas no inverno também afetam a disponibilidade de forragem para o gado. Os pastos deixam de crescer e os fazendeiros têm que lançar mão do pasto conservado para o uso no inverno. Geralmente não há problema sob esse aspecto, desde que o inverno seja de intensidade e duração esperadas. Se, entretanto, o inverno é muito severo ou prolongado, os fazendeiros podem encontrar dificuldades em alimentar suas reses com o pasto que foi reservado.

Os animais, assim como os seres humanos, são diretamente afetados pelos elementos climáticos. Temperaturas extremamente baixas ou altas interferem nas funções fisiológicas dos animais, incluindo o homem. A capacidade produtiva dos animais geralmente fica reduzida quando das altas temperaturas. As vacas leiteiras tendem a produzir menos leite em condições quentes, enquanto que o gado de corte produz menos carne e gordura. Isto acontece porque os animais reduzem seu consumo de forragem em tais condições. Por exemplo, o gado geralmente prefere pastar em locais sombreados do que sob o sol e normalmente descansa durante a tarde, quando as temperaturas são altas e a radiação é mais forte. Isso não é surpreendente, pois os animais experimentam desconforto sob um calor intenso, do mesmo modo que os seres humanos.

A capacidade reprodutiva dos animais também tende a diminuir sob condições de alta temperatura. Raças de países temperados mostram uma marcada diminuição na fertilidade sob climas tropicais (Critchfield, 1974). Até bem recentemente, pouca atenção foi dada à questão da adaptação do gado aos climas quentes. Atualmente sabe-se que o gado em clima quente é influenciado de modo direto pela radiação térmica e possivelmente pela umidade, e de modo indireto pelo efeito do calor sobre o ambiente do animal (Webster e Wilson, 1966). Para um tipo de gado sobreviver e ser produtivo nos trópicos, ele deve ser tolerante ao calor. Isso significa que o animal deve ter alta eficiência na utilização da energia e fazer com que processos produtivos continuem num alto nível, sem a produção de quantidades excessivas de calor. Um outro efeito da alta temperatura é o de aumentar as necessidades de água para o gado. Parte do aumento no consumo de água é usado para substituir a perda desta pelo corpo do animal, pela evaporação. A carga de calor afetando os animais é somente um dos diversos fatores que determinam a produtividade ou mesmo a sobrevivência do gado nos trópicos. Outros seriam a quantidade e a qualidade de forragem e a incidência de pestes e doenças.

O efeito do frio extremo sobre os animais reduz também a produção. Isso porque grande parte da energia do corpo seria usada para combater o frio. Um longo período de exposição ao frio pode causar inação ou mesmo morte. As necessidades de água para o gado podem não ser satisfeitas sob um clima frio. Devem-se fazer abrigos adequados para manter os animais aquecidos e fornecer-lhes água durante os períodos frios.

Finalmente, o clima influencia indiretamente a produção animal através de seus efeitos sobre a incidência e difusão de doenças e pestes, que diretamente atacam os animais, ou que influenciam a quantidade e a qualidade da forragem e do alimento. A influência fundamental da precipitação sobre o gado acontece através do seu efeito sobre a produção da ração animal. Uma gama de animais não sabe quase movimentar-se e pastar sob forte nevada. Muitas das restrições da produtividade e da distribuição regional dos animais resultam dos efeitos das pestes e doenças. Na Nigéria, por exemplo, as partes meridionais mais úmidas do país são tão adequadas quanto as porções setentrionais para o gado tropical, e mais adequadas para o gado de regiões temperadas, porque a quantidade de calor incidente no gado é menor no sul que no norte (Ojo, 1971). Além disso, o sul tem a vantagem de possuir reservas hídricas melhores e mais confiáveis para atender às necessidades dos animais. A distribuição do gado na Nigéria está em mudança, principalmente porque a maior parte do sul está infestado com a mosca tsé-tsé, enquanto o norte está relativamente livre desse inseto que causa elevadas taxas de doenças e mortalidade no gado.

A mosca tsé-tsé é encontrada na maior parte da África, exceto nas áreas de planalto e nas áreas relativamente secas. Este inseto transmite e difunde os germes que causam a tripanossomíase humana e do gado. A mosca tsé-tsé tende a habitar os buracos das árvores, onde a transpiração e a sombra mantêm uma combinação de alta umidade e temperaturas moderadas, condições necessárias para seu crescimento e reprodução. Nas áreas úmidas florestais da África, somente são criadas umas poucas raças de gado de porte pequeno, resistentes à tripanossomíase. A maior parte da população do gado da África vai ser encontrada nas zonas livres da mosca tsé-tsé.

O clima e o planejamento do desenvolvimento agrícola

Já esclarecemos anteriormente que o clima influencia direta e indiretamente a produção agrícola. O clima deve ser levado em consideração no planejamento das operações agrícolas e no planejamento do desenvolvimento agrícola em geral. A relação entre a atmosfera e o sistema solo-planta é um complexo que pode ser simplificado e generalizado nos estudos do balanço hídrico (ver Thornthwaite e Mather, 1957).

O termo "balanço hídrico" refere-se a uma expressão quantitativa do clima hidrológico e a seus vários componentes, sobre uma área específica em determinado período de tempo. A equação do balanço hídrico é:

$$P - Q - E \pm \Delta S = 0$$

onde P é a precipitação, Q é o escoamento, E é a evapotranspiração e ΔS representa as variações da água do solo e da umidade nele armazenada. Simplificações e suposições são adotadas nos cálculos de balanço hídrico. Uma suposição comum é que toda precipitação se infiltra e assim não há escoamento superficial até que a capacidade de armazenamento de umidade do solo seja excedida. A capacidade de armazenamento de umidade do solo é comumente considerada como um valor determinado, usualmente 250 mm, considerado invariável nos diversos tipos de solos e de vegetação.

No cálculo do balanço hídrico considera-se geralmente que as taxas de evapotranspiração real podem ser calculadas como sendo função das taxas de evapotranspiração potencial, se a umidade disponível no solo for conhecida. Há, entretanto, desacordo entre vários especialistas ao se considerar se as taxas de evapotranspiração diminuem à medida que diminui a umidade do solo. Há três pontos de vista gerais. O primeiro é que a evapotranspiração ocorre na taxa potencial até que toda a umidade do solo seja evaporada ou transpirada. O segundo é que a evapotranspiração ocorre na taxa potencial somente quando o solo atingiu sua capacidade de campo. Uma vez que ocorra o déficit de umidade no solo, as taxas de evaporação diminuem em proporção direta à quantidade de déficit hídrico no solo. O terceiro ponto de vista é que a evapotranspiração ocorre na razão potencial até que uma certa proporção (variando de 30 a 70%) da umidade do solo tenha sido evaporada ou transpirada. Conseqüentemente, as taxas de evapotranspiração diminuem com o aumento do déficit hídrico do solo. As implicações desses e de outros fatores e as suposições sobre os resultados dos cálculos do balanço hídrico foram recentemente discutidas por Ayoade (1976). Aqui estamos mais preocupados com as aplicações dos estudos de balanço hídrico na agricultura. Como foi assinalado por Jackson (1977), os estudos do balanço hídrico podem ser e têm sido aplicados das seguintes maneiras:

1. para oferecer uma visão geral das condições hídricas sobre uma área em termos da quantidade de precipitação, evapotranspiração real e potencial, armazenamento de umidade no solo e de suas mudanças;
2. como parte de um modelo para investigar as relações precipitação – escoamento com vistas a prever o escoamento a partir dos dados de precipitação;
3. para conhecer a adequação de uma área para certos cultivos, através da análise da fase de crescimento, das necessidades hídricas das culturas e da quantidade e freqüência das possíveis necessidades de irrigação, entre outras coisas;
4. para examinar a relação entre clima e produtividade agrícola;
5. para conhecer o impacto do homem sobre o ambiente hidrológico.

Todos os termos da equação do balanço hídrico são de importância agrícola, particularmente a precipitação e a evapotranspiração. Estes dois elementos determinam amplamente o escoamento e o estado de armazenamento hídrico no solo. A precipitação representa o *input* hídrico enquanto a evapotranspiração potencial indica as necessidades de água dos cultivos. As características da precipitação – sua quantidade, intensidade, duração e probabilidade de ocorrência – têm extrema importância agrícola. Nas baixas latitudes o início das chuvas deve ser conhecido e levado em consideração no cultivo das culturas. Se as lavouras são cultivadas muito cedo, elas são destruídas. Se são cultivadas tarde demais, deixam de crescer acompanhando o índice ótimo e seu crescimento pode ser interrompido quando as chuvas pararem. Por essas razões, o problema de definir e prever o início e o fim da estação chuvosa tem chamado a atenção de muitos pesquisadores (veja, por exemplo, Manning, 1956; Kenworthy e Glover, 1958; Gregory.

1964; Walter, 1967). A normalidade das chuvas na estação chuvosa é de importância considerável na agricultura. A confiabilidade das quantidades de precipitação, críticas para o crescimento de certos cultivos numa dada área, deve ser estabelecida antes que tais cultivos sejam introduzidos. De outra maneira, constantes prejuízos advindos da irregularidade das chuvas tornarão o cultivo de tais lavouras antieconômico, podendo provocar a fome e a miséria entre os camponeses. Tais estudos de confiabilidade de precipitação e aplicações na agricultura foram desenvolvidos na África Oriental por Manning (1956) e Kenworthy e Glover (1958), entre outros. Estudos semelhantes devem ser desenvolvidos em outras partes dos trópicos, particularmente na Ásia de monção e no Sahel do oeste da África, que recentemente experimentou uma seca desastrosa. Tais estudos da relação lavoura/clima permitirão aos agricultores ajustar seus cultivos ao clima e evitar as conseqüências indesejáveis de um planejamento agrícola deficiente no conhecimento adequado do clima.

Referências bibliográficas

ADEJUWON, J. O. Crop-climate relationship: the example of cocoa in Western Nigeria. *Nigerian Geographical Journal, 5* (1): 21-32, 1962.

AYOADE, J. O. On climatic water budgetting procedures. *Nigerian Geographical Journal, 19* (2): 157-177, 1976.

CRITCHFIELD, H. J. *General Climatology.* 3ª ed., New Jersey, Prentice-Hall, 1974.

GREGORY, S. Annual, seasonal and monthly rainfall over Mozambique. In: Steel, R. W. e Prothero, R. W. (eds.). *Geographers and the Tropics.* Londres, Longman, 1964.

GRIFFITHS, J. F. *Applied Climatology.* 2ª ed., Londres, Oxford University Press, 1976.

HOOBS, J. E. *Applied Climatology.* Inglaterra, Dawson, 1980.

JACKSON, I. J. *Climate, Water and Agriculture in the Tropics.* Londres, Longman, 1977.

KASSAM, A. H. *et alii.* Improving food crop production in the Sudan savanna zone of Northers Nigeria. *Outlook on Agriculture, 8* (6): 341-347, 1976.

KENWORTHY, J. M. e GLOVER, J. The reliability on the main rains in Kenya. *E. Afric. Agric. J., 23:* 267-272, 1958.

MANNING, H. L. The statistical assessment of rainfall probability and its application to Uganda agriculture. *Proceedings Royal Society Series B, 144:* 460-480, 1956.

OJO, S. O. Bovine energy balance climatology and livestock potential in Nigeria. *Agricultural Meteorology, 8:* 353-369, 1971

OSHODI, F. R. *Bioclimatological Studies of Nigerian Crops.* Lagos, Nigerian Meteorological Services, 1966.

THORNTHWAITE, C. W. e MATHER, J. R. Instructions and tables for computing potential evapotranspiration and water balance. *Publications in Climatology, X* (3), 1957.

WALTER, M. W. The length of the rainy season in Nigeria. *Nigerian Geographical Journal, 10* (2): 123-128, 1967.

WEBSTER, C.C. e WILSON, P. N. *Agriculture in the Tropics.* Londres, Longman, 1966.

CAPÍTULO 13
O CLIMA E O HOMEM

Introdução

O clima influencia o homem de diversas maneiras, e o homem influencia o clima através de suas várias atividades. Até recentemente a ênfase maior residia no controle que o clima exercia sobre o homem e suas atividades. Com o aumento populacional e o aumento das capacidades tecnológicas/científicas da humanidade, percebeu-se que o homem pode influenciar e de fato tem influenciado o clima, apesar dessa ação ser feita principalmente numa escala local. Este Capítulo analisa e enfatiza a necessidade do homem viver em harmonia com o clima.

Interações clima – homem

O clima talvez seja o mais importante componente do ambiente natural. Ele afeta os processos geomorfológicos, os da formação dos solos e o crescimento e desenvolvimento das plantas. Os organismos, incluindo o homem, são influenciados pelo clima. As principais bases da vida para a humanidade, principalmente o ar, a água, o alimento e o abrigo, estão na dependência do clima. Assim, o ar que respiramos é obtido da atmosfera, a água que bebemos origina-se da precipitação e o nosso alimento tem sua origem na fotossíntese – um processo que se torna possível por causa da radiação, do bióxido de carbono e da umidade, e todos são atributos do clima. O vestuário e a moradia do homem também são influenciados pelo clima. De fato, o objetivo fundamental do vestuário é proteger o homem contra os elementos do clima e melhorar o seu grau de conforto fisiológico. Moda e necessidade de pudor são de importância secundária. Similarmente, o abrigo destina-se a proteger o homem contra os elementos do clima e contra os animais selvagens, para deixá-lo em conforto. As várias atividades econômicas do homem são influenciadas pelo clima em diversos graus. Tais atividades incluem a agricultura, o comércio, a indústria, assim como o transporte e a comunicação, para mencionar somente algumas. A influência do tempo e do clima sobre o homem e suas atividades pode ser maléfica ou benéfica. Em outras palavras, no que concerne ao homem, o clima pode ser uma maldição ou uma benção. As sociedades freqüentemente têm visto muito o clima como um fato negativo e a tendência de negligenciá-lo e desprezá-lo como um recurso. Necessariamente, não deve ser o caso. Concorda-se no geral que o clima pode ser considerado como recurso em ambos os aspectos, tanto benevolentes como malevolentes. Os efeitos benéficos, tais como a chuva, luminosidade, nebulosidade e vento, nas proporções próprias do tempo, lugar e intensidade ou quantidades devem ser sabiamente utilizados antes de serem considerados como bens gratuitos a serem desperdiçados. Os efeitos maléficos, tais como enchentes, secas, tempestades, vendavais, devem ser controlados antes de serem vistos como fatos inevitáveis. O planejamento dos recursos climáticos envolve o uso racional dos efeitos benéficos do tempo e do clima e a prevenção, eliminação e minimização dos efeitos maléficos.

Os diversos modos pelos quais o clima afeta o homem em suas atividades e o impacto do homem com suas atividades sobre o clima constituem o assunto da climatologia aplicada (de acordo com Smith, 1975; Hobbs, 1980). O papel do clima no conforto fisiológico do homem foi resumidamente discutido no Capítulo 4. No Capítulo 12, o papel do clima na agricultura foi amplamente discutido. Neste capítulo consideraremos aspectos da importância do clima no desempenho do desenvolvimento econômico de uma área. Se permitirmos que o clima atue sem nenhuma interferência, quaisquer que sejam elas, ele pode auxiliar ou dificultar o desenvolvimento econômico. Para prevenir este último, conseqüentemente, o homem interfere para controlar ou manejar o clima. Também serão discutidas suas tentativas em controlar o clima. Finalmente, o homem através de suas várias atividades inadvertidamente modifica o tempo e o clima, muitas vezes sem perceber. Examinar-se-á tais modificações inadvertidas e suas conseqüências.

O impacto do clima sobre a sociedade

O clima e as variações climáticas exercem grande influência sobre a sociedade. O impacto do clima e das variações climáticas sobre a sociedade pode ser positivo (benéfico ou desejável) ou negativo (maléfico ou indesejável). As sociedades têm muitas vezes visto o clima basicamente como um fator negativo e o têm negligenciado como recurso. Contudo, o clima é tanto um fator negativo como um recurso, dependendo do tempo local e dos valores envolvidos nos parâmetros climáticos.

A interface clima/sociedade pode ser considerada em termos de ajustamento, quer dizer, a extensão e os modos pelos quais as sociedades funcionam em uma relação harmônica com seu clima. O homem e suas sociedades são vulneráveis às variações climáticas. Ao mesmo tempo, as atividades do homem em certos locais e num período de tempo podem levar à diminuição desse ajuste ou ao crescimento do desajuste do homem com seu ambiente climático.

A vulnerabilidade é a medida pela qual uma sociedade é suscetível de sofrer por causas climáticas. Por outro lado, a habilidade de uma sociedade em "recuar" quando adversamente afetada por impactos climáticos é denominada de resiliência. Em geral, uma sociedade é mais vulnerável:

1. quanto mais sua atividade econômica depender dos fatores de produção sensíveis ao clima;
2. quanto maior for a variabilidade e a não-dependência de certas variáveis climáticas essenciais, como a precipitação e a temperatura;
3. quanto mais baixo for o seu nível de reserva de alimentos e outros materiais;
4. quanto menos desenvolvida for a capacidade do seu sistema de transporte em deslocar suprimentos de áreas de excedentes para áreas de déficits;
5. quanto menos preparada estiver a sociedade para lidar com impactos climáticos adversos.

A resiliência da sociedade em face dos impactos climáticos adversos também depende de um certo número de fatores semelhantes. Uma sociedade tem a probabilidade de resistir de maneira eficaz se:

1. há acúmulo ou não de estoques ou reservas de alimentos e de outros materiais;

2. há capacidade de reserva embutida no projeto de suas infra-estruturas, como no suprimento de água e força;
3. há controle de recursos financeiros e materiais, tecnologia e transporte, com os quais possa combater o impacto. Os fatores intangíveis, tais como a coesão social, moral e a confiança da população nos governos e instituições sociais, também podem ser importantes. Quando estes estão faltando, a resiliência pode ser consideravelmente reduzida.

Muitos estudos indicam que a capacidade de uma sociedade absorver impactos climáticos adversos não é uma simples função linear de sua riqueza ou grau de desenvolvimento. Burton *et alii* (1978) levantaram a hipótese de que as sociedades mais vulneráveis aos impactos climáticos adversos não são nem as mais pobres, nem as menos desenvolvidas, nem as mais ricas e mais altamente desenvolvidas, mas são aquelas sociedades em processo de rápida transição ou modernização, onde os mecanismos sociais tradicionais para absorver e dividir as perdas entre as comunidades virtualmente desapareceram, e que ainda não foram substituídos pela riqueza acumulada e pelas capacidades de respostas das sociedades desenvolvidas modernas. A relação entre o grau de vulnerabilidade da sociedade aos impactos climáticos adversos e o seu *status* de desenvolvimento sócio-econômico não está ainda bem compreendida, e portanto exige mais estudos e pesquisas.

Nós podemos examinar algumas das maneiras pelas quais o clima e as variações climáticas exercem influência sobre o homem e sobre suas atividades. O essencial para a vida da humanidade no planeta é especialmente o ar, a água, o alimento, o vestuário e o abrigo, que são todos dependentes das condições meteorológicas ou do tempo que lhe é inerente.

A saúde humana, a energia e o conforto são afetados mais pelo clima do que por qualquer outro elemento do meio ambiente (Critchfield, 1974). As funções fisiológicas do homem respondem às mudanças no tempo atmosférico. Certas doenças são induzidas pelo clima em tempos diferentes; estas moléstias que afligem o homem demonstram em suas incidências correlações íntimas com as condições climáticas e com a estação do ano. Os elementos do clima que afetam diretamente as funções fisiológicas do homem incluem radiação (insolação), temperatura, umidade, vento e pressão atmosférica. O conforto fisiológico do homem é determinado principalmente pela temperatura, pelo vento e pela umidade (ver Capítulo 4). Diferenças na sensação de conforto entre indivíduos expostos às mesmas ou similares condições climáticas são ocasionadas por variações na idade, estado de saúde, atividade física, tipo e quantidade do vestuário, experiências climáticas passadas ou grau de aclimatação.

O vigor físico do homem é influenciado pela temperatura, umidade e vento. Geralmente a alta temperatura e a umidade tendem a diminuir o vigor físico e o mental. O ar muito seco ou temperaturas extremamente baixas podem também prejudicar ou diminuir o vigor físico e a disposição para o trabalho mental. A pressão extremamente baixa resultará na diminuição de suprimento de oxigênio para o cérebro, com conseqüente diminuição no vigor mental ou na disposição. As flutuações moderadas no tempo são geralmente consideradas como estimulantes ao vigor físico e mental. O clima parece influenciar as emoções e o comportamento do homem. Por exemplo, os crimes, as rebeliões, as loucuras e outras explosões emocionais, individuais ou grupais, parecem alcançar seu máximo durante uma temporada muito quente e desagradável ao homem (Critchfield,1974).

Alguns extremos climáticos afetam diretamente a saúde humana. Temperaturas extremamente altas provocam a incidência de choques térmicos, exaustão e cãibras pelo calor. Temperaturas extremamente baixas, por outro lado, podem causar doenças como enregelamentos e agravar males como artrites, sinusites e enrijecimento de juntas. Os males relacionados ao calor, como exaustão, choques e cãibras ocorrem nas latitudes baixas, particularmente durante a estação seca, e freqüentemente ocorrem na região temperada nos meses quentes de verão. O enregelamento é desconhecido nas latitudes baixas, porém comumente ocorre na região temperada durante os meses de inverno intenso. Os males respiratórios são aumentados pelo ar seco carregado de poeira, que irrita as vias respiratórias quando aspirado. Na África Ocidental o vento seco e carregado de pó – *harmattan* – do Saara está freqüentemente associado com alta incidência de doenças respiratórias. A intensa luminosidade que ocorre nos trópicos áridos e semi-áridos, ou a luz refletida pelos solos cobertos de neve nas altas latitudes, pode causar algumas formas de cegueira, dor de cabeça, e outros infortúnios. Embora os raios ultravioletas ajudem a formação da vitamina D na pele e ataquem as bactérias e os germes, eles podem também causar queimaduras e inflamações na pele. De fato, os raios ultravioletas associados ao intenso calor contribuem para causar cataratas nos olhos (Critchfield, 1974).

O clima também desempenha algum papel na incidência de certas doenças que atacam o homem. Em primeiro lugar, o clima afeta a resistência do corpo humano a algumas doenças. Segundo, o clima influencia o crescimento, a propagação e a difusão de alguns organismos patogênicos ou de seus hospedeiros. Temperaturas extremamente baixas diminuem a resistência do corpo humano à infecção. A neblina associada a poluentes está freqüentemente relacionada com o aumento das doenças respiratórias. Similarmente, o ar seco e carregado de pó tende a tornar as vias respiratórias mais suscetíveis às infecções. O vento é importante fator na incidência e difusão da febre do feno, pois controla o transporte dos germes causadores.

Algumas doenças tendem a ser predominantes em certas zonas climáticas, enquanto algumas outras, particularmente as contagiosas, tendem a seguir um padrão sazonal em sua incidência. Por exemplo, a malária e a febre amarela são doenças tropicais, porque os germes causadores dessas doenças são transmitidos por espécies de mosquitos que proliferam em climas tropicais. Na região temperada, a pneumonia e a bronquite são mais freqüentes no inverno do que no verão, porque durante o inverno as vias respiratórias são mais suscetíveis à infecção. No norte da Nigéria, a meningite é mais difundida durante a estação fria do *harmattan,* porque a transmissão desta doença é facilitada pelo agrupamento das pessoas, à noite, em ambientes que se tornam mais quentes por estarem superlotados. Em geral, as doenças infecciosas são mais rapidamente difundidas entre a população durante a estação fria, porque na estação quente as pessoas realizam mais atividades externas.

Os efeitos do clima na saúde humana não são, entretanto, todos negativos. As condições climáticas favoráveis podem proteger e auxiliar na recuperação do corpo humano, com referência às doenças. O ar fresco, a temperatura amena, a umidade e a radiação moderada têm valores terapêuticos (Critchfield, 1974). Por exemplo, o ar fresco e a insolação auxiliam na recuperação da tuberculose. Pessoas raquíticas ou com doenças da pele têm boas respostas frente à radiação solar. Entretanto, apenas condições climáticas favoráveis não são suficientes para a recuperação total, elas não substituem o cuidado médico apropriado e a boa nutrição e asseio.

Sob formas variadas, o clima influencia as várias atividades humanas. Tais atividades incluem a agricultura e a pecuária (ver Capítulo 12), a indústria de tecelagem, o comércio e o turismo. O clima também influencia as empresas de utilidade pública, como os sistemas de transporte e de comunicações, geralmente prejudicando sua eficiência e utilização. As atividades que são executadas ao ar livre são extremamente vulneráveis às condições climáticas. Tais atividades incluem mineração, construção, turismo, e várias atividades de lazer como os jogos e esportes. Essas atividades podem somente ser desenvolvidas com sucesso se houver condições climáticas favoráveis (Mather, 1974; Smith, 1975; Hobbs, 1980).

As atividades no interior das residências também são vulneráveis às condições climáticas. As condições climáticas influenciam o desempenho e a durabilidade das máquinas. As condições climáticas tropicais, por exemplo, tendem a provocar a ferrugem nas máquinas. Certos processos industriais também podem se desenvolver melhor sob certas condições de temperatura e umidade (ver Tabela 13.1). Se tais condições não existem naturalmente, elas têm que ser criadas artificialmente através do investimento extra em ar condicionado. O suprimento de materiais usados no processo industrial pode ser também dependente das condições climáticas. Por exemplo, as indústrias agrícolas (principalmente as alimentícias ou de frutas enlatadas) dependem de boas colheitas e de transporte adequado e eficiente dos suprimentos. Alguns bens industriais também são sazonalmente exigidos pelas pessoas. A produção de tais mercadorias é determinada pelas condições climáticas predominantes. Como exemplo temos: desodorantes, bebidas geladas e sorvetes no verão, e os casacos, botas e peles, no inverno.

Os custos climáticos na produção industrial podem ser avaliados considerando-se o efeito do clima nos seguintes pontos, entre outros (segundo Mather, 1974):

1. necessidades de aquecimento e resfriamento do espaço;
2. provisão e suprimento de água;
3. esforços de diminuição da poluição do ar e da água;
4. armazenagem e transporte de matérias-primas ou de produtos acabados;
5. o intemperismo ou deterioração da maquinaria e de bens estocados, como combustíveis;
6. saúde, eficiência e estado de ânimo dos trabalhadores.

As vendas e o comércio são favorecidos pelas condições climáticas que encorajam o povo a sair de casa para fazer compras. A precipitação

Tabela 13.1 – Categorias de ambientes com boas condições climáticas, no interior de algumas indústrias selecionadas (conforme Landsberg, 1967).

Indústria	Temperatura (°C)	Umidade relativa (%)
Têxtil	20 – 25	60
Lanugem	20 – 25	70
Seda	22 – 25	75
Náilon (fibra sintética)	29	60
Alimento		
Moagem	18 – 20	60 – 80
Padaria	25 – 27	60 – 75
Doce	18 – 20	40 – 50
Tabaco		
Produção de cigarro	21 – 22	60 – 65
Fumo para defumação	13 – 28	65 – 75
Armazenagem de fumo	18 – 20	60 – 65
Variados		
Manufaturação de papel	20 – 24	65
Armazenagem de papel	16 – 21	40 – 50
Impressão	20	50
Manufaturação de remédio	20 – 24	60 – 70
Produção de borracha	22 – 24	50 – 70
Manufaturação de cosméticos	20	55 – 60
Armazenagem de cosméticos	10 – 16	50
Manufaturação de filme fotográfico	20	60 – 65

e/ou temperaturas extremas tendem a reduzir as vendas, pois muitos fregueses em potencial permanecem em suas casas. A pequena visibilidade e as quedas de neve também afetarão as vendas, assim como os suprimentos de mercadorias. Isto porque os sistemas de transporte serão interrompidos sob tais condições climáticas. Todas as formas de transporte – terrestre, aéreo, marítimo – são vulneráveis às condições climáticas, apesar de sofrerem efeitos em graus variados. O mais vulnerável é o transporte aéreo. As condições adversas de tempo podem causar acidentes, atrasos, desvios, e mesmo cancelamento de viagens, ocasionando perdas nos negócios, perdas de tempo ou de vidas, em alguns casos. A pequena visibilidade é o único azar climático de importância para todas as formas de transporte. Os outros incluem a forte precipitação (tanto a chuva como a neve), ventos fortes ou tempestades de neve, temporais violentos, e o congelamento do solo (para transportes rodoviários e ferroviários).

O clima também determina parcialmente os modos pelos quais construimos nossas casas e nos vestimos. O tipo de vestuário varia de uma cultura para outra. O mundo foi dividido em sete zonas de acordo com as necessidades de vestuário, que mantêm um equilíbrio térmico confortável num corpo humano normal (Griffiths, 1976). As zonas são as seguintes:

1. a zona de vestuário mínimo: abrangendo os trópicos úmidos onde as temperaturas médias mensais estão entre 20 e 30°C. O ideal é o uso de material leve, como o algodão;
2. zona de vestuário de longas túnicas: incluindo os desertos quentes com altas temperaturas. O vestuário deve proteger as pessoas dos raios solares, permitir resfriamento pela evaporação durante o dia e isolamento contra o resfriamento noturno;
3. zona de vestuário de uma só camada de vestimenta: abrangendo a faixa subtropical com temperaturas médias mensais entre 10 e 20°C. O material ideal a ser usado deve ser a lã associada com peças de algodão leve;
4. zona de vestuário com duas camadas: inclui a região temperada com inverno frio, onde as temperaturas médias mensais estão entre 0°C e 10°C. As condições são úmidas, pois a radiação não é excessiva. O vestuário ideal é o uso da lã, com peças de algodão, devendo-se deixar 6 mm de ar a ser amazenado entre as duas camadas;
5. zona de vestuário de três camadas: inclui a região de inverno frio da faixa temperada, onde as temperaturas médias mensais estão entre –10°C e 0°C;
6. zona de vestuário de quatro camadas: inclui a região temperada com invernos frios, severos, onde as temperaturas médias mensais estão entre – 20°C e –10°C. Nesta zona as vestimentas dos esquimós, feitas de pele, são tidas como as mais eficientes na manutenção do conforto corporal;
7. zona ártica: é uma região na qual o equilíbrio térmico do corpo não pode ser mantido somente através do vestuário.

As condições do tempo e do clima são fatores relevantes na escolha de localizações eficientes dos edifícios, escolhas de materiais, projeto, condicionamento do ar e estrutura das moradias (Critchfield, 1974). As construções são geralmente obrigatórias por dois motivos, particularmente proteger dos elementos climáticos e dos animais selvagens em lugares despovoados e criação de um clima artificial adequado para se viver, armazenar, trabalhar ou para outros propósitos específicos. Além disso, a construção deve ser estruturalmente segura e capaz de suportar a pressão do clima predominante em seu período de durabilidade (Smith, 1975). Todos os três estágios envolvidos na indústria imobiliária, principalmente no projeto, construção e condicionamento do ar (seu controle) são dependentes do tempo e do clima. A construção é uma atividade externa, sendo conseqüentemente afetada pelas condições climáticas reinantes. A chuva, a neve, os ventos violentos, as temperaturas extremas têm efeitos adversos sobre as atividades de construção. As estimativas do número de dias de trabalho para as atividades de construção propostas são feitas usando-se informações sobre as variáveis climáticas anteriormente descritas (ver Smith, 1975).

Os projetos arquitetônicos tradicionais das construções freqüentemente representam uma resposta às condições climáticas. Similarmente, a escolha dos materiais de construção para os telhados, paredes, janelas, etc. refletem a necessidade de manter um clima interior adequado para uma determinada zona climática. Infelizmente, os contatos culturais muito intensos têm levado recentemente à adoção de estilos de residências e escolhas de materiais de construção que não estão em harmonia com as condições climáticas reinantes. Isto acontece particularmente no caso das áreas de baixas latitudes, onde os tipos de construções adaptadas às regiões temperadas estão sendo erguidas em nome da modernização. É desnecessário dizer que tais estruturas não são naturalmente tão confortáveis quanto as tradicionais, embora sejam mais elegantes e esteticamente agradáveis. Tais estruturas são habitáveis somente por causa da modificação artificial do clima interior, através do uso de ventiladores e de condicionadores de ar que são, além de caros, de elevado custo de manutenção e uso, porque consomem muita energia elétrica. Por causa da ineficiência do suprimento de energia em muitas áreas dos países tropicais, essas estruturas tornam-se muito desconfortáveis quando há corte de energia, fato que infelizmente ocorre com freqüência.

Os objetivos gerais que os projetos e desenhos das moradias deveriam obrigatoriamente atingir, nas várias zonas climáticas, a fim de garantir a manutenção de um microclima interior adequado com gastos mínimos seriam (Olgyay, 1963):

1. *Região fria:* aumentar a produção de calor; aumentar a absorção de radiação; diminuir a perda de radiação; reduzir a perda por condução e evaporação.
2. *Região temperada:* dado que esta região é caracterizada por períodos excessivamente aquecidos (quentes) e subaquecidos (frios), existe a necessidade de estabelecer algum equilíbrio pela redução ou promoção, em base sazonal, da produção de calor, de radiação e de efeitos convectivos.
3. *Região quente e árida:* reduzir a produção de calor; promover a perda da radiação; reduzir o ganho por convecção; favorecer a evaporação.
4. *Região úmida e quente:* reduzir a produção de calor; reduzir o ganho de radiação; favorecer a perda por evaporação.

Nas várias zonas climáticas do mundo, os habitantes locais desenvolveram tipos de casas bem adaptadas ao ambiente. Os arquitetos e os construtores modernos podem aprender muito com o traçado das construções locais nas várias zonas climáticas. As características das construções locais podem ser aperfeiçoadas através do uso de tecnologia e de melhores materiais. Há sete regiões com tipos de habitação caracteristicamente nativa, que incorporaram os aspectos fundamentais de vida com o clima (ver Fig. 13.1). As regiões são as seguintes (segundo Griffiths, 1976):

1. *Zona quente e úmida:* as casas são erguidas e têm usualmente um cômodo grande. O distanciamento do chão permite alguma proteção contra os insetos e os animais, e dá à área habitada maior fluxo de ar e ventilação. Anteparos são usados para proteção contra a intensa precipitação.
2. *Zona quente e seca:* a proteção contra a radiação intensa e areia carregada pelo vento é de grande importância. Tijolos de argila ressecada são usados para construção, porque são bons isolantes. As janelas são pequenas e os telhados são achatados. Os telhados planos são usados para o descanso e para o jantar à noite. Os telhados e as paredes são pintados com a cor branca, para refletir o máximo possível de radiação. Há também a tendência das casas serem

construídas bem próximas umas das outras a fim de evitar o máximo possível de insolação.

3. *Zona quente de savana:* esta zona combina as características da zona quente e úmida e a da zona quente e seca. As habitações são construídas com argila e palha, e sob a sombra de uma acácia. Geralmente são circundadas por uma cerca de espinhos, que protege contra animais selvagens.
4. *Zona mediterrânea:* esta zona tem verões quentes e secos e invernos brandos e úmidos. As pedras e a madeira são amplamente usadas nas construções das casas, sendo que as pedras servem como isolantes dos raios solares, particularmente no verão, quando são mais fortes, transmitindo elevada temperatura. As casas são construídas com pátios abertos, com fontes ou tanques de água, para modificar o calor e a baixa umidade do verão.
5. *Zona desértica subtropical:* as temperaturas são muito altas e a vegetação muito esparsa. Os nômades que habitam esta zona moram em tendas feitas de peles de animais. As laterais das tendas podem ser levantadas para receber e aproveitar algumas brisas.
6. *Zona temperada:* o problema nessa região é conservar o calor. As casas são geralmente pequenas para conservá-lo. Um bom isolamento é essencial. No passado isto foi feito através do uso de cobertura de palha como telhado. Janelas e portas duplas ajudam a reduzir a perda por condução. Uma vez que a radiação excessiva não é um problema, as casas são geralmente planejadas para tirar vantagem e proveito da insolação disponível.
7. *Zona fria:* nesta zona coberta de florestas, as casas de madeira são comuns. Os telhados são agudos para impedir excessivo acúmulo de neve sobre eles. Nas partes setentrionais desta zona, as temperaturas são muito baixas. O iglu do esquimó, construído de blocos de neve, com ou sem uma estrutura, é o tipo ideal de habitação. As temperaturas dentro do iglu são artificialmente elevadas pelo uso de lâmpadas a óleo.

O impacto do homem sobre o clima

Conforme mencionado anteriormente, podemos dizer que o homem e o clima mutuamente se afetam. Algumas das maneiras pelas quais o tempo atmosférico e o clima influenciam o homem, seu modo

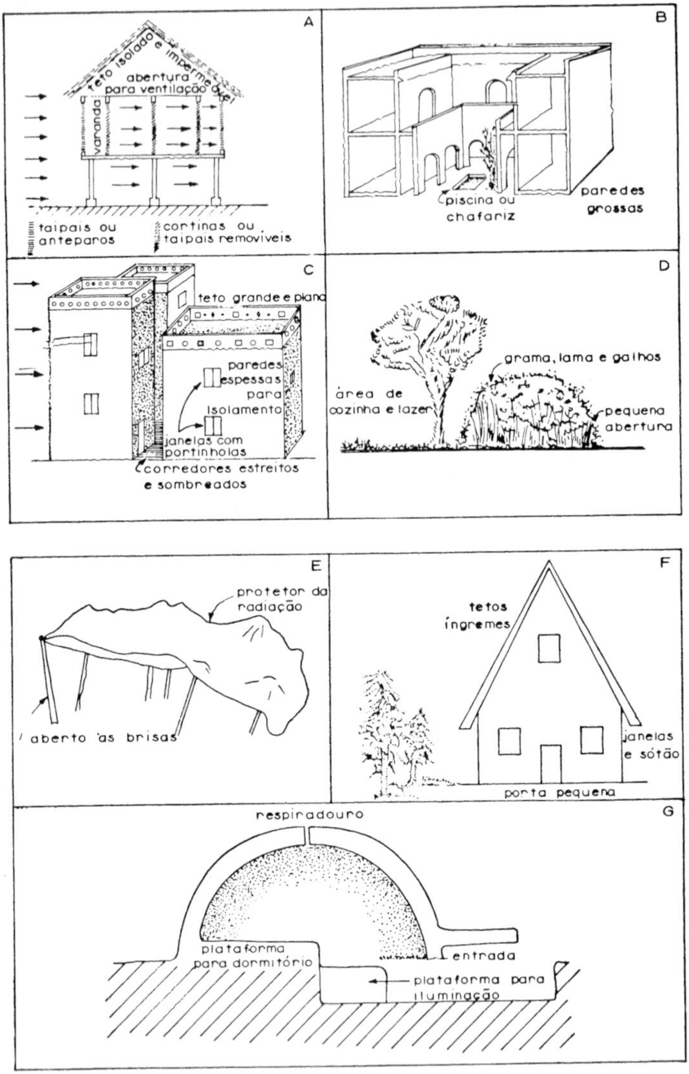

Figura 13.1 – Tipos de casas típicas de diversas zonas climáticas: (A) casa de zona quente e úmida; (B) casa com pátio, na zona mediterrânea; (C) casa de zona quente e seca; (D) casa de zona das savanas quentes; (E) tendas das zonas desérticas quentes; (F) casa das zonas frias; e (G) iglu esquimó (conforme Griffiths, 1976).

de vida e suas atividades econômicas foram revistas na seção anterior. Nesta seção consideraremos algumas das maneiras pelas quais o homem, através de suas várias atividades, exerce alguma influência sobre o clima local, regional e até mesmo global.

O homem pode influenciar deliberada ou inadvertidamente o clima. A modificação proposital do clima pelo homem é conhecida como *controle climático*. O homem deliberadamente tenta modificar o clima para atingir certos objetivos. Existem várias motivações para que haja o controle climático pelo homem, que procura alcançá-lo das seguintes maneiras:

1. reduzindo as perdas econômicas e sociais que resultam dos eventos climáticos severos tais como: furacões, geada, seca, neblina e incêndios causados por raios, relâmpagos. A Tabela 13.2 mostra as estimativas das perdas médias anuais provocadas por azares climáticos nos Estados Unidos, considerando as informações disponíveis;
2. aumentando os suprimentos daqueles elementos climáticos que servem como *input* na produção de serviços ou artigos de primeira necessidade. Por exemplo, o suprimento de água pode ser aumentado pela semeadura das nuvens ou pela eliminação da evaporação dos reservatórios pelo uso de álcool acetil, gotas microscópicas, recobrimentos protetores;
3. melhorando a saúde assim como a eficiência física e mental. Isso envolve a criação de um microclima artificial que leva à manutenção do conforto fisiológico do ser humano.

Tabela 13.2 – Perdas médias anuais ocasionados por azares climáticos nos Estados Unidos.

Azar climático	Perdas (em dólares)
Furacões	mais de 250 milhões
Incêndios causados por raios	200 milhões
Granizo	300 milhões
Neblina e neve	66 milhões

Por isto, fica claro que a capacidade do homem para controlar o clima e o tempo está ainda muito limitada e confinada ao clima local. Os exemplos das tentativas para controlar o tempo feitas pelo homem incluem a semeadura (ionização) das nuvens para aumentar a precipitação ou eliminar o granizo, os raios ou os nevoeiros, ou modificar a estrutura e os movimentos dos furacões. A melhoria dos microclimas noturnos para prevenir as geadas e a redução da evaporação dos reservatórios são também exemplos de modificação proposital do clima pelo homem. Diariamente o homem tenta controlar o tempo e o clima no interior das casas ou escritórios pelo uso de sistemas artificiais de condicionamento de ar. Estes permitem manter níveis desejáveis de conforto fisiológico e aumentar seu vigor físico e mental, assim como a produtividade.

O homem pode também influenciar o clima inadvertidamente através de suas várias atividades e ações, tais como a urbanização, industrialização, derrubada de árvores (desmatamento), atividades agrícolas, drenagem e construção de lagos artificiais, quando os rios são represados para oferecer a água para vários usos ou para a geração de energia hidrelétrica. O maior impacto do homem sobre o clima acontece nas áreas urbanas. O homem tem exercido um impacto tão grande nessas áreas, que o clima urbano é bastante distinto, por suas características, do clima das áreas rurais circundantes. Nas áreas urbanas, altera-se a composição química da atmosfera. As propriedades térmicas e hidrológicas da superfície terrestre, assim como seus parâmetros aerodinâmicos são modificados pelos processos de urbanização e industrialização. Os pântanos são drenados e as superfícies naturais são substituídas por superfícies pavimentadas, ruas e telhados de prédios. Como resultado, a radiação em ondas longas e a de ondas curtas são reduzidas sobre as áreas urbanas. As temperaturas elevam-se, mesmo quando diminui a duração da insolação. A umidade é reduzida, mas há um certo aumento na precipitação e também na quantidade de nebulosidade. Os nevoeiros e neblinas são mais espessos, ocorrendo com mais freqüência e persistência, prejudicando a visibilidade. A turbulência cresce. Os ventos fortes são desacelerados e os ventos fracos são acelerados à medida que se movimentam nas áreas urbanas (ver Tabela 13.3).

As mudanças climáticas observadas e produzidas pelas cidades podem ser explicadas com referência aos seguintes fatores:

Tabela 13.3 – Mudanças climáticas produzidas pela cidade (segundo Landsberg, 1970).

Elementos	Comparação com a zona rural
Poluente	
– partículas sólidas	10 vezes mais
– bióxido de enxofre	5 vezes mais
– bióxido de carbono	10 vezes mais
– monóxido de carbono	25 vezes mais
Radiação	
– total sobre a superfície horizontal	15 a 20% menos
– ultravioleta, no inverno	30% menos
– ultravioleta, no verão	5% menos
– duração da radiação	5 a 15% menos
Nebulosidade	
– cobertura de nuvens	5 a 10% a mais
– nevoeiro, no inverno	100% a mais
– nevoeiro, no verão	30% a mais
Precipitação	
– quantidade total	5 a 10% a mais
– dias de chuva com 5 mm	10% a mais
– queda de neve	5% menos
– dias com neve	14% menos
Temperatura	
– média anual	0,5 a 1,0°C a mais
– mínimas de inverno	1,0 a 2,0°C a mais
– aquecimento de graus-dia	10% menos
Umidade relativa	
– média anual	6% menos
– inverno	2% menos
– verão	8% menos
Velocidade do vento	
– média anual	20 a 30% menos
– movimentos extremos	10 a 20% menos
– calmarias	5 a 20% a mais

1. produção artificial de calor pelos processos de combustão, aquecimento do espaço e metabolismo.;
2. produção de calor como resultado das propriedades térmicas das cidades. Os edifícios, os pavimentos e as ruas nas cidades absorvem e armazenam radiação durante o dia e gradualmente liberam esta radiação no interior da atmosfera, no decorrer da noite;
3. modificação da composição química da atmosfera como resultado de poluentes emitidos na atmosfera, das chaminés de casas e fábricas, indústrias e dos escapamentos dos automóveis que trafegam nas ruas das cidades. Tais poluentes produzidos pelo homem incluem partículas gasosas, SO_2, bióxido de carbono, monóxido de carbono, óxidos de nitrogênio e clorina, sulfeto de hidrogênio e ozônio. As partículas de poeira, fumaça, ozônio e bióxido de carbono influenciam o balanço energético das superfícies urbanas, uma vez que podem refletir e difundir a radiação (partículas de fumaça) ou absorver a radiação (ozônio e bióxido de carbono);
4. alteração das superfícies naturais cobertas de vegetação, substituindo-as por superfícies artificiais que tenham albedo diferente, grau de rugosidade e propriedades térmicas e hidrológicas diferentes.

Dois aspectos do clima urbano são particularmente dignos de menção, por causa de suas implicações mais amplas. São eles:

1. o aumento da temperatura em áreas urbanas (o fenômeno chamado de ilha de calor);
2. a poluição do ar da cidade. As áreas urbanas são mais quentes do que a zona rural circundante, particularmente à noite.

O fenômeno de ilha de calor urbano é causado pelos seguintes fatores:

1. a capacidade térmica de calor e a condutividade das superfícies urbanas que acarretam absorção da radiação durante o dia e sua liberação na atmosfera, à noite;
2. o acréscimo de calor por combustão, aquecimento do espaço e metabolismo do corpo humano;
3. a secura das superfícies urbanas implica que não será usada muita energia para evaporação. A maior parte da energia será usada para aquecer o ar. A secura das superfícies urbanas deve-se à remoção do escoamento superficial por sistemas de esgotos urbanos, por falta de extensa cobertura vegetal e ausência de lagoas ou reservatórios de água, nos quais possa ocorrer a evaporação/transpiração;

4. a diminuição no fluxo dos ventos por causa do efeito de fricção das estruturas urbanas reduz a troca de ar da cidade com o ar mais frio da zona rural circundante, afetando os processos evaporativos que podem contribuir para os resfriamentos;
5. o efeito de estufa da camada da poluição sobre as cidades também ajuda no desenvolvimento do fenômeno da ilha de calor urbano. Há redução na radiação terrestre infravermelha para o espaço à noite, de modo que a energia fica conservada dentro da atmosfera urbana, abaixo da camada de poluição.

Os estudos dos fenômenos da ilha de calor urbano têm sido desenvolvidos principalmente nas cidades de região temperada. Tais estudos indicam que o efeito da ilha de calor é maior durante o verão e início do inverno nas noites claras, quando a velocidade do vento é menor que 5 a 6 metros por segundo. As velocidades críticas dos ventos para a eliminação dos efeitos das ilhas de calor, considerando o caso de algumas cidades, estão assinaladas na Tabela 13.4. O fenômeno da ilha de calor urbano é mais difícil de ocorrer em cidades das baixas latitudes pelas seguintes razões:

1. devido à alta temperatura reinante, não há necessidade de aquecimento do espaço;
2. a maior parte das cidades tropicais não são industrializadas ou motorizadas como as das regiões temperadas. Supõe-se que o nível de poluição do ar seja menor. Isso implica que a maior parte da radiação terrestre seja liberada para o espaço;
3. as superfícies urbanas nos trópicos são menos pavimentadas e a drenagem das águas pluviais é menos eficiente do que a dos países mais desenvolvidos das regiões temperadas. Isto significa que menos energia será armazenada ou irradiada pelas superfícies urbanas tropicais. Do mesmo modo, mais energia será utilizada para a evaporação e transpiração, com menos energia disponível para aquecer o ar;
4. o tamanho e a intensidade da ilha de calor urbano são determinados pela quantidade de calor, assim como pelo tamanho das cidades. Como o tamanho das cidades tropicais é geralmente menor do que o das regiões temperadas, o fenômeno da ilha de calor será provavelmente menos desenvolvido nos trópicos.

Algumas conseqüências do fenômeno da ilha de calor urbano são desejadas, porém outras não o são. Uma conseqüência muito desejável desse fenômeno (nas áreas temperadas) assinala que a necessidade de

Tabela 13.4 – Velocidades críticas dos efeitos do vento para a eliminação da ilha de calor, em algumas cidades

Cidade	População	Período de observação	Velocidade crítica do vento (m/s)
Londres, Inglaterra	8.500.000	1959–61	12
Montreal, Canadá	2.000.000	1967– 8	11
Bremen, Alemanha	400.000	1933	8
Hamilton, Canadá	300.000	1965– 6	6–8
Reading, Inglaterra	120.000	1951– 2	4–7
Kumagaya, Japão	50.000	1956– 7	5
Palo Alto, Califórnia, EUA	33.000	1951– 2	3–5

Fonte: Peterson, J.T. Climate of the city. In: Detwyler, T.R. (ed.). *Man's Impact on Climate.* Nova Iorque, McGraw-Hill, 1971.

aquecimento é menor do que nas áreas rurais circundantes, mais frias. Isso significa menores gastos com aquecimento para os habitantes urbanos. Também há diminuição na freqüência e na intensidade das condições de inversão, como resultado da convecção térmica e mecânica maior sobre as cidades. Contudo, o fenômeno de ilha de calor apresenta um efeito indesejável nas cidades tropicais, que já são quentes, de modo que há maior necessidade de condicionamento do ar. Mesmo nas cidades temperadas há aumento na demanda de condicionamento de ar no verão, como resultado do efeito da ilha de calor. O efeito de ilha de calor também tende a acelerar o processo de intemperismo químico dos materiais de construção. Por outro lado, o calor urbano é responsável pela germinação e florescimento antecipado das árvores das cidades nas regiões temperadas. Assim como a estação de crescimento dos vegetais é mais longa se comparada à zona rural (Oke, 1978).

Um outro aspecto do clima urbano que tem sido intensamente estudado é o da poluição da atmosfera urbana pelos processos de urbanização e industrialização. Como no caso da ilha de calor urbano, a poluição do ar apresenta um certo número de implicações biológicas, econômicas e meteorológicas. Novamente, a grande maioria dos estudos sobre poluição do ar tem sido desenvolvida nas cidades das latitudes médias.

A poluição do ar é a introdução na atmosfera de quaisquer substâncias diferentes dos seus constituintes naturais. Os poluentes podem derivar de fontes naturais ou artificiais. Os poluentes que ocorrem naturalmente são: pólens, bactérias, esporos, partículas de poeira sólidas das erupções vulcânicas ou carregadas do solo pelo vento, assim como as partículas de fumaça oriundas dos incêndios causados por raios. Os poluentes produzidos pelo homem incluem as partículas de fumaça, o SO_2, CO, CO_2, O_3, hidrocarbonos e vários óxidos de nitrogênio. Estes poluentes são derivados de quatro principais fontes, principalmente combustão, processos industriais, tráfego viário e queima de lixo. Os combustíveis de vários tipos são usados para o aquecimento do espaço, para a cozinha, para a iluminação e para a produção de energia. Tais combustíveis podem ser sólidos (por exemplo, a madeira, a linhita, o carvão e o coque), líquidos (por exemplo, petróleo e querosene), ou gasosos (gás natural). A combustão desses elementos causa poluição, particularmente se for ineficiente ou incompleta. A maior parte dos poluentes derivados da queima dos combustíveis consiste de partículas de fumaça e de SO_2. Em muitos processos industriais, as substâncias como a clorina, o hidrogênio, o flurídico, o ácido hidroclórico, os sulfetos e o berílio são emitidos além dos produtos normais da queima dos combustíveis. As piores substâncias são as das indústrias petroquímica e de cimento. Muitas das substâncias têm também um odor prejudicial. O tráfego nas ruas é outra fonte importante de poluição do ar nas cidades. A fumaça emitida dos veículos a diesel contém vários óxidos de nitrogênio, enquanto os a gasolina exalam várias misturas de hidrocarbonetos. Além disso, a fumaça preta é lançada pelos veículos cujos motores estão mal conservados ou sobrecarregados. A incineração de lixos é a quarta maior fonte de poluição do ar. As fumaças da incineração contêm hidrocarboretos, aldeídos e outros componentes orgânicos. Além disso, as fumaças geralmente não são suficientemente quentes para elevarem-se muito acima da superfície, ficando perigosamente confinadas às camadas de ar próximas à superfície do solo. A Tabela 13.5 mostra os tipos e as fontes dos poluentes atmosféricos nos Estados Unidos, para o qual se possui dados disponíveis. O monóxido de carbono (CO) é o mais importante poluente por peso (47%), enquanto os óxidos de nitrogênio (10%) são menos importantes. A mais importante fonte de poluição nos Estados Unidos é o transporte, contribuindo com 42%. A fonte menos importante é a incineração de detritos (5%). Não há dados comparáveis para países tropicais. Contudo, o transporte pode iniciar a lista das fontes de poluição, uma vez que os níveis de industrialização nesses países são muito mais baixos que nos países avançados das latitudes médias.

Tabela 13.5 – Tipos e fontes de poluentes atmosféricos nos EUA, em 1968

Tipos de poluentes	% de peso
Monóxido de carbono	47
Óxido de enxofre	15
Hidrocarbonetos	15
Particulados	13
Óxido de nitrogênio	10
Fontes de poluentes	**% de contribuição**
Transportes	42
Queima de combustíveis em fontes estacionárias	21
Processos industriais	14
Incêndios de florestas	8
Detritos sólidos	5
Diversos	10

Os estudos realizados principalmente nos países temperados indicam que a intensidade da poluição do ar em determinada área é função de duas variáveis. A primeira é expressa pelo índice de poluentes emitidos e a segunda pelo índice de dispersão e diluição dos poluentes na atmosfera. É o equilíbrio entre as fontes fornecedoras dos poluentes e os fatores favoráveis à sua diluição e dispersão na atmosfera que determina se os poluentes constituirão ou não um perigo para a saúde humana (OMM, 1965). A taxa de emissão dos poluentes depende do tipo e do número de fontes poluidores, que são por sua vez reflexo da extensão e dos padrões do uso do solo da área urbana. A grandeza e as funções de uma cidade oferecem uma indicação grosseira do número de chaminés domésticas, fabris e industriais, assim como do volume de tráfego de veículos. Por outro lado, a taxa de diluição e dispersão dos poluentes na atmosfera depende dos fatores climáticos e também de outros fatores, tais como da temperatura e velocidade na qual os poluentes são emitidos, da altura das chaminés e da topografia da área na qual a cidade está localizada.

A flutuabilidade de poluentes gasosos aumenta conforme o aumento da temperatura na qual são emitidos. Pode-se esperar que os poluentes gasosos quentes, que são emitidos em altas velocidades das elevadas chaminés, sob condições climáticas normais, ascendam e sejam rapidamente diluídos, de modo que nunca atingiriam concentrações prejudiciais perto da superfície (OMM, 1965). A topografia é um fator importante que controla a taxa de dispersão e diluição dos poluentes na atmosfera. Os vales ou as bacias comprimidas entre montanhas tendem a apresentar uma alta freqüência de condições de inversão térmica, dificultando a dispersão dos poluentes. Em noites claras e calmas, que sucedem a um perído de excessiva radiação terrestre para o espaço das vertentes montanhosas, o ar se torna frio e denso e desce vertente abaixo empurrando o ar mais quente do fundo do vale, criando uma condição de inversão térmica. Diversos fatores meteorológicos influenciam a taxa de dispersão e de diluição dos poluentes na atmosfera, porém os mais importantes são a direção e a velocidade do vento e o perfil térmico vertical, que determina a estabilidade ou a instabilidade do ar. Falando-se num sentido geral, as altas velocidades do vento favorecem a rápida diluição dos poluentes. Quanto maior a velocidade do vento, tanto mais rápida é a taxa de diluição como resultado do aumento da turbulência que se cria. Os poluentes também tendem a se concentrar mais nas partes a sotavento das cidades do que nas partes a barlavento. Os estudos sobre a movimentação direcional da poluição indicam que os poluentes são geralmente levados por advecção de uma área urbana para outra, através do vento; ou mesmo de uma região para outra. O aumento de acidez na precipitação sobre a Suécia tem sido atribuído, nos últimos anos, ao efeito do SO_2 e outros poluentes provenientes das áreas industriais da Grã-Bretanha, carregadas pelos ventos de oeste.

Entretanto, o mais importante controle meteorológico da poluição do ar é a sua estabilidade, que é determinada pela natureza do gradiente térmico vertical. Este fator determina o comportamento do formato do penacho de fumaça (ver Fig. 13.2). As seis formas geométricas dos penachos mostradas na Fig. 13.2 estão em função dos perfis da temperatura vertical e do vento. Os tipos são os seguintes:

1. *penacho sinuoso*: ocorre sob fortes condições de variação, onde o vento apresenta velocidades que vão de moderadas a altas e em condições de mistura convectiva vertical do ar. Se as chaminés forem baixas, a sinuosidade pode produzir altas concentrações superficiais de poluentes;
2. *penacho em cone*: ocorre sob condições de fracas variações na temperatura;

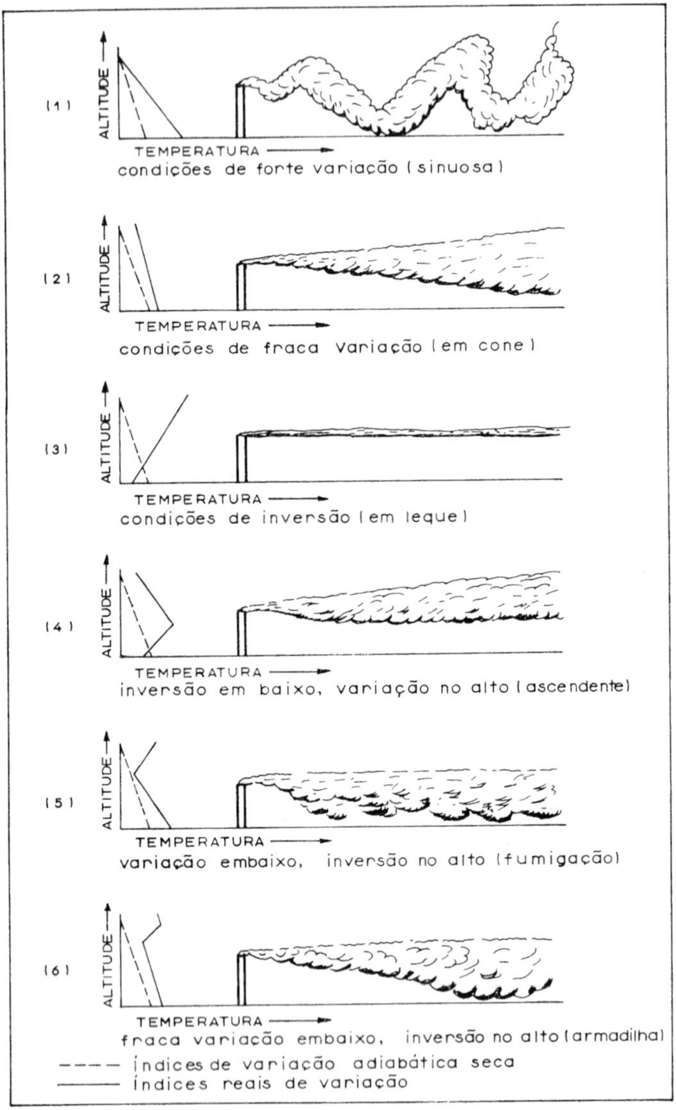

Figura 13.2 – Os seis tipos de comportamento dos penachos de fumaça, sob variadas condições de estabilidade e instabilidade (conforme Sellers, 1965).

3. *penacho em leque*: ocorre sob condições de inversão de temperatura, resultantes particularmente da radiação terrestre em noites claras e calmas;
4. *penacho ascendente*: ocorre sob condições de inversão baixa próxima à superfície do solo, e condições ligeiramente instáveis no alto;
5. *penacho tipo fumigação*: comumente ocorre após o nascer do sol, quando o aquecimento solar produz uma camada instável que mistura o ar da superfície com os poluentes acumulados abaixo da inversão noturna;
6. *penacho em armadilha*: ocorre com uma situação de inversão subsidente, na qual existe fraca variação de temperatura próximo do solo, porém inversão no alto. Esta forma é considerada como uma das piores situações de poluição.

A poluição do ar afeta o clima das áreas urbanas de diversas maneiras. Ela desempenha importante papel no equilíbrio energético das áreas urbanas, onde os poluentes refletem, dispersam e absorvem a radiação solar. A insolação sobre as cidades é de 15 a 20% menor do que nas áreas rurais circundantes. Nas áreas urbanas, a radiação ultravioleta é 5% menor no verão e 30% menor no inverno. A duração da insolação também é reduzida de 5 a 15% nas áreas urbanas, parcialmente por causa da poluição. Muitos dos poluentes servem como núcleos de condensação. Há, assim, abundância de núcleos de condensação no ar das cidades. A umidade nas áreas urbanas é substancialmente abastecida através da evaporação e dos processos industriais e dos automóveis, que emitem grandes quantidades de vapor d'água. Há conseqüentemente aumento na nebulosidade, assim como na freqüência e na intensidade dos nevoeiros. As partículas de fumaça, juntamente com o nevoeiro, ajudam a reduzir a visibilidade nas áreas urbanas.

A tendência da precipitação é aumentar sobre as áreas urbanas, e esse fato deve-se parcialmente aos poluentes que asseguram uma abundância de núcleos de condensação. Outros fatores que auxiliam para explicar a incidência de maior precipitação sobre as áreas urbanas são: o acréscimo de vapor d'água devido aos vários processos de combustão, a convecção térmica sobre a ilha de calor urbano e a turbulência mecânica criada pelo efeito de fricção das estruturas da cidade sobre os fluxos de ar.

A poluição do ar apresenta larga gama de efeitos adversos sobre as plantas, o homem e as suas propriedades. Os estudos demonstram que as árvores frutíferas nas áreas poluídas são 10% menores e produzem

10% a menos de frutos e menor conteúdo de vitamina C, se comparadas às árvores que crescem em ar puro (Maunder, 1970). Os poluentes interferem na fotossíntese das plantas e afetam o balanço energético das superfícies das folhas. Contudo, as árvores ajudam a filtrar o ar dos poluentes particulados, mas em seu próprio prejuízo. O bióxido de carbono também é retirado do ar para a fotossíntese e o oxigênio é liberado como subproduto para regenerar o ar da cidade. As árvores e os parques são desejáveis nas áreas urbanas, não somente para embelezá-las, mas para melhorar a qualidade do ar. As árvores também ajudam a amenização do efeito da ilha de calor urbano, uma vez que mais energia será utilizada para a transpiração e menor energia ficará disponível para aquecer o ar.

Os edifícios sofrem corrosão como resultado da poluição do ar. Os metais são oxidados e há deterioração das pinturas. Somente nos Estados Unidos os danos causados pela poluição do ar nas propriedades são estimados em mais de 10 bilhões de dólares por ano, enquanto os danos causados às lavouras chegam a mais de 500 milhões ao ano (Maunder, 1970). A poluição reduz a visibilidade, com efeitos adversos sobre os sistemas de transporte. A visibilidade ainda pode causar acidentes, atrasos e cancelamentos de viagens, podendo resultar em prejuízos financeiros, frustrações dos passageiros e perdas de vida, em alguns casos. Estima-se que há uma perda de mais de 66 milhões de dólares ao ano nos Estados Unidos da América, resultante dos atrasos e dos desvios no tráfego aéreo, devido à má visibilidade.

Há evidência de que a poluição do ar seja um importante fator em certas doenças respiratórias e pulmonares, tão comuns em cidades industrializadas dos países em latitudes médias. A Tabela 13.6 mostra excessos de mortalidade atribuídos aos efeitos da poluição em algumas cidades. Virtualmente todas as mortes em excesso foram devidas a doenças respiratórias e pulmonares, particularmente à bronquite crônica e suas complicações. Os estudos indicam que a bronquite e o enfisema são consideravelmente mais comuns entre os moradores urbanos do que entre os rurais. De fato, demonstrou-se que, na Grã-Bretanha, quanto maior a cidade maior a incidência de bronquite (McDermontt, 1961). Outras doenças que foram associadas à poluição do ar incluem a gripe, o câncer pulmonar, a asma e doenças cardiopulmonares. Contudo, tornam-se necessárias mais pesquisas médicas para estabelecer totalmente o elo entre tais doenças e a poluição do ar. É reconhecido que a poluição do ar, provavelmente, apenas ajuda mais a exarcebar do que

Tabela 13.6 – Excesso de mortalidade associado com os maiores episódios de poluição do ar (segundo Back, 1972)

Data	Localidade	Excesso de mortalidade
Fevereiro 1980	Londres, Inglaterra	1.000
Dezembro 1930	Vale do Mosa, Bélgica	63
Outubro 1948	Donora, Pensilvânia, EUA	20
Novembro 1950	Pica Rica, México	22
Dezembro 1952	Londres, Inglaterra	4.000
Novembro 1953	Nova Iorque, EUA	250
Janeiro 1956	Londres, Inglaterra	1.000
Dezembro 1957	Londres, Inglaterra	700–800
Dezembro 1962	Londres, Inglaterra	700
Janeiro/Fevereiro 1963	Nova Iorque, EUA	200–400
Novembro 1966	Nova Iorque, EUA	168

ser causa dessas doenças. Muito embora nem todas as doenças induzidas pela poluição do ar sejam necessariamente fatais, os custos de saúde infligidos pela poluição são consideráveis. Eles incluem a perda da produtividade e do potencial de trabalho como resultado da saúde precária, bem como dos benefícios de bem-estar aos trabalhadores.

Por causa dos muitos efeitos indesejáveis da poluição do ar e dos azares que ela gera para a saúde e eficiência humanas, estão sendo feitas tentativas em muitos países para o controle deste risco e para melhorar as condições de vida das áreas urbanas. O controle da poluição do ar exige abordagem multidisciplinar. Os meteorologistas, médicos, engenheiros, planejadores urbanos e os juristas têm um papel a desempenhar. O objetivo básico de qualquer tipo de controle da poluição do ar é mantê-lo tão limpo quanto possível e não mais poluído além de uma qualidade especificada. É função dos técnicos de saúde pública especificar os limites máximos aceitáveis da concentração de vários poluentes, após os estudos necessários. As autoridades legais podem, então, estabelecer legislações para fazer as indústrias e os indivíduos obedecerem a tais limites. Os vários limites permitidos para os diversos poluentes nos Estados Unidos da América são mostrados na Tabela 13.7. A concentração em peso e a duração da exposição são importantes considerações no estabelecimento dos prejuízos causados pelos poluentes. Os engenheiros podem ajudar no controle da poluição do ar através de projetos de processos mais eficientes de combustão, coletores

Tabela 13.7 – Limites-padrões de concentração da poluição do ar permitidos nos EUA

Poluente	Carga de poluentes por metro cúbico de ar
Monóxido de carbono	10 mg máximo 8 h de concentração
Óxido de enxofre	80 μg média anual 365 μg máximo 24 h concentração
Composto de hidrocarbono	125 μg máximo 3 h concentração
Óxido de nitrogênio	100 μg média anual 250 μg máximo 24 h concentração
Óxidantes petroquímicos (por exemplo, ozônio)	1 h concentração
Particulados	75 μg médio anual 260 μg máximo 24 h concentração

Fonte: De acordo com Environmental Protection Agency (EPA) of USA. In: Strahler, A.N. e Strahler, A.H. *Introduction to Environmental Sciences.* USA, Hamilton Publishing Company, 1974.

de poeiras, e de processos químicos para renovar ou tratar os poluentes em suas fontes, assim como podem criar outros dispositivos antipoluição.

Os meteorologistas podem ajudar a controlar a poluição do ar desenvolvendo mais pesquisas sobre o modo pelo qual os contaminantes são transportados e difundidos na atmosfera, sob as várias condições de estabilidade. Previsões precisas das situações climáticas favorecedoras à concentração de poluentes na atmosfera são de imenso auxílio no controle de alguns dos efeitos mais indesejáveis da poluição do ar. Estudos de padrões temporo-espaciais da poluição do ar nas áreas urbanas são também necessários na formulação de políticas para a diminuição dos efeitos da poluição. Tais estudos deveriam envolver, entre outros, um levantamento abrangente das emissões para identificar as principais fontes de poluição e seus poluentes, e traçar os limites entre áreas poluídas e não-poluídas. Os meteorologistas podem opinar, com base em seus conhecimentos de controle de poluição do ar, sobre a localização adequada das áreas industriais e de outras fontes importantes de poluição em áreas urbanas, sempre considerando as condições climáticas reinantes. O trabalho conjunto dos meteorologistas e dos planejadores urbanos pode contribuir no controle da poluição do ar através de projetos apropriados, que envolvam zoneamento, planejamento do uso do solo e seleção de sítios, assim como no uso de áreas verdes e zonas de proteção (Bach, 1972).

Os danos causados pela poluição à vida e à propriedade nas cidades de países temperados atraíram a atenção dos governos na forma de várias medidas legislativas projetadas para controlar a emissão de poluentes. Leis de antipoluição surgiram na Grã-Bretanha, nos Estados Unidos e em outros países. Contudo, há problemas na aplicação de tais leis. Os valores limiares de poluentes devem ser estabelecidos, sendo que os níveis de poluição devem ser continuamente monitorados. Há necessidade de inspeção e policiamento efetivo, para assegurar o cumprimento das leis, assim como o apoio público para garantir o sucesso de qualquer lei antipoluição. A poluição pode ser também controlada através da política de subsídios às indústrias que não poluem ou das multas sobre as poluidoras. No primeiro caso, pode-se atribuir às indústrias várias vantagens, tais como a diminuição de taxas dos impostos, para capacitá-las a comprar e operar equipamentos adequados ao controle da poluição. No segundo caso, as indústrias e os indivíduos particulares devem receber multas ou penas em proporção direta à quantidade de poluentes lançados no ar ou nos cursos d'água. Esses lançamentos terão que ser fiscalizados e medidos, gerando gastos que podem tornar economicamente inviável a idéia.

O homem e o futuro do clima no mundo

Nas seções precedentes mostrou-se que o homem influencia o clima deliberada ou inadvertidamente, em escala local ou em mesoescala. Reconhece-se, portanto, que o homem é capaz de influenciar o clima do globo de maneira inadvertida através de vários processos, tais como a urbanização e a industrialização, a agricultura, a mineração, o pastoreio, a irrigação, a drenagem de pântanos e construção de lagos artificiais, o represamento dos rios. Reconhece-se também que o clima do globo pode até mesmo ser influenciado pelo homem deliberadamente, através das obras de engenharia e de outros trabalhos, tais como a alteração de algumas correntes oceânicas, o represamento de estreitos, a construção de vastos mares interiores na Sibéria e África Central, o represamento de grandes rios, e derretendo artificialmente o gelo da Antártica e Groenlândia, a fim de reduzir o albedo. Essas medidas podem teoricamente alterar o clima do globo, mas a direção real da alteração, assim como as conseqüências para a humanidade, não são conhecidas e podem somente ser imaginadas. Sob tais circunstâncias, não há interesse do homem em procurar alterar o clima do globo mediante as medidas que foram delineadas. Além disso, essas medidas seriam muito custosas para serem executadas e desafiariam a capacidade técnica do homem.

Entretanto, o homem está, sem ter a intenção, influenciando o clima do globo, alterando inadvertidamente o albedo da Terra e a composição atmosférica (por exemplo, através da urbanização e industrialização) e pela produção artificial do calor. De acordo com o relatório da SMIC (1971) a modificação mais genérica do clima do passado foi conseguida inadvertidamente pela transformação da vegetação natural em terra arável e em pastos. Durante os últimos 8.000 anos, 11% da área imersa da Terra foi transformada em terra arável e 31% das áreas florestais não se encontram mais em seu estado natural. A modificação da vegetação natural tem afetado diversos parâmetros climáticos importantes, tais como o albedo, a razão de Bowen, a rugosidade da superfície, assim como as propriedades hidrológicas dessas superfícies (Lockwood, 1979). Essas alterações apresentam implicação para os balanços hídricos e energéticos da Terra e para a circulação geral da atmosfera, que são as controladoras do clima. Os vários processos que provocam diminuição ou aumento do albedo e da razão de Bowen estão relacionados na Tabela 13.8. A Tabela 13.9 mostra as mudanças no balanço térmico após a alteração da cobertura florestal para o uso agrícola. Os valores de albedo médio da superfície do globo, computados atualmente e há 6.000 anos atrás, estão mostrados na Tabela 13.10. Considerando todos os fatores como iguais, um aumento no albedo causará uma queda na temperatura superficial do globo, enquanto a diminuição do albedo aumentará a temperatura.

Tabela 13.8 – Processos que causam diminuição e aumento do albedo e na razão de Bowen

Albedo	Razão de Bowen
Aumento	
Desertificação	Desertificação
Excesso de pastoreio em áreas semi-áridas	Derrubada de florestas
Queimadas em regiões semi-áridas (leve)	Drenagem dos pântanos
Agricultura de campos (leve)	Crescimento urbano em climas úmidos
Derrubada de florestas	
Adição de película biológica em superfícies líquidas	
Diminuição	
Excesso de pastagem em regiões com precipitação moderada ou abundante	Irrigação
Lagos artificiais e irrigação (leve)	Lagos artificiais
Construção de cidades (leve)	Crescimento urbano em climas secos
Remoção da neve	
Deposição de partículas sobre a neve	

Um outro efeito importante das atividades antrópicas sobre o clima é exercido através das mudanças na composição atmosférica, particularmente no CO_2, ozônio e aerossóis. Há evidência inequívoca de que o conteúdo de CO_2 da atmosfera está aumentando ao longo dos anos, como resultado do uso de combustíveis fósseis para a produção de energia. Entre 1870 e 1970, calcula-se que a quantidade total de CO_2 atmosférico aumentou em 11% (de 294 para 321 ppm) devido à queima de combustíveis fósseis. Não fosse a retirada de CO_2 do ar pela biosfera terrestre e pelos oceanos, o aumento teria sido aproximadamente de 20% (Barry e Chorley, 1976). Por absorver e reemitir radiação da Terra e da atmosfera, o CO_2 também desempenha importante ação na temperatura global. Na ausência de outros fatores, um aumento de CO_2 elevará a temperatura do globo. Os cálculos indicam que o CO_2 atmosférico poderá atingir 370 ppm no ano 2.000, com conseqüente aumento da temperatura do globo de 0,5°C (na ausência de outros fatores).

As contribuições antrópicas para a existência de matéria particulada na atmosfera são estimadas em 30% do total, e essa porcentagem poderia dobrar no ano 2000 (Barry e Chorley, 1976). O efeito da

Tabela 13.9 – Mudanças no balanço térmico depois da conversão do uso florestal para o uso agrícola (de acordo com o relatório da SMIC, 1971)

	Albedo	Radiação líquida (Wm^{-2})	Fluxo de calor sensível (Wm^{-2})	Fluxo de calor latente (Wm^{-2})
Floresta de coníferas	0,12	60	20	40
Floresta decídua	0,18	53	13	39
Solo arável, úmido	0,20	50	8	42
Solo arável, seco	0,20	50	15	35
Pradarias	0,20	50	20	30

Tabela 13.10 – Valores de albedo médio da superfície do globo, computados atualmente e há 6.000 anos atrás (de acordo com Munn e Machta, 1979)

	Atualmente	6.000 anos atrás
Hemisfério Norte	0,157	0,138
Hemisfério Sul	0,151	0,143
O mundo	0,154	0,141

matéria particulada sobre a atmosfera mais baixa é a de causar resfriamento, de modo que sua ação é oposta à do CO_2. A temperatura global aumentou cerca de 0,6°C entre a década de 1880 e o início da década de 1940, mas isso foi acompanhado por um resfriamento líquido de 0,2 a 0,3°C em torno da década de 1970, mais provavelmente como resultado do aumento da matéria particulada produzida pelo homem.

O ozônio é outro constituinte atmosférico importante, cuja concentração na atmosfera é influenciada pelas atividades humanas. O ozônio é encontrado de maneira concentrada na atmosfera, principalmente entre 15 e 35 quilômetros acima da superfície terrestre. O ozônio é formado principalmente entre 30 e 60 quilômetros acima da superfície terrestre, pela colisão entre o O e O_2 (ver Capítulo 2). As variações na concentração de ozônio podem ocorrer naturalmente como resultado das flutuações na radiação solar ultravioleta necessária para quebrar as moléculas de oxigênio, que eventualmente se combinarão com o O_2 para formar ozônio.

O ozônio absorve radiação ultravioleta, que é prejudicial à vida, inclusive à humana. A absorção das perigosas radiações ultravioletas e de outros componentes de onda responde pelo aquecimento da atmosfera em torno dos 50 quilômetros. O ozônio está continuamente sendo formado e destruído na atmosfera. O ozônio é destruído depois da formação pela fragmentação em oxigênio normal e em oxigênio de um único átomo, ou por reações com os poluentes, tais como os gases expelidos pelos foguetes e pelos aviões supersônicos, ou detritos de explosões nucleares.

Além da sua formação na estratosfera, o ozônio pode ser formado a poucas centenas de metros acima das cidades industrializadas, onde a insolação intensa promove complexas reações químicas formadoras do ozônio, envolvendo também os poluentes dos automóveis. Concentrações de ozônio maiores do que 50 partes por cem milhões (0,00005%), no volume próximo da superfície, são perigosas. O ozônio prejudica os tecidos pulmonares e causa irritação nos olhos, nariz e garganta. O ozônio é também prejudicial para as plantas, deixando-as suscetíveis às doenças causadas por fungos e ao ataque dos insetos. Desta forma, o homem deve interessar-se pela quantidade e pelo padrão de distribuição do ozônio na atmosfera.

Um outro mecanismo pelo qual o homem pode inadvertidamente influenciar o clima do globo é através da produção artifical do calor (calor antropogênico). Embora o calor normal do globo gerado pelas atividades humanas constitua fração insignificante da radiação solar líquida na superfície terrestre, o calor antropogênico pode ser às vezes da mesma ordem de magnitude da radiação em nível local ou regional, ou mesmo excedê-la (Munn e Machta, 1979). Uma comparação das magnitudes das diversas fontes energéticas está exposta na Tabela 13.11. A Tabela 13.12 mostra que o calor antropogênico em algumas cidades de latitudes altas é equivalente ou maior do que a radiação natural local recebida. As cidades industriais muito compactas, tais como Nova Iorque e Moscou, são ilhas de calor excessivo. Contudo, o consumo de energia nestas e em outras cidades continua a crescer.

Diversos autores têm especulado sob o possível efeito do contínuo aumento do calor antropogênico sobre o clima global. Alguns modelos climáticos predizem mudanças térmicas de 2 a 3°C para uma variação de 1% no *input* térmico. Os resultados do modelo também

Tabela 13.11 – Fontes e magnitudes de algumas energias liberadas (de acordo com Munn e Machta, 1979)

Fonte de energia	Magnitude (W/m^2)
Radiação solar na borda externa da atmosfera	350
Radiação solar líquida na superfície terrestre	160
Produção de energia em 1970 distribuída uniformemente sobre o globo	0,016
Produção de energia em 1970 distribuída uniformemente sobre os continentes	0,054
Energia fotossintética líquida anual nos continentes	0,016
Fluxo de energia global anual do interior da Terra	0,06
Calor das maiores cidades nos EUA, no verão	20 – 40
Calor das maiores cidades nos EUA, no inverno	70 – 210

indicam que perto dos pólos as variações são duas vezes maiores. Calculou-se que a absorção térmica solar no globo é da ordem de 150 Wm^{-2}. A variação atual do limite superior do calor antropogênico no globo está em torno de 1,57 Wm^{-2}, ao passo que a emissão de calor antropogênico total em 1970 foi de 8 TW. O total de calor fornecido pelas atividades humanas poderia causar aumento térmico de temperatura média de 2 a 3°C para o globo, e talvez de 10°C para as regiões polares (Lockwood, 1979). Tais aumentos da temperatura causariam o derretimento dos glaciares polares e das camadas de neve e elevação do nível do mar. As áreas costeiras seriam inundadas e o albedo e o balanço energético do globo seriam alterados, com efeitos concomitantes sobre a circulação geral da atmosfera e no clima global. As fontes de calor antropogênico não influenciam no presente, pelo que se sabe, o clima global, porém já se observam efeitos nos climas locais em várias cidades.

Conclusão

O ambiente atmosférico influencia o homem e suas atividades, enquanto o homem pode, através de suas várias ações, deliberada ou inadvertidamente influenciar o tempo e o clima. O clima deve ser reconhecido tanto como recurso quanto um azar. O planejamento climático, por conseguinte, envolve o uso racional dos recursos climáticos e a

Tabela 13.12 – Comparação da produção de calor antropogênico em algumas cidades e regiões (principalmente segundo Lockwood, 1979)

Localidade	Área (km^2)	Densidade de energia consumida (Wm^{-2})	Radiação líquida média (Wm^{-2})	% de densidade de energia consumida da radiação líquida
Globo	510.000.000	0,016	80 – 100	0,02 – 0,016
Continentes	135.781.867	0,046	80 – 100	0,05 – 0,004
EUA (menos Alasca)	7.827.000	0,26	50 – 110	0,5 – 0,2
República Federal da Alemanha	246.000	1,36	50	2,7
Cidade de Los Angeles (EUA)	3.500	21	108	19,5
Cidade de Cincinnati (EUA)	200	26,2	99	26,5
Moscou (URSS)	878	127	42	302
Berlim Ocidental	234	21,3	57	37,4
Cidade de Nova Iorque (Manhattan)	59	630	93	677
Sheffield, Inglaterra	48	19,3	56	34,5
Fairbanks, Alasca	37	18,5	18	100
Hamburgo, Alemanha Ocidental	747	12,6	55	22,9

eliminação, a prevenção ou minimização dos azares climáticos. Um planejamento climático eficiente é impossível sem um bom conhecimento das características e dos processos atmosféricos e de suas relações ou interações com as atividades biológicas e sócio-econômicas do homem.

O homem moderno não precisa, como seus antepassados, viver à mercê do tempo meteorológico. Entretanto, modelos especulativos para controlar o tempo e o clima regional ou global deveriam ser analisados com cuidado. Eles não somente são custosos, mas também desafiam a engenharia humana e muitos poderiam mesmo duvidar da capacidade tecnológica do homem para interferir na atmosfera em tal escala. Mais importante ainda é o fato de que sabemos atualmente muito pouco a respeito das conseqüências climáticas prováveis de tais esquemas, pois o nosso conhecimento atual da atmosfera está longe da perfeição. Nas palavras de Chandler (1970): "antes de nos intrometermos precipitadamente sobre o clima, devemos observar e teorizar a fim de entender a ciência exata do tempo, devemos compreender antes que possamos prever com alto grau de precisão, e apreender com discrição e sensibilidade antes que se possam realizar experiências seguras com a atmosfera".

Há grande necessidade de maior quantidade de observação e de pesquisas sobre nosso ambiente atmosférico, para facilitar um planejamento eficaz desse importante componente de nosso ambiente natural. Em muitas partes do mundo há ainda carência de observações atmosféricas. Os exemplos incluem as áreas oceânicas, as áreas fracamente povoadas ou inacessíveis (por exemplo, os desertos, as áreas montanhosas e polares), assim como a maior parte dos trópicos. Os problemas financeiros e os humanos existem em muitos países tropicais em desenvolvimento. A Organização Meteorológica Mundial e os países desenvolvidos da Europa e da América do Norte estão bem posicionados para ajudar na oferta de equipamento necessário e no treinamento da mão-de-obra necessária e indispensável. Contudo, há necessidade de mudar a atitude *laissez-faire* de muitos países em desenvolvimento para com o estudo científico do tempo e do clima. Esta atitude surgiu com a ignorância do valor econômico e social do conhecimento do tempo e do clima. Embora esses países não experimentem climas variáveis como os das regiões temperadas, são atingidos por condições climáticas extremas, como as secas e as enchentes. Além disso, a maior parte do crescimento populacional do mundo está ocorrendo nesses países e suas economias são basicamente agrícolas. A necessidade de melhorar a produção agrícola, que depende fundamentalmente do clima, não pode ser superestimada. A crescente alteração da superfície da Terra, resultante das atividades agrícolas, assim como da urbanização e da industrialização, também ocasiona efeitos sobre o clima regional e local. A necessidade de investimentos no estudo científico da atmosfera é, portanto, bastante urgente nos países tropicais em desenvolvimento. Por ser a atmosfera global um sistema com ligações e interações entre os vários componentes, e por causa do importante papel dos trópicos na circulação geral da atmosfera, cuja ação controla o tempo e o clima do globo, o desenvolvimento dos estudos climáticos nos trópicos beneficia o conjunto da humanidade. Esse estudo demanda, por conseguinte, apoio moral e financeiro dos países desenvolvidos das regiões temperadas do mundo.

Referências bibliográficas

BACH, W. *Atmospheric Pollution.* Nova Iorque, McGraw-Hill, 1972.

BARRY, R. G. e CHORLEY, R. J. *Atmosphere, Weather and Climate.* 3ª ed., Londres, Methuen, 1976.

BURTON, I. *et alii. Scope Workshop and Climate/Society Interface.* Toronto, Canadá, 1978.

CHANDLER, I. J. *The Management of Climatic Resources.* Inaugural Lecture delivered at University College, Londres, 1970.

CRITCHFIELD, H. J. *General Climatology.* New Jersey, Prentice-Hall Inc., 1974.

GRIFFITHS, J. F. *Climate and the Environment: the atmospheric impact.* Londres, Paul Elek, 1976.

HOBBS, J. E. *Applied Climatology: A study of atmospheric resources.* Folkestone, Damson, 1980.

LANDSBERG, H. E. *Physical Climatology.* Pensilvânia, Gray Printing Company, 1966.

LANDSBERG, H. E. Man-made climatic changes. *Science, 170:* 1265-1274, 1970.

LOCKWOOD, J. G. *Causes of Climate.* Londres, E. Arnold, 1979.

MATHER, J. R. *Climatology: Fundamentals and Applications.* Nova Iorque, McGraw-Hill, 1974.

MAUNDER, W. J. *The Value of the Weather.* Londres, Methuen, 1970.

MUNN, R. E. e MACHTA, L. Human activities that affect climate. In: *Proceedings World Climate Conference,* V. M. O., 1979.

McDERMOTT, W. Air pollution and public health. *Scientific American, 612:* 49-57, 1961.

OKE, J. R. *Boundary Layer Climates.* Londres, Methuen, 1978.

OLGYAY, V. *Design with Climate.* New Jersey, Princeton University Press, 1963.

SELLERS, W. D. *Physical Climatology.* Chicago, University of Chicago Press, 1965.

SMIC. *Inadvertent Climate Modification.* Cambridge, Mass, M.I.T. 1971.

SMITH, K. *Principles of Applied Climatology.* Nova Iorque, McGraw-Hill, 1975.

WMO. A survey of human biometeorology. *Technical Note* nº 65.

APÊNDICE
QUESTÕES PARA REVISÃO

Capítulo 1

1. Distinga entre os termos: a) "tempo atmosférico" e "clima"; b) "meteorologia" e "climatologia".
2. Discutir a natureza e o campo da climatologia.
3. Escrever uma crítica da abordagem tradicional sobre o estudo do tempo e do clima.
4. Discutir as contribuições do computador e da tecnologia espacial para os avanços recentes no estudo do tempo e do clima.
5. Discutir os desenvolvimentos recentes no estudo do tempo e do clima nas baixas latitudes.

Capítulo 2

1. Descrever a estrutura vertical da atmosfera.
2. Qual é a base para a divisão da estrutura vertical da atmosfera?
3. Por que a troposfera é descrita como sendo a camada da atmosfera produtora do clima?
4. Descrever e explicar as variações espaciais e sazonais da composição da atmosfera.
5. Descrever os processos de transferência de energia e massa no interior da atmosfera.

Capítulo 3

1. O que significa a constante solar? Dar seu valor médio.

2. Cite: a) a Lei de Stefan-Boltzman e b) a lei de deslocamento de Wien e discuta seu significado nos estudos sobre a radiação.
3. O que significa a altitude do sol? Quais os fatores que determinam seu valor?
4. Discuta o papel do ozônio, bióxido de carbono, vapor d'água e partículas materiais no balanço de radiação da Terra.
5. Descreva e explique a distribuição geográfica da insolação e radiação líquida sobre a superfície da Terra.
6. Distinga entre a dispersão "Rayleigh" e dispersão "Mie".
7. O que significam o "efeito de continentalidade" e o "efeito de estufa"?
8. Distinga entre o conceito de balanço da radiação e o de balanço energético.
9. O que significa o albedo? Quais são os fatores que determinam o albedo de uma determinada superfície?
10. Examine a natureza e a disposição global da radiação solar no sistema Terra-atmosfera.
11. Discuta o significado da radiação solar nos estudos climatológicos.
12. Descreva como você poderia medir ou calcular os valores dos componentes da equação do balanço radiativo em uma localidade.

Capítulo 4

1. Descreva e explique as variações geográficas da temperatura média do ar da superfície sobre o globo.
2. Quais os fatores que determinam o efeito da continentalidade? Discuta o significado climático desse fenômeno.
3. Discuta com exemplos os efeitos da latitude e continentalidade nas variações sazonais da temperatura média do ar na superfície terrestre.
4. O que significa temperatura fisiológica? Como é medida ou estimada?
5. Por que as variações diurnas da temperatura são maiores nos trópicos do que nas áreas extratropicais?
6. Como você poderia determinar o grau de conforto humano em determinado clima?

Capítulo 5

1. Descreva os quatro principais mecanismos de controle da circulação horizontal do ar próximo da superfície terrestre.
2. Descreva e explique a circulação geral da atmosfera.
3. Distinga entre "divergência" e "convergência" e descreva as condições que favorecem cada uma delas.
4. Explique as localizações dos principais centros de baixa e de alta pressão do mundo em janeiro e julho.
5. Descreva o papel dos trópicos na circulação geral da atmosfera.
6. O que significa o índice zonal e como é avaliado?
7. Quais padrões de circulação estão associados com os altos e baixos valores do índice zonal?
8. O que são *jet streams* e quais são suas relações com o clima e o tempo da superfície terrestre?
9. Escreva um resumo sobre a circulação de monção ou ondas de "Rossby".
10. Descreva a origem e as características de dois tipos de ventos locais.

Capítulo 6

1. Quais são as principais diferenças entre sistemas atmosféricos nos trópicos e nas áreas extratropicais?
2. O que é uma frente? Em que condições forma-se uma frente e como desaparece?
3. O que é uma massa de ar? Quais são os três principais fatores que determinam as características das massas de ar?
4. Quais são as características das regiões de origem de massas de ar? Determine as regiões de origem de massas de ar que provavelmente afetam sua residência no decorrer do ano.
5. Descreva a formação, o desenvolvimento e a dissipação de uma depressão frontal.
6. Descreva três tipos de depressão não-frontal e explique sua ocorrência.
7. Discuta as semelhanças e as diferenças entre o ciclone tropical e o extratropical.
8. Descreva e explique a seqüência dos tipos de tempo associados com a passagem de uma depressão.

9. Discuta a afirmação de que as variações de tempo nos trópicos são freqüentes e complexas, com tipos de tempo bastante distintos.
10. O que são furacões? Quais são as condições favoráveis para seu desenvolvimento?
11. Escreva um breve apanhado sobre as tempestades.
12. Descreva a formação e as características das a) ondas de *easterly* e b) das linhas de instabilidade da África Ocidental.

Capítulo 7

1. Discuta o significado da umidade atmosférica no estudo do tempo e do clima.
2. Distinga entre evaporação e evapotranspiração, e entre evapotranspiração potencial e evapotranspiração real.
3. O que significa o "efeito de oásis"?
4. Discuta os principais fatores meteorológicos que afetam a taxa de evaporação numa dada área.
5. Discuta os procedimentos e os problemas ligados à medição da evaporação.
6. Faça uma avaliação crítica das duas fórmulas de evaporação.
7. Descreva os vários modos de determinar o conteúdo de umidade de um volume de ar.
8. Descreva os processos de resfriamento que podem resultar na formação de nuvem, orvalho e nevoeiro.
9. Descreva o modo de formação e características dos principais tipos de nuvens.
10. Discuta as duas principais teorias sobre a formação da chuva.

Capítulo 8

1. Discuta os problemas da medição de precipitações.
2. Descreva a maneira como se origina e as características das precipitações convectiva, ciclônica e orográfica.
3. Explique a localização das principais áreas desérticas do mundo.
4. Quais são os principais traços que distinguem a precipitação nos trópicos daquela das latitudes médias?
5. Descreva cuidadosamente os processos que originam a precipitação.

Capítulo 9

1. Descreva a radiossonda e o radar, e explique sua utilidade nos estudos do tempo e do clima.
2. Descreva os estágios envolvidos na produção de um mapa sinótico do tempo numa superfície.
3. Explique como o tefigrama (diagrama aerológico) é usado nos estudos das condições de estabilidade na atmosfera.
4. Descreva os estágios na previsão sinótica do tempo.
5. Discuta os princípios e os problemas da previsão do tempo nos trópicos.
6. Escreva um ensaio sobre os problemas da previsão sinótica do tempo nos trópicos.
7. Descreva dois métodos de previsão do tempo a longo prazo.
8. Discuta o conhecimento de ventos térmicos e sua utilidade.
9. Discuta a utilidade dos satélites meteorológicos na previsão do tempo.
10. Descreva dois métodos para garantir o sucesso e o êxito das previsões do tempo.

Capítulo 10

1. Discuta com exemplos os métodos para se conhecer os climas do passado.
2. Examine criticamente as principais teorias da variação climática.
3. "As variações climáticas ocorrem em várias escalas de tempo". Explique essa afirmativa.
4. Considere as variações recentes no clima do globo e as possíveis tendências futuras.
5. Apresente brevemente a história do clima no globo durante os vários períodos geológicos.
6. Descreva as variações do clima dos trópicos nos últimos 20 mil anos.

Capítulo 11

1. Discuta o propósito e os problemas da classificação climática.
2. Distinga entre abordagens genéticas e genéricas na classificação climática e dê dois exemplos de cada uma delas.

3. Discuta os princípios, vantagens e desvantagens do método de classificação climática de Köppen e de Thornthwaite.
4. Descreva os aspectos que distinguem os climas tropicais dos climas temperados.
5. Discuta as vantagens e as desvantagens relativas a duas abordagens no estudo dos climas regionais.

Capítulo 12

1. Usando exemplos adequados, discuta o papel do clima na agricultura.
2. Discuta a definição de seca. Identifique as regiões do mundo que são mais suscetíveis à seca e sugira métodos convenientes para combater este problema.
3. Descreva métodos para alterar artificialmente o microclima de uma cultura, para melhorar a colheita.
4. Examine a influência das condições climáticas na criação de animais.
5. Discuta os princípios e as aplicações dos estudos do balanço hídrico para o planejamento e desenvolvimento agrícola.
6. Considere os aspectos climáticos das pragas e das doenças nas lavouras que predominam na região em que você vive.

Capítulo 13

1. Examine o papel do clima nas taxas de doenças e mortalidade humana.
2. Discuta a influência do clima na construção e arquitetura nativa dos países, em diferentes zonas climáticas do mundo.
3. Quais são os principais fatores determinantes dos fenômenos das ilhas de calor urbanas?
4. Discuta as condições meteorológicas que poderiam amenizar alguns dos elementos indesejáveis do clima urbano, se forem levadas em consideração num planejamento urbano.
5. Examine os fatores meteorológicos que controlam a incidência e a intensidade da poluição do ar nas áreas urbanas.
6. Discuta os problemas e os objetivos das modificações deliberadas do clima.
7. Discuta o conceito de clima como um recurso.
8. Com referência à região em que você vive, avalie os efeitos das condições climáticas no comércio e na indústria.

ÍNDICE REMISSIVO

INSTITUTO FEDER...
CIÊNCIA E TEC...
CAMPUS ...

Este livro foi impresso no
Sistema Digital Instant Duplex da Divisão Gráfica da
DISTRIBUIDORA RECORD DE SERVIÇOS DE IMPRENSA S.A.
Rua Argentina, 171 - Rio de Janeiro/RJ - Tel.: 2585-2000